Python

파이썬과 함께하는

대학 미분적분학

CALCULUS

이정례 · 곽태근 · 이성진 · 김원배 · 김봉진 지음

KYOWOO

머리말

우리는 휘몰아치는 4차산업혁명, 즉 인공지능혁명을 맞이하여 기초적이면서도 혁신적인 교육을 필요로 한다. 이러한 현대 지능정보사회에서 수학은 필수적인 교과임을 누구도 부인할 수 없으며, 국가 경쟁력 향상을 위하여 미래 산업을 선도해 나갈 창의적 인재를 육성하는 대학에서 수학 교과는 그 중요성을 더해 가고 있다. 최근 고등학교 수학교과 중 하나로 인공지능수학이 포함되었으며, 표준과학기술분류에서 응용수학의 한 영역으로 자리 잡은 인공지능수학과 데이터사이언스수학이 이를 증명해 준다.

한편 우리의 생활은 끊임없이 논리적이고 창의적인 사고를 바탕으로 한 합리적 판단을 요구한다. 수학적 창의성뿐 아니라, 논리적 사고력과 합리적 문제해결력을 기르는 것이 수학을 공부하는 목적이다. 왜냐하면 마음속에 존재하는 관념적 대상을 취급하는 수학은 우리의 지적인 사고 능력을 강화시켜 주기 때문이다.

수학의 적용 범위는 점차 확대되어 이제는 수학이 미치지 않는 곳이 없다. 수학은 자연과학, 공학은 물론 사회과학을 전공할 학생들에게 필요할 뿐 아니라, 일반인들에게도 생활의 지혜를 주는 학문이라 해도 과언이 아니다. 하지만 안타깝게도 많은 학생들이 수학을 어렵게 느끼고 있다. 수학적 기초가 굳건하지 않으면, 전공 공부는 물론 미래사회로의 진출에서 어려움을 겪게 될 것이다. 우리는 수학의 기초가 부족하다고 느끼거나 미적분학의 기초를 견고하게 공부하고 싶은 학생들을 위하여 이 책을 썼다. 이 책은 공학도들과 자연과학도들에게 필요한 미적분학의 기초를 제공하는 대학 교재로 꾸미기 위하여 엄밀성을 강조하기보다는 미적분의 개념을 이해하고 적용하는 데 중점을 두었다.

이 책의 주된 내용으로는 먼저 함수의 극한과 연속에 관한 개념과 연속함수를 다루었고, 미분적분학의 기초인 다항함수의 미분법과 적분법을 중심으로 여러 가지 미분법과 미분과 적분의 다양한 활용을 다루었다. 이어서 지수함수와 로그함수의 미분과 적분, 삼각함수의 미분과 적분을 다루었고, 여러 가지 적분법을 소개하였으며, 마지막으로 무한급수와 테일러급수를 다루었다.

이 책은 한 학기 강의에 적합하다. 이 책의 특징은 수학적 개념의 이해를 돕기 위해 쉬운 예제를 많이 다루었고, 폭넓은 이해를 위하여 연습문제를 많이 주었으며, 학생들의 편의를 돕고자 연습문제의 해답을 모두 제시하였다. 특히, 현대 사회가 요구하는 컴퓨터 활용능력을 기르고 수학의 적극적인 활용을 유도하기 위하여 파이썬을 사용한 예제들을 각 절마다 제시하였다. 그래서 이 책은 고등학교 수준의 수학을 심도 있게 공부할 수 있고, 미분적분학의 이해와 미분적분학의 응용을 위한 굳건한 초석이 될 것이라 확신한다.

수학을 지루하게만 느꼈던 학생들도 '수학 공부는 즐겁고, 수학을 공부하면 유익하다'는 것을 깨닫기를 소망하면서 우리는 이 책을 썼다. 하지만, 수학에 대한 애정과 노력이 없으면, 이 간절한 소망은 물거품이 될 것임을 명심해 주기 바란다. 끝으로 이 책의 출판을 맡아 주신 도서출판 ㈜교우 여러분께 감사를 표한다.

왕방산 기슭에서 저자 일동

차례

머리말 iii

CHAPTER. 0 파이썬 사용법 1

CHAPTER. 1 함수의 극한과 연속 3

1.1 실수와 함수 ··· 4
연습문제 ▫ 9
1.2 함수의 극한 ··· 10
연습문제 ▫ 14
1.3 연속함수 ··· 15
연습문제 ▫ 18
1.4 프로그래밍 실습 ··· 19

CHAPTER. 2 미분법 23

2.1 도함수 ··· 24
연습문제 ▫ 30
2.2 다항함수의 미분법 ··· 31
연습문제 ▫ 35
2.3 몫의 미분법과 합성함수의 미분법 ··· 36
연습문제 ▫ 41
2.4 음함수의 미분법과 역함수의 미분법 ··· 42
연습문제 ▫ 48
2.5 고계도함수 ··· 49
연습문제 ▫ 52
2.6 프로그래밍 실습 ··· 53

CHAPTER. 3 도함수의 활용 57

3.1 접선의 방정식 ··· 58
연습문제 ▫ 61
3.2 평균값 정리 ··· 62
연습문제 ▫ 69

3.3 함수의 그래프 ············ 70
연습문제 ▫ 78
3.4 미분과 변화율 ············ 79
연습문제 ▫ 82
3.5 프로그래밍 실습 ············ 83

CHAPTER. 4 적분법 87
4.1 부정적분의 정의와 그 성질 ············ 88
연습문제 ▫ 92
4.2 정적분의 정의와 그 성질 ············ 93
연습문제 ▫ 99
4.3 미적분학의 기본정리 ············ 100
연습문제 ▫ 107
4.4 이상적분 ············ 108
연습문제 ▫ 112
4.5 프로그래밍 실습 ············ 113

CHAPTER. 5 정적분의 활용 117
5.1 평면도형의 넓이 ············ 118
연습문제 ▫ 122
5.2 입체도형의 부피 ············ 123
연습문제 ▫ 131
5.3 곡선의 길이와 회전체의 겉넓이 ············ 132
연습문제 ▫ 138
5.4 속도와 거리 ············ 139
연습문제 ▫ 142
5.5 프로그래밍 실습 ············ 143

CHAPTER. 6 지수함수와 로그함수의 미분과 적분 147
6.1 지수함수와 로그함수의 극한 ············ 148
연습문제 ▫ 157
6.2 지수함수와 로그함수의 미분과 적분 ············ 158
연습문제 ▫ 166
6.3 프로그래밍 실습 ············ 168

CHAPTER. 7 **삼각함수의 미분과 적분 173**

7.1 삼각함수의 극한 174
연습문제 ▫ 182
7.2 삼각함수의 미분과 적분 183
연습문제 ▫ 190
7.3 프로그래밍 실습 191

CHAPTER. 8 **여러 가지 적분법 195**

8.1 치환적분법 196
연습문제 ▫ 201
8.2 부분적분법 202
연습문제 ▫ 206
8.3 복잡한 삼각함수의 적분방법 207
연습문제 ▫ 213
8.4 분수함수의 적분방법 214
연습문제 ▫ 217
8.5 프로그래밍 실습 218

CHAPTER. 9 **무한급수와 테일러급수 221**

9.1 수열과 급수 222
연습문제 ▫ 230
9.2 여러 가지 급수의 수렴판정법 231
연습문제 ▫ 240
9.3 멱급수 241
연습문제 ▫ 247
9.4 테일러급수 248
연습문제 ▫ 254
9.5 프로그래밍 실습 255

연습문제 해답 259
찾아보기 273

MEMO

CHAPTER 0

파이썬 사용법

파이썬(python)은 초보자들도 쉽게 배울 수 있는 프로그래밍 언어이다. 파이썬을 사용하려면 먼저 컴퓨터 환경을 설정해야하는 데, 구글 코랩(colab)에서는 파이썬 사용 환경이 모두 설정되어 있어서, 접속만 하면 파이썬 프로그램을 직접 만들고 실행할 수 있다.

① 크롬에서 https://colab.research.google.com으로 접속하면, 다음 화면이 나타난다. 오른쪽 위의 로그인 버튼 로그인을 눌러 구글 계정으로 로그인한다.

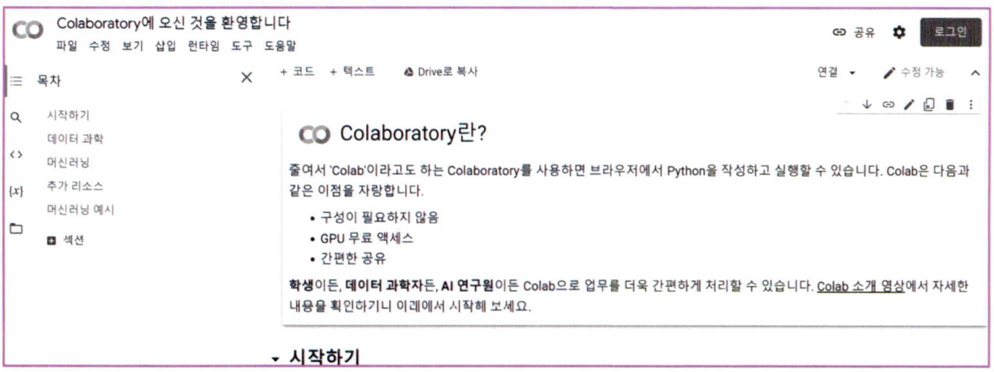

② 파이썬 프로그램을 시작하려면 왼쪽 위의 파일 메뉴를 클릭하고, 새 노트를 클릭한다.

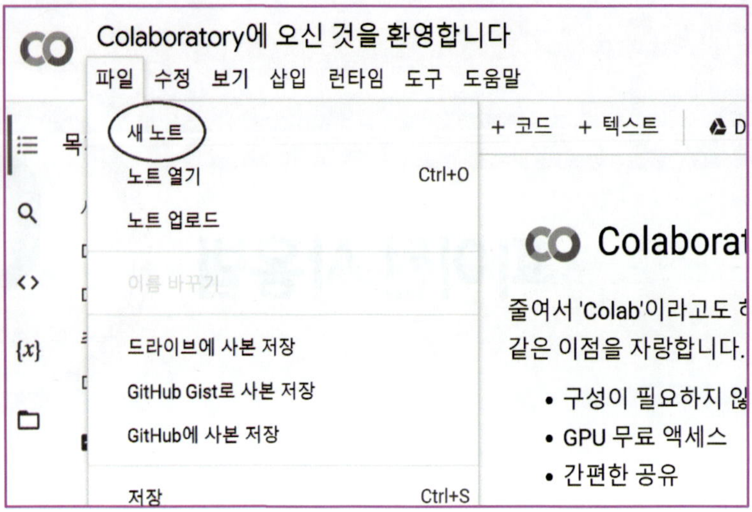

③ 파이썬 프로그램을 입력하고, shift+enter를 누르면 바로 실행되어 결과가 나타난다.

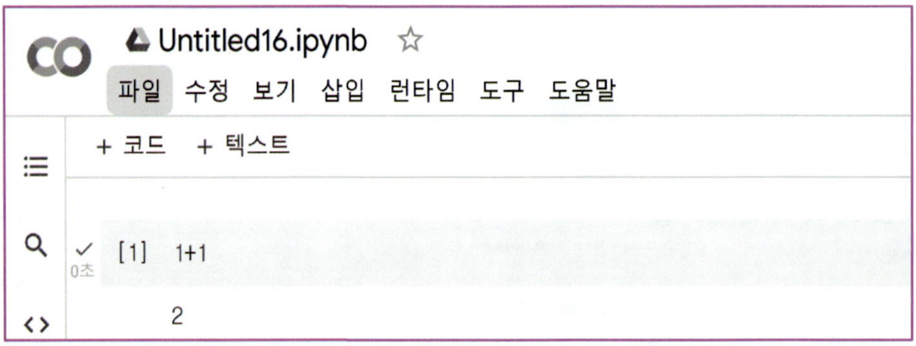

CHAPTER 1 함수의 극한과 연속

연속함수는 생활과 자연 속에서 연속적으로 변화하는 현상을 수학적으로 나타내는 중요한 개념이다. 연속적으로 변화하는 현상을 이해하기 위하여 연속함수의 성질이 이용되며, 함수의 극한과 연속은 미분과 적분에서도 필수적이다.

이 장에서는 미적분학에서 기초적 개념인 함수의 극한과 연속에 대하여 공부한다. 먼저 실수와 함수의 기본적인 개념들을 소개하고, 함수의 극한과 그 성질을 배우며, 연속함수를 다룬다.

1.1 실수와 함수
1.2 함수의 극한
1.3 연속함수
1.4 프로그래밍 실습

1.1 실수와 함수

미분적분학에서 다루는 함수들은 대부분 실수에서 정의된다. 이 절에서는 실수의 기본 개념과 함수에 대하여 알아보자.

자연수 전체의 집합은 $\mathbb{N}$, 정수 전체의 집합은 $\mathbb{Z}$, 유리수 전체의 집합은 $\mathbb{Q}$, 그리고 실수 전체의 집합은 $\mathbb{R}$로 나타낸다. 이때, 이러한 집합 사이의 포함관계는 다음과 같다.

$$\mathbb{N} \subset \mathbb{Z} \subset \mathbb{Q} \subset \mathbb{R}$$

실수의 집합은 덧셈과 곱셈이 잘 정의되고 사칙계산이 가능하도록 하는 **체**(field)의 **구조**를 갖는다. 또 실수의 집합은 대소관계로 표현되는 **순서**(order) **구조**를 갖고 있다. 유리수의 집합도 체의 구조와 순서 구조를 가지는 데, 유리수의 집합과 실수의 집합을 구별하는 중요한 성질은 바로 **실수의 완비성**(completeness)이다. 실수의 완비성은 미분적분학의 기초인 극한 개념과도 연관되어 있다.

실수의 완비성을 직관적으로 말하자면 실수를 연속적으로 늘어놓을 수 있다는 성질이므로 실수의 집합은 연속성을 갖는 직선 위의 점들과 일대일 대응시킬 수 있으며, 이 직선을 **실직선**(real line)이라 한다. 실수를 직선 위의 점으로 이해하면, 실수의 부분집합인 구간은 다음과 같이 정의된다.

열린 구간과 닫힌 구간

열린 구간(open interval):

$(a,\ b) = \{x \in \mathbb{R} \mid a < x < b\}$, $(-\infty,\ b) = \{x \in \mathbb{R} \mid x < b\}$, $(a,\ \infty) = \{x \in \mathbb{R} \mid x > a\}$

닫힌 구간(closed interval):

$[a, b] = \{x \in \mathbb{R} \mid a \le x \le b\}$, $(-\infty,\ b] = \{x \in \mathbb{R} \mid x \le b\}$, $[a,\ \infty) = \{x \in \mathbb{R} \mid x \ge a\}$

참고 $\mathbb{R} = (-\infty,\ \infty)$이고, $(a,\ b] = \{x \in \mathbb{R} \mid a < x \le b\}$와 $[a,\ b) = \{x \in \mathbb{R} \mid a \le x < b\}$는 반닫힌 **구간 또는 반열린 구간**이라 한다.

보기 $2x-3>0$에서 $x>\frac{3}{2}$이므로 부등식 $2x-3>0$의 해집합은 $\left(\frac{3}{2}, \infty\right)$이고, $x^2-4\leq 0$에서 $-2\leq x\leq 2$이므로 부등식 $x^2-4\leq 0$의 해집합은 $[-2, 2]$이다. 또한 $x^2-1>0$에서 $x<-1$ 또는 $x>1$이므로 부등식 $x^2-1>0$의 해집합은 $(-\infty, -1)\cup(1, \infty)$이다.

실수 a에 대하여 a의 **절댓값**(absolute value) $|a|$는 다음과 같이 정의된다.

$$|a|=\begin{cases} a, & a\geq 0 \\ -a, & a<0 \end{cases}$$

정의로부터 $|a|=\sqrt{a^2}$ 이다.

한편 실직선 위의 두 점 $\mathrm{A}(a)$, $\mathrm{B}(b)$에 대하여 선분 AB의 길이 $|a-b|$를 두 점 $\mathrm{A}(a)$, $\mathrm{B}(b)$ 사이의 거리라고 한다.

보기 두 점 $\mathrm{A}(4)$, $\mathrm{B}(-3)$ 사이의 거리는 $|4-(-3)|=|4+3|=7$이고, 두 점 $\mathrm{O}(0)$, $\mathrm{P}(5)$ 사이의 거리는 $|0-5|=|-5|=5$이다.

예제 1 임의의 두 실수 a, b에 대하여 다음 삼각부등식이 성립함을 보여라.

$$|a+b|\leq |a|+|b|$$

풀이 $-a\leq |a|$이고 $-b\leq |b|$이므로 $-(a+b)\leq |a|+|b|$이다.
또한 $a\leq |a|$이고 $b\leq |b|$이므로 $(a+b)\leq |a|+|b|$이다.
따라서 절댓값의 정의에 의하여 $|a+b|\leq |a|+|b|$이다. ■

공집합이 아닌, 실수의 두 부분집합 A와 B에 대하여, 집합 A의 각 원소 x에 집합 B의 단 하나의 원소 y가 대응되는 대응규칙 f를 A에서 B로의 **함수**(function)라 하고, $f: A\to B$로 나타낸다. 이때, A를 함수 f의 **정의역**(domain), B를 함수 f의 **공변역**(codomain)이라 한다. 또 y를 f에 의한 x의 **함숫값**(value) 또는 **상**(image)이라 하고, $f(x)$로 나타낸다.

함수 $f: A\to B$에서 모든 함숫값의 집합 $\{y\in B\mid y=f(x), x\in A\}$를 함수 f의 **치역**

(range)이라 하고, 집합 $G=\{(x, y) \mid y=f(x),\ x \in A\}$를 함수 f의 **그래프**(graph)라고 한다.

집합 A의 원소 x에 집합 B의 원소 y가 대응되는 함수 f의 정확한 표현은

$$f: A \to B,\ x \to f(x)$$

이지만, 간단히 $f: x \to f(x)$ 또는 $y=f(x)$로 나타내기도 한다. 이때, x를 독립변수, y를 종속변수라고 한다. 일반적으로 함수 $f: x \to f(x)$의 정의역은 함수 $f(x)$가 정의되는 모든 실수 x의 집합이다.

보기 함수 $f: x \to \sqrt{x}$는 음이 아닌 모든 실수 x에 대해서만 정의되므로 함수 f의 정의역은 $\{x \in \mathbb{R} \mid x \geq 0\}$이고, 구간으로 나타내면 $[0, \infty)$이다.

또한 $\sqrt{x} \geq 0$이므로 함수 f의 치역은 $\{y \in \mathbb{R} \mid y \geq 0\}$이고, 구간으로 나타내면 $[0, \infty)$이다.

집합 D에서 정의된 두 함수 f, g가 모든 $x \in D$에 대하여 $f(x)=g(x)$일 때, 함수 f와 함수 g는 서로 같다고 하며 $f=g$로 나타낸다.

실수에서와 같이 함수에서도 두 함수의 사칙계산을 정의할 수 있다.

집합 D에서 정의된 두 함수 f, g가 주어졌을 때, 모든 실수 $x \in D$에 대하여 $f(x)+g(x)$를 대응시키는 함수를 $f+g$로 나타낸다. 같은 방법으로 함수 cf (단, c는 상수), $f-g$, $f \cdot g$, $\dfrac{f}{g}$도 다음과 같이 정의된다.

$$(cf)(x)=cf(x),$$

$$(f+g)(x)=f(x)+g(x),$$

$$(f-g)(x)=f(x)-g(x),$$

$$(f \cdot g)(x)=f(x)g(x),$$

$$\left(\frac{f}{g}\right)(x)=\frac{f(x)}{g(x)} \text{(단, } g(x) \neq 0)$$

예제 2 두 함수 $f(x)=\frac{1}{x}$, $g(x)=\frac{1}{\sqrt{x^2-1}}$에 대하여, 함수 $f+g$의 정의역 D를 구하라.

풀이 함수 $f+g$는 함수 f의 정의역 $\{x\in\mathbb{R}\,|\,x\neq 0\}$과 함수 g의 정의역 $\{x\in\mathbb{R}\,|\ x>1$ 또는 $x<-1\}$의 공통집합에서 정의된다.
따라서 함수 $f+g$의 정의역은 $D=\{x\in\mathbb{R}\,|\ x>1$ 또는 $x<-1\}$이다. ■

함수 $f: A\rightarrow B$에 대하여, $B=f(A)$일 때, f를 **전사함수**(surjective) 또는 **위로**(onto)**의 함수**라 하며, $x_1\neq x_2\,(x_1,\ x_2\in A)$이면 $f(x_1)\neq f(x_2)$일 때, f를 **단사함수**(injective) 또는 **일대일함수**(one-to-one)라고 한다. 전사인 동시에 단사일 때, f를 **전단사함수**(bijective) 또는 **일대일대응**(one-to-one correspondence)이라 한다. 또한 모든 $x\in A$에 대하여 $f(x)=x$인 함수를 **항등함수**(identity function)라 하며 I_A 또는 I로 나타내고, 모든 $x\in A$에 대하여 $f(x)=c$ (단, c는 상수)인 함수를 **상수함수**(constant function)라 한다.

예제 3 다음 함수 $f:\mathbb{R}\rightarrow\mathbb{R}$ 중에서 일대일함수, 전사함수, 일대일대응, 항등함수, 상수함수를 각각 찾아라.

(1) $f: x\rightarrow x$　　(2) $f(x)=3x+1$

(3) $f(x)=\sqrt{10}$　　(4) $f(x)=(x+1)(x-1)(x-2)$

풀이 일대일함수: (1), (2)　전사함수: (1), (2), (4)　일대일대응: (1), (2)
항등함수: (1)　상수함수: (3) ■

두 함수 $f,\ g$가 주어졌을 때 함숫값 $f(x)$에서 함수 g가 정의되면, $g(f(x))$가 정의된다. 이때, 실수 x에 $g(f(x))$를 대응시키는 함수를 f와 g의 **합성함수**(composition function)라 하고 $g\circ f$로 나타낸다. 즉 $(g\circ f)(x)=g(f(x))$이다.

예제 4 두 함수 $f,\ g$가 $f(x)=x^2$, $g(x)=3x+1$일 때, 합성함수 $g\circ f$와 $f\circ g$를 각각 구하라.

풀이 $(g \circ f)(x) = g(f(x)) = g(x^2) = 3x^2 + 1$

$$(f \circ g)(x) = f(g(x)) = f(3x+1)$$
$$= (3x+1)^2 = 9x^2 + 6x + 1$$ ■

두 함수 f, g에 대하여 $(g \circ f)(x)$와 $(f \circ g)(x)$는 일반적으로 같지 않다.

그러나 세 함수 f, g, h에 대하여 $h \circ (g \circ f)$와 $(h \circ g) \circ f$가 모두 정의될 때,

$$(h \circ (g \circ f))(x) = h((g \circ f)(x)) = h(g(f(x))),$$
$$((h \circ g) \circ f)(x) = (h \circ g)(f(x)) = h(g(f(x)))$$

이므로 $h \circ (g \circ f) = (h \circ g) \circ f$가 성립한다. 이때, 괄호를 생략하여 $h \circ g \circ f$로 나타낸다.

한편 자연수 n에 대하여 $f \circ f = f^2$, $f^{n+1} = f^n \circ f$로 나타낸다.

함수 $f : A \to B$가 일대일대응이면 임의의 $y \in B$에 대하여 $y = f(x)$가 되는 $x \in A$가 오직 하나 존재한다. 이 대응을 $f^{-1} : B \to A$로 나타내고, f의 **역함수**(inverse function)라 한다.

역함수

$$f(x) = y \iff x = f^{-1}(y)$$
$$f^{-1}(f(x)) = x, \quad f(f^{-1}(y)) = y$$

함수 $y = f(x)$의 그래프와 역함수 $y = f^{-1}(x)$의 그래프는 직선 $y = x$에 대하여 대칭이다.

보기 함수 $y = f(x) = 4x - 5\ (x \in \mathbb{R})$는 일대일대응이므로 역함수가 존재한다.

$y = 4x - 5$에서 $x = 4y - 5$, 즉 $y = \frac{1}{4}(x+5)$이므로 역함수는 다음과 같다.

$$y = f^{-1}(x) = \frac{1}{4}(x+5)$$

연습문제 1.1

1. 다음 부등식을 만족시키는 실수 x의 집합을 구간 기호를 써서 나타내라.

(1) $(x+1)(x-3)<0$

(2) $x^2-5<0$

(3) $(x+1)^2(x-2)\geq 0$

(4) $x^2-3x+2>0$

2. 다음 함수의 정의역과 치역을 각각 구간 기호를 써서 나타내라.

(1) $f(x)=x^2$

(2) $f(x)=\sqrt{x^2-1}$

3. 다음 함수 $f: A \to B$ 중 일대일함수, 전사함수, 일대일대응을 각각 찾아라.

(1) $f(x)=2x^3-3x^2-11x+6$ (단, $A=\mathbb{R}$, $B=\mathbb{R}$)

(2) $f(x)=x^2$ (단, $A=\mathbb{R}$, $B=\{x|x\geq 0\}$)

(3) $f(x)=-\sqrt{-2x+4}$ (단, $A=\{x|x\leq 2\}$, $B=\{x|x\leq 0\}$)

(4) $f(x)=\dfrac{2x+4}{x-1}$ (단, $A=\{x|x>1\}$, $B=\mathbb{R}$)

4. 다음 두 함수 f, g에 대하여 $f\circ g$와 $g\circ f$를 각각 구하라.

(1) $f(x)=x^2$, $g(x)=\sqrt{x}$

(2) $f(x)=\dfrac{x+1}{x-1}$, $g(x)=\dfrac{x-1}{x+1}$

5. 두 함수 $f(x)=2x-1$, $g(x)=-x+1$에 대하여 다음을 만족시키는 함수 $h(x)$를 구하라.

(1) $(g\circ h)(x)=f(x)$

(2) $(h\circ g)(x)=f(x)$

6. 다음 함수의 역함수를 구하라.

(1) $y=x^2-2x+1$ $(x\geq 1)$

(2) $y=\sqrt[3]{x}+1$ $(x\in\mathbb{R})$

1.2 함수의 극한

실수 a를 포함하는 어떤 열린 구간을 a의 근방(neighborhood)이라 한다.

예를 들어 열린 구간 $(1, 3)$은 2의 근방이고, $(1, 2)\cup(2, 3)$은 2가 제외된 2의 근방이다. 이 절에서는 함수의 극한에 대하여 알아보자.

정의 1.1 함수의 극한값

함수 f가 a가 제외된 a의 근방의 모든 점에서 정의되어 있다고 하자. x가 a에 한없이 가까워질 때 $f(x)$가 실수 L에 한없이 가까워지면, L을 $x=a$에서 $f(x)$의 극한값이라 하고, 다음과 같이 나타낸다.

$$\lim_{x\to a} f(x) = L$$

여기서 x가 a에 한없이 가까워지는 방법은 여러 가지가 있는데, x가 a보다 작은 쪽에서 a에 한없이 가까워질 때의 극한값을 좌극한이라 하고, a보다 큰 쪽에서 a에 한없이 가까워질 때의 극한값을 우극한이라 한다. 이들을 각각 $\lim_{x\to a^-}$, $\lim_{x\to a^+}$와 같이 나타낸다.

보기 (1) $\lim_{x\to a} k = k$ (단, k는 상수)이다.

(2) $\lim_{x\to a} x = a$이다.

(3) 함수 $f(x)=2x+1$에서 x가 1에 한없이 가까워질 때, $f(x)$가 3에 한없이 가까워지므로 $\lim_{x\to 1}(2x+1)=3$이다.

(4) 함수 $f(x)=\begin{cases} 0, & x<0 \\ 1, & x\ge 0 \end{cases}$에서

x가 0보다 작을 때에는 $f(x)=0$이므로 $\lim_{x\to 0^-} f(x)=0$이다.

또한 x가 0보다 클 때에는 $f(x)=1$이므로 $\lim_{x\to 0^+} f(x)=1$이다.

함수 f가 a가 제외된 a의 근방에 있는 모든 점에서 정의되었다고 하자.

x가 a에 한없이 가까워질 때 $f(x)$가 한없이 커지면 $\lim_{x\to a}f(x)=\infty$로 나타내고, $f(x)$가 한없이 작아지면 $\lim_{x\to a}f(x)=-\infty$로 나타낸다. 또 x가 한없이 커질 때 $f(x)$가 L에 한없이 가까워지면 $\lim_{x\to\infty}f(x)=L$로 나타내고, x가 한없이 작아질 때 $f(x)$가 L에 한없이 가까워지면 $\lim_{x\to-\infty}f(x)=L$로 나타낸다. 같은 방법으로 다음 극한들도 정의된다.

$$\lim_{x\to\infty}f(x)=\infty,\ \lim_{x\to\infty}f(x)=-\infty,\ \lim_{x\to-\infty}f(x)=\infty,\ \lim_{x\to-\infty}f(x)=-\infty$$

보기 함수 $f(x)=\dfrac{1}{x}$의 그래프에서 다음을 얻는다.

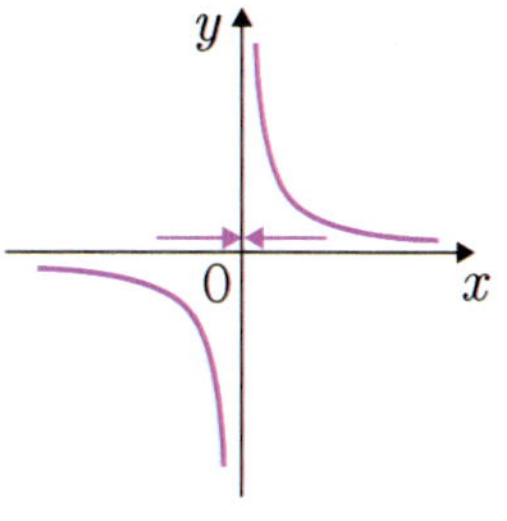

$$\lim_{x\to0^+}\frac{1}{x}=\infty,\quad \lim_{x\to0^-}\frac{1}{x}=-\infty,\quad \lim_{x\to\infty}\frac{1}{x}=0,\quad \lim_{x\to-\infty}\frac{1}{x}=0$$

또 $\lim_{x\to0}\dfrac{1}{x^2}=\infty$이고, $\lim_{x\to0}\left(-\dfrac{1}{x^2}\right)=-\infty$이다.

함수에 따라서는 좌극한과 우극한이 서로 다를 수도 있다. 그러나 $x=a$에서 함수 $f(x)$의 극한값이 존재하면 좌극한과 우극한이 모두 존재하고 서로 같다. 즉 다음이 성립한다.

$$\lim_{x\to a}f(x)=\lim_{x\to a^-}f(x)=\lim_{x\to a^+}f(x)$$

또한 함수 $f(x)$의 좌극한 $\lim_{x\to a^-}f(x)$와 우극한 $\lim_{x\to a^+}f(x)$가 모두 존재하고 서로 같으면 극한값 $\lim_{x\to a}f(x)$가 존재한다.

극한값, 좌극한과 우극한

$$\lim_{x\to a}f(x)=L \iff \lim_{x\to a^-}f(x)=\lim_{x\to a^+}f(x)=L$$

지금까지 우리는 함수의 극한에 관한 개념은 직관적으로 정의하였다. 따라서 수학적으로 엄밀한 정의라고는 볼 수 없다. 다음은 a를 포함하는 적당한 열린 구간에서 정의된 함수 f의 극한 $\lim_{x \to a} f(x)$에 대한 엄밀한 수학적 정의이다.

정의 1.2 함수의 극한의 정의

$\lim_{x \to a} f(x) = L$	$\Longleftrightarrow$	임의의 $\epsilon > 0$이 주어졌을 때, $0 < \lvert x-a \rvert < \delta$를 만족하는 모든 x에 대하여 $\lvert f(x) - L \rvert < \epsilon$이 성립하는 $\delta > 0$가 존재한다.

위의 정의를 이용하여 극한값을 구하는 것은 힘든 일이다. 하지만, 엄밀한 정의에 의하여 증명된 다음 성질들을 이용하면 함수의 극한값을 쉽게 구할 수 있다.

정리 1.3 함수의 극한에 대한 성질

$\lim_{x \to a} f(x)$와 $\lim_{x \to a} g(x)$가 존재할 때, 다음이 성립한다.

① $\lim_{x \to a} \{f(x) \pm g(x)\} = \lim_{x \to a} f(x) \pm \lim_{x \to a} g(x)$ (단, 복부호 동순)

② $\lim_{x \to a} cf(x) = c \lim_{x \to a} f(x)$ (단, c는 상수)

③ $\lim_{x \to a} f(x)g(x) = \lim_{x \to a} f(x) \cdot \lim_{x \to a} g(x)$

④ $\lim_{x \to a} \dfrac{f(x)}{g(x)} = \dfrac{\lim_{x \to a} f(x)}{\lim_{x \to a} g(x)}$ $\left(\text{단, } \lim_{x \to a} g(x) \neq 0\right)$

참고 위의 성질은 $x \to a^+$, $x \to a^-$, $x \to \infty$, $x \to -\infty$일 때에도 성립한다.

보기 $\lim_{x \to 2}(x^3 + 3x) = (\lim_{x \to 2} x)^3 + 3\lim_{x \to 2} x = 2^3 + 3 \times 2 = 14$

다음 두 정리는 함수의 극한을 구할 때에 편리하게 이용되는 성질이다.

정리 1.4 합성함수의 극한

두 함수 f, g에 대하여 $\lim_{x\to a} f(x)=c$이고, a가 제외된 a의 근방에 있는 모든 x에 대하여 $f(x)\neq c$라고 하자. 이때, $\lim_{t\to c} g(t)$가 존재하면 다음이 성립한다.

$$\lim_{x\to a} g(f(x))=\lim_{t\to c} g(t)$$

보기 $\lim_{x\to 2}(x^2-x+2)=4$이므로 다음이 성립한다.

$$\lim_{x\to 2}\sqrt{x^2-x+2}=\lim_{t\to 4}\sqrt{t}=2$$

정리 1.5 함수의 극한의 대소 관계

$\lim_{x\to a} f(x)=L$, $\lim_{x\to a} g(x)=M$일 때, a의 근방에 있는 모든 x에 대하여

① $f(x)\le g(x)$이면 $L\le M$이다.

② $f(x)\le h(x)\le g(x)$이고 $L=M$이면 $\lim_{x\to a} h(x)=L$이다.

참고 $-|f(x)|\le f(x)\le |f(x)|$이므로 $\lim_{x\to a}|f(x)|=0$이면 $\lim_{x\to a} f(x)=0$이다.

연습문제 1.2

1. 다음 극한값을 구하라.

(1) $\lim_{x\to 100} 2022$

(2) $\lim_{x\to 2} (x^3+3x+3)$

(3) $\lim_{x\to 1} (x+1)(x+2)$

(4) $\lim_{x\to -1} (x+4)^2$

(5) $\lim_{x\to 0} \dfrac{x}{x-1}$

(6) $\lim_{x\to 2} \dfrac{x^2+1}{x^2+2}$

2. 다음 극한값을 구하라.

(1) $\lim_{x\to -3} \dfrac{x}{|x|}$

(2) $\lim_{x\to -2} (x+|x|)$

(3) $\lim_{x\to 2} \dfrac{x-2}{x^2-4}$

(4) $\lim_{x\to -\sqrt{5}} \dfrac{x^2-5}{x+\sqrt{5}}$

3. 다음 극한값을 구하라.

(1) $\lim_{x\to 2} \dfrac{x-2}{\sqrt{x+2}-2}$

(2) $\lim_{x\to 9} \dfrac{x(\sqrt{x}-3)}{x-9}$

4. 다음 극한값이 존재하면 구하라. (단, $[x]$는 x보다 크지 않은 최대 정수이다.)

(1) $\lim_{x\to 1^+} \dfrac{[x]}{1+x}$

(2) $\lim_{x\to 0^-} \dfrac{[4x]}{1+x}$

(3) $\lim_{x\to 0} \dfrac{x}{|x|}$

(4) $\lim_{x\to 1} [3x]$

5. 다음 극한을 조사하라.

(1) $\lim_{x\to \infty} \dfrac{x^2-1}{2x-3}$

(2) $\lim_{x\to -\infty} \dfrac{3x^2+x}{4x^2+2}$

1.3 연속함수

함수가 연속이라는 것은 직관적으로 그 함수의 그래프가 연결되어 있음을 뜻한다. 이 절에서는 함수의 극한을 이용하여 함수의 연속성을 정의하고 연속함수의 성질에 대하여 알아보자.

정의 1.6 함수의 연속성과 연속함수

함수 f가 a의 근방에서 정의되어 있다고 하자. 이때,

$$\lim_{x \to a} f(x) = f(a)$$

를 만족하면 함수 f는 $x = a$에서 **연속**이라고 한다.

또 함수 f가 정의역의 모든 x에서 연속일 때, f를 **연속함수**라고 한다.

참고 함수 $f : [a,\ b] \to \mathbb{R}$ 에서

f가 a에서 연속이라는 것은 $\lim_{x \to a^+} f(x) = f(a)$가 성립할 때이고,

f가 b에서 연속이라는 것은 $\lim_{x \to b^-} f(x) = f(b)$가 성립할 때이다.

보기 k가 상수일 때, 모든 실수 a에 대하여 $\lim_{x \to a} k = k$이고 $\lim_{x \to a} x = a$이므로 상수함수 $f(x) = k$와 항등함수 $f(x) = x$는 모두 연속함수이다.

예제 1 다음 두 함수는 $x = 3$에서 불연속임을 보여라.(단, $[x]$는 x보다 크지 않은 최대 정수이다.)

(1) $f(x) = [x-2]$ (2) $f(x) = \begin{cases} (x-3)^2 + 1 & (x \neq 3) \\ 0 & (x = 3) \end{cases}$

풀이 (1) $\lim_{x \to 3^+} [x-2] = 1$이고 $\lim_{x \to 3^-} [x-2] = 0$이므로 극한 $\lim_{x \to 3} [x-2]$가 존재하지 않는다.

따라서 함수 $f(x)$는 $x = 3$에서 불연속이다.

(2) $\lim_{x\to3} f(x) = \lim_{x\to3}\{(x-3)^2+1\} = 1$이고 $f(3)=0$이므로 $\lim_{x\to3} f(x) \neq f(3)$이다.

따라서 함수 $f(x)$는 $x=3$에서 불연속이다. ■

두 함수 $f(x)$, $g(x)$가 연속함수일 때, 다음 함수는 모두 연속함수이다.

$$f(x) \pm g(x),\ cf(x)\ (\text{단, } c\text{는 상수}),\ f(x)g(x),\ \frac{f(x)}{g(x)}\ (\text{단, } g(x) \neq 0)$$

따라서 다항함수는 연속함수이고, 두 다항식의 몫인 분수함수는 분모가 0이 아닌 모든 x에서 연속이다.

정리 1.7 합성함수의 연속성

두 함수 f, g에 대하여 $\lim_{x\to a} g(x) = L$이고, f가 L에서 연속이면

$$\lim_{x\to a} f(g(x)) = f(\lim_{x\to a} g(x)) = f(L)$$

이다. 즉, g가 a에서 연속이고 f가 $g(a)$에서 연속이면, 합성함수 $f \circ g$는 a에서 연속이다.

보기 함수 $f(x) = \sqrt{x^2+1}$은 다항함수 $g(x) = x^2+1$과 무리함수 $h(y) = \sqrt{y}$의 합성함수이다. 그런데 다항함수와 무리함수는 모두 연속함수이므로 합성함수의 연속성에 의하여 함수 $f(x) = (h \circ g)(x) = \sqrt{x^2+1}$은 연속함수이다.

닫힌 구간에서 연속인 함수는 다음의 **최댓값 · 최솟값 정리**가 성립한다.

정리 1.8 최댓값·최솟값 정리

함수 $f(x)$가 닫힌 구간 $[a, b]$에서 연속이면, $f(x)$는 이 구간에서 반드시 최댓값과 최솟값을 가진다.

보기 닫힌 구간 $[0, 3]$에서 연속인 함수 $f(x) = -x^2 + 2x + 3$의 치역은 구간 $[0, 4]$이다. 함수 $f(x)$의 최댓값은 $x = 1$일 때 4이고, 최솟값은 $x = 3$일 때 0이다.

또한 함수 $f(x)$가 닫힌 구간 $[a, b]$에서 연속이면 함수 $y = f(x)$의 그래프는 그 구간에서 이어져 있다. 그러므로 $f(a) \neq f(b)$이면 $f(a)$와 $f(b)$ 사이의 임의의 값 k에 대하여 직선 $y = k$와 $y = f(x)$의 그래프는 적어도 한 점에서 만난다. 이것을 **중간값 정리**라고 한다.

정리 1.9 중간값 정리

함수 $f(x)$가 닫힌 구간 $[a, b]$에서 연속이고 $f(a) \neq f(b)$이면, $f(a)$와 $f(b)$ 사이의 임의의 값 k에 대하여 $f(c) = k$인 c가 열린 구간 (a, b)에 적어도 하나 존재한다.

중간값 정리에 의하여 함수 $f(x)$가 닫힌 구간 $[a, b]$에서 연속이고 $f(a)$와 $f(b)$의 부호가 서로 다르면, 0은 $f(a)$와 $f(b)$사이의 값이므로 $f(c) = 0$인 c가 a와 b 사이에 적어도 하나 존재한다.

중간값 정리와 방정식의 실근

함수 f가 닫힌 구간 $[a, b]$에서 연속이고 $f(a)f(b) < 0$이면, 방정식 $f(x) = 0$은 열린 구간 (a, b)에서 적어도 하나의 실근을 갖는다.

예제 2 방정식 $x^3 - x^2 + 2x - 1 = 0$은 열린 구간 $(0, 1)$에서 적어도 하나의 실근을 가짐을 보여라.

풀이 $f(x) = x^3 - x^2 + 2x - 1$이라 놓으면 함수 $f(x)$는 실수 전체에서 연속이므로 닫힌 구간 $[0, 1]$에서도 연속이다. 이때, $f(0) = -1 < 0$이고 $f(1) = 1 > 0$이다.
따라서 $f(0) < 0 < f(1)$이므로 중간값 정리에 의해 $f(c) = 0$이 되는 c가 열린 구간 $(0, 1)$에 적어도 하나 존재한다. 즉, 방정식 $x^3 - x^2 + 2x - 1 = 0$은 열린 구간 $(0, 1)$에서 적어도 하나의 실근을 가진다. ■

연습문제 1.3

1. 다음 함수 $y=f(x)$의 그래프를 보고 함수 $f(x)$의 $x=c$에서의 연속성을 조사하라.

(1)

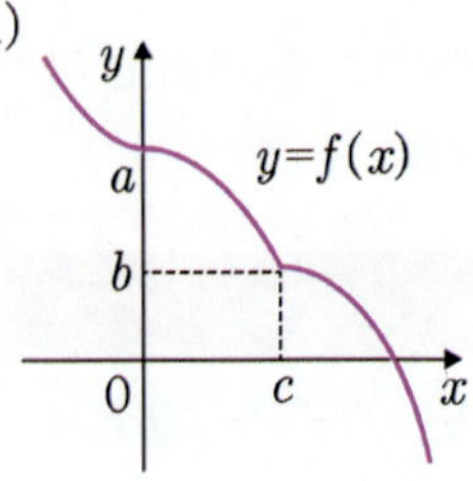

(2)

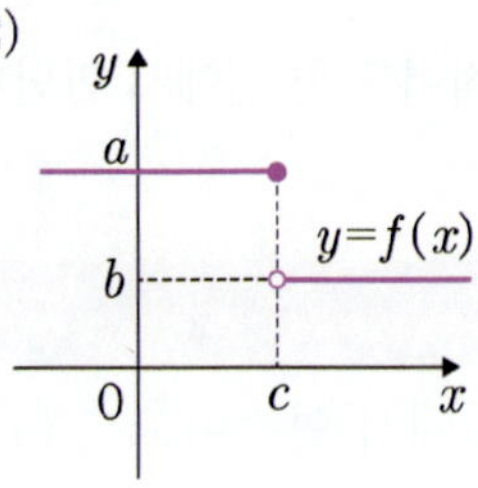

(3)

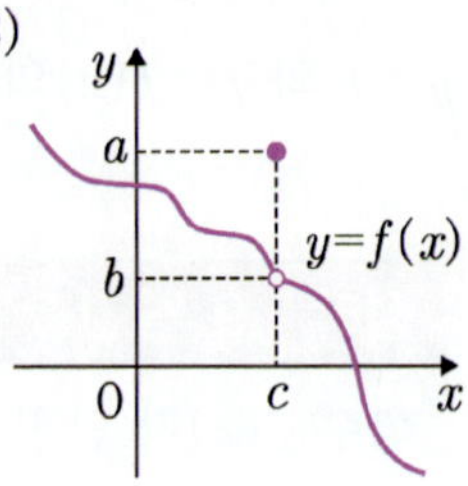

2. 다음 함수는 $x=0$에서 연속인가?

(1) $f(x)=x^3-x$

(2) $f(x)=\begin{cases} \dfrac{x}{|x|} & (x\neq 0) \\ 0 & (x=0) \end{cases}$

3. 다음 함수 $f(x)$는 $x=0$에서 연속인가?

$$f(x)=x^2+\frac{x^2}{1+x^2}+\frac{x^2}{(1+x^2)^2}+\frac{x^2}{(1+x^2)^3}+\cdots$$

4. 다음 함수가 연속인 구간을 모두 구하라.

(1) $f(x)=\sqrt{x-3}$

(2) $f(x)=\dfrac{x^3+2x-1}{x+1}$

(3) $f(x)=\begin{cases} \dfrac{x-1}{x^2-1} & (x\neq -1,\ 1) \\ \dfrac{1}{2} & (x=1) \\ 0 & (x=-1) \end{cases}$

5. 다음 방정식이 주어진 구간에서 적어도 하나의 실근을 가짐을 보여라.

(1) $x^3+3x=2$, 열린 구간 $(0,\ 3)$

(2) $x^5-4x+4=0$, 열린 구간 $(-2,\ 0)$

1.4 프로그래밍 실습

파이썬을 사용하여 함수 $y = f(x)$의 그래프를 그려보자

함숫값 $f(x)$를 구하고 순서쌍 $(x, f(x))$를 점으로 나타내면그래프를 그릴 수 있는데, x의 값을 바꾸면서 많은 점을 그리면 그래프가 완성된다.

예제 1 함수 $y = x^2$ $(-2 \le x \le 2)$의 그래프와 직선 $y = 2$를 그려보자.

① 파이썬 함수 linspace를 이용하여 닫힌 구간 $[-2, 2]$에서 여러 개의 x의 값을 구한다.

```
[2] import numpy as np
    x = np.linspace(-2,2,9)
    x

    array([-2. , -1.5, -1. , -0.5,  0. ,  0.5,  1. ,  1.5,  2. ])
```

위 코드에서 첫줄은 numpy 라이브러리를 불러오기 위해 사용하는 데, 한 번만 실행하면 다음 코드부터는 numpy 함수를 사용할 수 있다.

왼쪽의 숫자([2])는 실행할 때마다 증가되므로 프로그램이 실행된 순서를 알 수 있다.

② x의 모든 값에서 함숫값을 구하여 y에 저장한다.

```
[3] y = x**2
    y

    array([4.  , 2.25, 1.  , 0.25, 0.  , 0.25, 1.  , 2.25, 4.  ])
```

③ matplotlib 라이브러리를 이용하여 그래프를 그린다.

```
[4] import matplotlib.pyplot as plt
    plt.plot(x,y)
    plt.show()
```

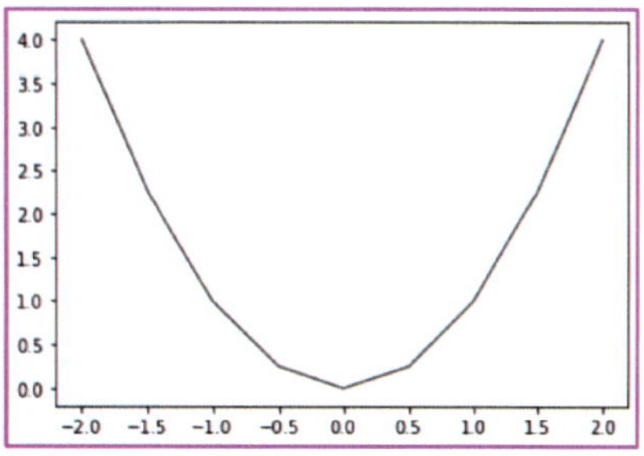

④ plt.xlabel()과 plt.ylabel()을 이용하여 x축, y축의 이름을 표시한다.

```
[5] plt.plot(x,y)
    plt.xlabel('x')
    plt.ylabel('y')
    plt.show()
```

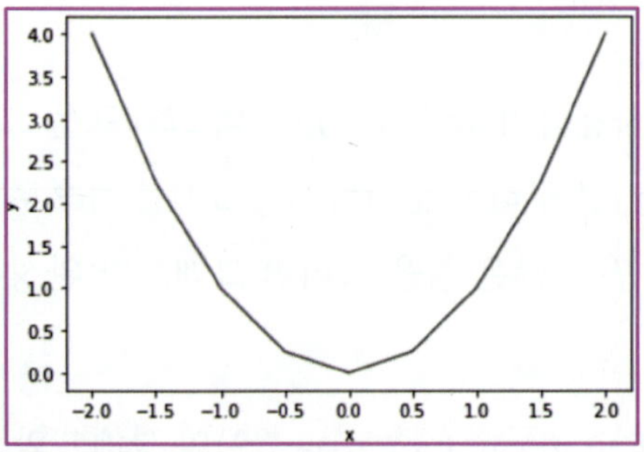

⑤ plt.title()을 이용하여 그림의 제목을 넣는다.

```
[6] plt.plot(x,y)
    plt.xlabel('x')
    plt.ylabel('y')
    plt.title('$y=x^2$')
    plt.show()
```

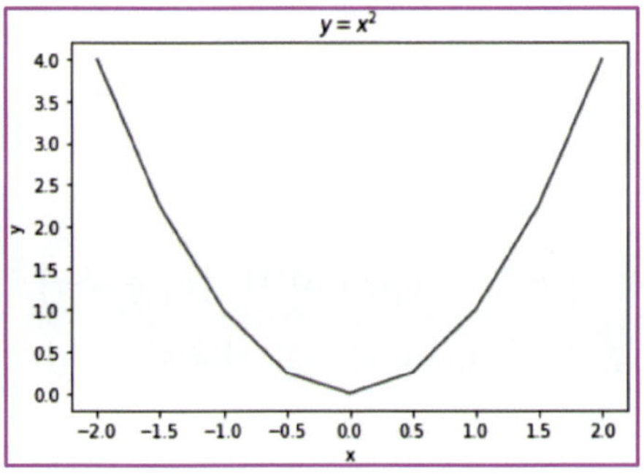

⑥ x의 구간을 더 많이 잘라서(29등분) 그래프를 매끄럽게 만든다.

```
[7] x = np.linspace(-2,2,30)
    y = x**2
    plt.plot(x,y)
    plt.xlabel('x')
    plt.ylabel('y')
    plt.title('$y=x^2$')
    plt.show()
```

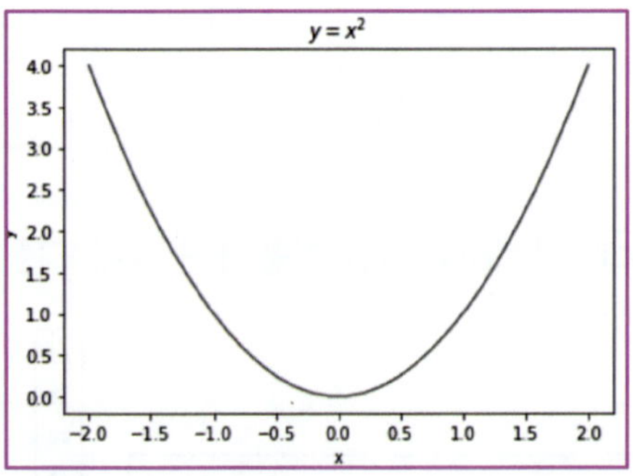

⑦ $y=2$의 그래프를 추가한다.

```
[8] x = np.linspace(-2,2,30)
    y = x**2
    plt.plot(x,y)
    y = np.ones_like(x)*2
    plt.plot(x,y)
    plt.xlabel('x')
    plt.ylabel('y')
    plt.title('$y=x^2$')
    plt.show()
```

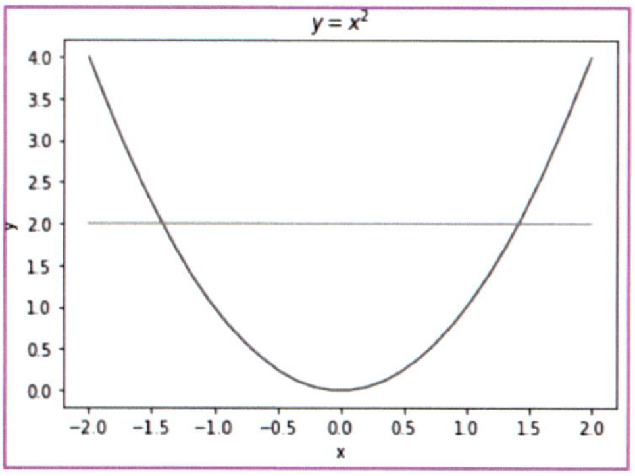

예제 2 함수 $y=\sqrt{x}$ $(0 \le x \le 2)$의 그래프를 그려보자.

① numpy의 sqrt 함수를 이용하여 제곱근을 구하고, 그래프를 그린다.

```
[10] x = np.array([1,4,9,16,25])
     x

     array([ 1,  4,  9, 16, 25])
```

```
[11] np.sqrt(x)

     array([1., 2., 3., 4., 5.])
```

```
[12] x = np.linspace(0,2,101)
     y = np.sqrt(x)
     plt.plot(x,y)
     plt.title('$y=₩sqrt{x}$')
     plt.xlabel('x')
     plt.ylabel('y')
     plt.show()
```

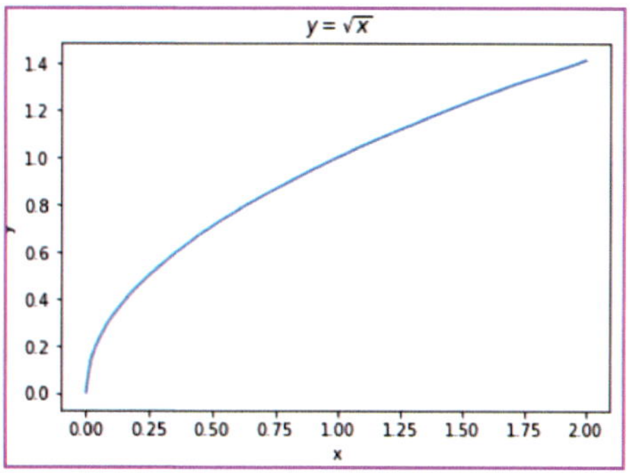

실·습·문·제

1. 닫힌 구간 $[-2, 0]$에서 함수 $y=x^7-4x+10$의 그래프를 그려보자.

MEMO

미분법

2 CHAPTER

온도와 습도, 풍향과 풍속, 기압과 강수량의 변화를 분석하면 날씨를 예측할 수 있다. 날씨, 자동차의 속도, 인구증가, 물가 상승률 등 시간에 따라 변화하는 현상을 이해하는 데 필수적인 수학이 미분이다. 라이프니츠(Leibniz, 1646~1716)는 곡선을 고찰하는 수단으로, 뉴턴(Newton, 1642~1727)은 운동하는 물체의 속도를 구하는 과정에서 미분을 발견하였다.

이 장에서는 미분계수와 도함수를 정의하고, 다항함수의 도함수를 구하며, 몫의 미분법과 합성함수, 음함수, 역함수의 미분법을 배운다.

2.1 미분계수와 도함수

2.2 다항함수의 미분법

2.3 몫의 미분법과 합성함수의 미분법

2.4 음함수의 미분법과 역함수의 미분법

2.5 고계도함수

2.6 프로그래밍 실습

2.1 도함수

함수 $y=f(x)$에서 x의 값이 a에서 b까지 변할 때, y의 값은 $f(a)$에서 $f(b)$까지 변한다. x의 값의 변화량 Δx에 대한 y의 값의 변화량 Δy의 비율 $\frac{\Delta y}{\Delta x}$를 x가 a에서 b까지 변할 때의 함수 $y=f(x)$의 **평균변화율**이라 한다.

평균변화율

$$\frac{\Delta y}{\Delta x} = \frac{f(b)-f(a)}{b-a} = \frac{f(a+\Delta x)-f(a)}{\Delta x}$$

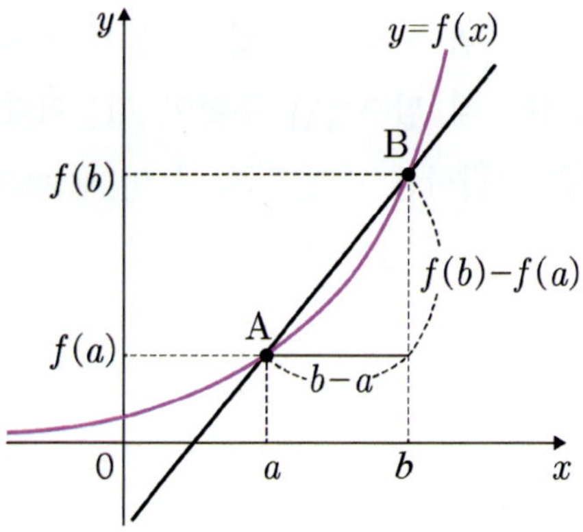

보기 x가 -2에서 3까지 변할 때의 함수 $f(x)=x^2+2x$의 평균변화율은 다음과 같다.

$$\frac{\Delta y}{\Delta x} = \frac{f(3)-f(-2)}{3-(-2)} = \frac{(3^2+2\times 3)-\{(-2)^2+2\times(-2)\}}{5} = 3$$

또한 x가 a에서 $a+\Delta x$까지 변할 때의 함수 $f(x)=x^2+2x$의 평균변화율은 다음과 같다.

$$\begin{aligned}\frac{\Delta y}{\Delta x} &= \frac{f(a+\Delta x)-f(a)}{\Delta x}\\ &= \frac{\{(a+\Delta x)^2+2\times(a+\Delta x)\}-(a^2+2\times a)}{\Delta x} = 2a+2+\Delta x\end{aligned}$$

예제 1 섭씨온도 C와 화씨온도 F 사이의 관계는 $\mathrm{F} = \frac{9}{5}\mathrm{C} + 32$이다. 섭씨온도 C가 10에서 15까지 변할 때의 화씨온도 F의 평균변화율을 구하라.

풀이 $\frac{\Delta \mathrm{F}}{\Delta \mathrm{C}} = \frac{\mathrm{F}(15) - \mathrm{F}(10)}{15 - 10} = \frac{\left(\frac{9}{5} \cdot 15 + 32\right) - \left(\frac{9}{5} \cdot 10 + 32\right)}{5} = 9$ ■

함수 $y = f(x)$가 $x = a$의 근방에서 정의되어 있고, x가 a에서 $a + h$까지 변할 때의 함수 $y = f(x)$의 평균변화율

$$\frac{\Delta y}{\Delta x} = \frac{f(a+h) - f(a)}{(a+h) - a} = \frac{f(a+h) - f(a)}{h}$$

에서 h가 0에 한없이 가까워질 때의 극한값

$$\lim_{h \to 0} \frac{\Delta y}{\Delta x} = \lim_{h \to 0} \frac{f(a+h) - f(a)}{h}$$

가 존재하면, 함수 $f(x)$는 $x = a$에서 **미분가능**(differentiable)하다고 한다. 이 극한값을 함수 $f(x)$의 $x = a$에서의 순간변화율 또는 **미분계수**(differential coefficient)라 하고, 기호로 $f'(a)$와 같이 나타낸다.

미분계수

$$f'(a) = \lim_{h \to 0} \frac{f(a+h) - f(a)}{h}$$

참고 $f'(a) = \lim_{x \to a} \frac{f(x) - f(a)}{x - a}$

함수 $f(x)$가 어떤 구간에 속하는 모든 x에서 미분가능할 때, 함수 $f(x)$는 그 구간에서 미분가능하다고 한다.

이제 함수의 그래프에서 평균변화율과 미분계수의 기하학적 의미를 살펴보자.

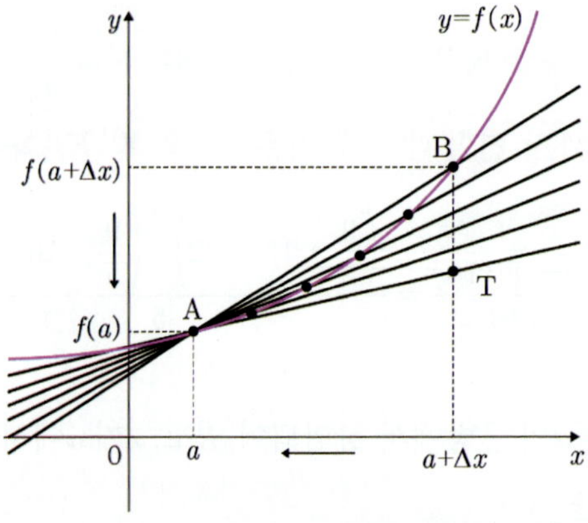

함수 $f(x)$에서 x가 a에서 $a+\Delta x$까지 변할 때의 평균변화율은 곡선 $y=f(x)$ 위의 두 점 $A(a,\ f(a))$, $B(a+\Delta x,\ f(a+\Delta x))$를 잇는 직선 AB의 기울기이다. 함수 $f(x)$의 $x=a$에서의 미분계수 $f'(a)$는 점 $A(a,\ f(a))$에서의 접선의 기울기이다.

보기 함수 $f(x)=x^2-4x$의 $x=3$에서의 미분계수 $f'(3)$은 다음과 같다.

$$f'(3)=\lim_{\Delta x\to 0}\frac{f(3+\Delta x)-f(3)}{\Delta x}$$

$$=\lim_{\Delta x\to 0}\frac{2\Delta x+(\Delta x)^2}{\Delta x}=\lim_{\Delta x\to 0}(2+\Delta x)=2$$

직선 운동을 하는 물체의 평균속도와 순간속도는 각각 평균변화율과 미분계수를 이용하여 구할 수 있다.

예제 2 어떤 물체가 x초 동안 낙하한 거리가 $f(x)=4.9x^2$(m)이다.
(1) 물체가 낙하하기 시작한 후 1초부터 3초까지의 평균속도를 구하라.
(2) 물체가 낙하하기 시작한 후 1초에서의 순간속도를 구하라.

풀이 (1) $\dfrac{f(3)-f(1)}{3-1}=\dfrac{4.9\times 3^2-4.9\times 1^2}{2}=19.6$(m/초)

(2) $$f'(1)=\lim_{h\to 0}\frac{\{4.9\times(1+h)^2\}-\{4.9\times 1^2\}}{h}$$

$$=\lim_{h\to 0}\frac{4.9(2h+h^2)}{h}=\lim_{h\to 0}4.9(2+h)=9.8\text{(m/초)}.$$ ■

이제 함수의 미분가능성과 연속성의 관계를 알아보자. $f(x)$가 $x=a$에서 미분가능하면 미분계수

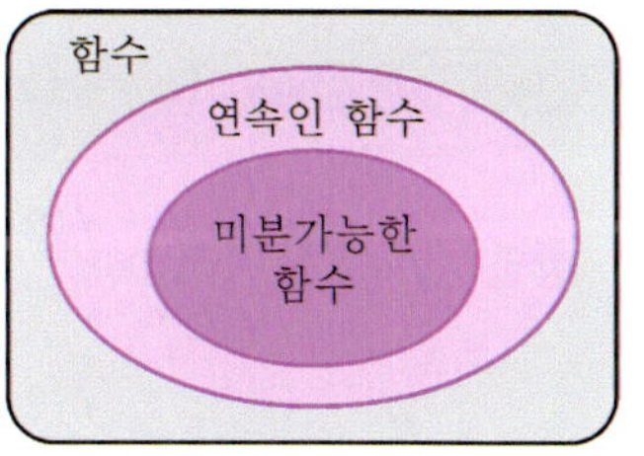

$$f'(a)=\lim_{h\to 0}\frac{f(a+h)-f(a)}{h}$$

가 존재한다. 따라서

$$\begin{aligned}\lim_{h\to 0}\{f(a+h)-f(a)\}&=\lim_{h\to 0}\frac{f(a+h)-f(a)}{h}\cdot h\\&=\lim_{h\to 0}\frac{f(a+h)-f(a)}{h}\cdot\lim_{h\to 0}h\\&=f'(a)\cdot 0=0\end{aligned}$$

이므로 $\lim_{h\to 0}f(a+h)=f(a)$이다. 그러므로 함수 $f(x)$는 $x=a$에서 연속이다.

정리 2.1 미분가능성과 연속성

함수 $f(x)$가 $x=a$에서 미분가능하면 함수 $f(x)$는 $x=a$에서 연속이다.

함수의 좌극한과 우극한의 개념을 이용하여 함수 $f(x)$의 $x=a$에서의 **좌미분계수** $f'_-(a)$와 **우미분계수** $f'_+(a)$를 각각 다음과 같이 정의한다.

$$f'_-(a)=\lim_{h\to 0^-}\frac{f(a+h)-f(a)}{h},\quad f'_+(a)=\lim_{h\to 0^+}\frac{f(a+h)-f(a)}{h}$$

극한의 정의에 의하여 미분계수 $f'(a)$가 존재하기 위한 필요충분조건은 $f'_-(a)$와 $f'_+(a)$가 모두 존재하고, 이들이 서로 같은 것이다.

한편 $f(x)$가 미분가능한 함수이면 $f(x)$는 연속함수이다. 그러나 일반적으로 연속인 함수가 모두 미분가능한 것은 아니다. 다음은 연속이지만 미분가능하지 않는 함수의 예이다.

예제 3 함수 $f(x) = |x-2|$의 $x=2$에서의 미분가능성을 조사하라.

풀이 $f'_{-}(2) = \lim\limits_{h \to 0^-} \dfrac{f(2+h)-f(2)}{h} = \lim\limits_{h \to 0^-} \dfrac{|h|-0}{h} = \lim\limits_{h \to 0^-} \dfrac{-h}{h} = -1$,

$f'_{+}(2) = \lim\limits_{h \to 0^+} \dfrac{f(2+h)-f(2)}{h} = \lim\limits_{h \to 0^+} \dfrac{|h|-0}{h} = \lim\limits_{h \to 0^+} \dfrac{h}{h} = 1$ 이므로, $x=2$에서의 좌미분계수와 우미분계수가 일치하지 않는다.

따라서 함수 $f(x) = |x-2|$는 $x=2$에서 미분가능하지 않다. ■

이제 함수의 도함수를 정의해 보자.

함수 $f(x) = 3x^2+1$은 실수 a의 값이 정해지면 $f'(a) = 6a$의 값이 하나씩 정해지므로 모든 실수에서 미분가능하다. 이와 같이, 함수 $y=f(x)$가 정의역의 모든 x에서 미분가능하면 **미분가능한 함수**라고 한다.

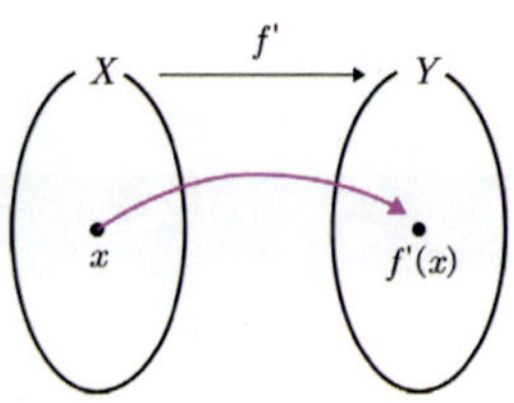

함수 $f(x)$가 미분가능한 함수일 때, 정의역의 모든 x에 대하여 x에서의 미분계수 $f'(x)$를 대응시키면 새로운 함수 $f'(x)$를 얻는다. 이때, $f'(x)$를 함수 $f(x)$의 **도함수**(derivative)라고 한다.

도함수

$$f'(x) = \lim_{\Delta x \to 0} \frac{f(x+\Delta x)-f(x)}{\Delta x} = \lim_{h \to 0} \frac{f(x+h)-f(x)}{h}$$

함수 $y=f(x)$의 도함수를 나타내는 기호로는 다음과 같은 것들이 있다.

$$f'(x),\ y',\ \frac{dy}{dx},\ \{f(x)\}',\ \frac{d}{dx}f(x)$$

미분 가능한 함수 $f(x)$의 도함수 $f'(x)$를 구하는 것을 $f(x)$를 x에 대하여 **미분한다**고 하며, 그 계산법을 **미분법**이라고 한다.

예제 4 다음 함수를 미분하라.

(1) $f(x) = 3x + 2$ (2) $y = x^3 + x$

풀이 (1) $f'(x) = \lim_{h \to 0} \frac{\{3(x+h)+2\} - (3x+2)}{h} = \lim_{h \to 0} \frac{3h}{h} = 3$

(2) $$y' = \lim_{h \to 0} \frac{\{(x+h)^3 + (x+h)\} - (x^3 + x)}{h}$$

$$= \lim_{h \to 0} \frac{3x^2h + 3xh^2 + h^3 + h}{h}$$

$$= \lim_{h \to 0} (3x^2 + 3xh + h^2 + 1) = 3x^2 + 1.$$ ■

연습문제 2.1

1. x가 a에서 $a+\Delta x$까지 변할 때의 함수 $f(x)=x^3+1$의 평균변화율을 구하라.

2. 다음 함수에 대하여 주어진 $x=a$에서의 미분계수를 구하라.

(1) $f(x)=2022,\ a=10$　　(2) $f(x)=x^2-3,\ a=\sqrt{3}$

3. 다음 함수의 $x=0$에서 연속성과 미분가능성을 조사하라.

(1) $f(x)=|x|$　　(2) $f(x)=x^2|x|$

4. 함수 $f(x)=\begin{cases} x^2+1, & x \geq 1 \\ 2x, & x<1 \end{cases}$ 에 대하여 물음에 답하라.

(1) $x=1$에서의 함수 $f(x)$의 좌미분계수를 구하라.

(2) $x=1$에서의 함수 $f(x)$의 우미분계수를 구하라

(3) $x=1$에서의 함수 $f(x)$의 미분가능성을 조사하라.

5. 함수 $y=f(x)$의 그래프가 그림과 같을 때, 다음을 구하라.

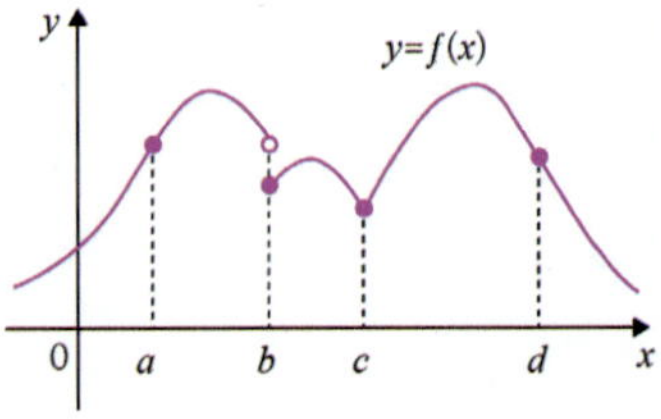

(1) 함수 $f(x)$가 불연속인 x의 값

(2) 함수 $f(x)$가 연속이지만 미분가능하지 않은 x의 값

(3) 함수 $f(x)$가 미분가능한 x의 값

6. 도함수의 정의에 의하여 다음 함수의 도함수를 구하라.

(1) $y=-\dfrac{1}{x}$　　(2) $y=\sqrt{x}$

2.2 다항함수의 미분법

간단한 함수의 도함수는 도함수의 정의를 이용하여 극한을 계산함으로써 구할 수 있다. 그러나 복잡한 함수의 도함수를 구할 때에는 극한을 계산하는 일이 번거롭기 때문에 여러 가지 미분법을 이용해야 한다.

이 절에서는 함수 x^n (단, n은 음이 아닌 정수)의 도함수 공식과 여러 가지 미분법을 알아보고, 다항함수의 도함수를 구하여 보자.

먼저, 함수 $f(x)=c$(단, c는 상수)의 도함수는 다음과 같다.

$$f'(x)=\lim_{h\to 0}\frac{f(x+h)-f(x)}{h}=\lim_{h\to 0}\frac{c-c}{h}=0$$

또한 함수 $f(x)=x$의 도함수는 다음과 같다.

$$f'(x)=\lim_{h\to 0}\frac{f(x+h)-f(x)}{h}=\lim_{h\to 0}\frac{(x+h)-x}{h}=1$$

이제 2 이상인 자연수 n에 대하여 함수 $f(x)=x^n$의 도함수는 다음과 같다.

$$\begin{aligned}f'(x)&=\lim_{h\to 0}\frac{f(x+h)-f(x)}{h}=\lim_{h\to 0}\frac{(x+h)^n-x^n}{h}\\&=\lim_{h\to 0}\frac{1}{h}\left[\left(x^n+nx^{n-1}h+\frac{n(n-1)}{2!}x^{n-2}h^2+\ \cdots\ +h^n\right)-x^n\right]\\&=\lim_{h\to 0}\left[nx^{n-1}+h\left(\frac{n(n-1)}{2!}x^{n-2}+\ \cdots\ +h^{n-2}\right)\right]\\&=nx^{n-1}\end{aligned}$$

한편 $c=x^0$, $x=x^1$이고,

$$n=0\text{이면 } nx^{n-1}=0\cdot x^{0-1}=0,\ \ n=1\text{이면 } nx^{n-1}=1\cdot x^{1-1}=1$$

이므로 다음이 성립한다.

x^n 의 도함수

$$(x^n)' = nx^{n-1} \text{ (단, } n\text{은 음이 아닌 정수)}$$

보기 세 함수 $f(x) = 2022$, $g(x) = x^5$, $h(x) = x^{2022}$의 도함수는 다음과 같다.

$$f'(x) = 0, \quad g'(x) = 5x^{5-1} = 5x^4, \quad h'(x) = 2022x^{2021}$$

예제 1 다음 함수를 미분하라.

(1) $f(x) = -100\sqrt{2}$ (2) $f(x) = x^2$

(3) $f(x) = x^{100}$

풀이 (1) $f'(x) = (-100\sqrt{2})' = 0$

(2) $f'(x) = (x^2)' = 2x^{2-1} = 2x$

(3) $f'(x) = (x^{100})' = 100x^{100-1} = 100x^{99}$ ■

다음은 미분가능한 함수의 실수배, 합, 차, 곱으로 이루어진 함수의 미분법이다.

정리 2.2 함수의 실수배, 합, 차, 곱의 미분법

두 함수 $f(x)$, $g(x)$가 미분가능하면 함수 $cf(x)$(단, c는 실수), $f(x) \pm g(x)$, $f(x)g(x)$도 미분가능하고, 다음이 성립한다.

(1) $\{cf(x)\}'(x) = cf'(x)$

(2) $\{f(x) \pm g(x)\}' = f'(x) \pm g'(x)$ (단, 복부호 동순)

(3) $\{f(x)g(x)\}' = f'(x)g(x) + f(x)g'(x)$

참고 함수의 실수배, 합, 차, 곱의 미분법은 다음과 같이 간단히 나타낼 수 있다.

$$(cf)' = cf', \ (f \pm g)' = f' \pm g', \ (fg)' = f'g + fg'$$

증명 (1), (2)는 도함수의 정의와 극한에 대한 성질로부터 쉽게 얻어진다.

(3) $\{f(x)g(x)\}' = \lim_{h \to 0} \dfrac{f(x+h)g(x+h) - f(x)g(x)}{h}$

$$= \lim_{h\to 0} \frac{f(x+h)g(x+h) - f(x)g(x+h) + f(x)g(x+h) - f(x)g(x)}{h}$$

$$= \lim_{h\to 0} \frac{f(x+h) - f(x)}{h} \cdot \lim_{h\to 0} g(x+h) + f(x) \cdot \lim_{h\to 0} \frac{g(x+h) - g(x)}{h}$$

$$= f'(x)g(x) + f(x)g'(x).$$ ■

이제 $(x^n)' = nx^{n-1}$ (단, n은 음이 아닌 정수)와 함수의 실수배, 합과 차, 곱의 미분법 공식을 이용하여 다항함수의 도함수를 구하여 보자.

보기 (1) 함수 $f(x) = \frac{1}{5}x^5$의 도함수는 $f'(x) = \frac{1}{5}(x^5)' = \frac{1}{5} \cdot 5x^4 = x^4$이다.

(2) 함수 $f(x) = x^2 + x$의 도함수는 $f'(x) = (x^2)' + (x)' = 2x + 1 = 2x + 1$이다.

(3) 함수 $y = 3x^4 - \sqrt{2}$의 도함수는 $y' = (3x^4)' - (\sqrt{2})' = 3 \cdot 4x^3 - 0 = 12x^3$이다.

(4) 함수 $y = (2x+1)(3x^2 - x)$의 도함수는 다음과 같다.

$$y' = (2x+1)' \cdot (3x^2 - x) + (2x+1) \cdot (3x^2 - x)'$$

$$= 2 \cdot (3x^2 - x) + (2x+1) \cdot (6x-1) = 18x^2 + 2x - 1$$

한편 미분가능한 함수 $f(x)$에 대하여, $\{f(x)\}^2 = f(x) \cdot f(x)$이므로 다음을 얻는다.

$$\frac{d}{dx}\{f(x)\}^2 = 2f(x) \cdot f'(x)$$

보기 함수 $f(x) = (x^4 + x)^2$의 도함수는 다음과 같다.

$$f'(x) = 2(x^4 + x) \cdot (x^4 + x)' = 2(x^4 + x)(4x^3 + 1)$$

또한 미분 가능한 두 함수의 합과 곱에 대하여 성립하는 미분법 공식은 미분가능한 세 함수 $f(x)$, $g(x)$, $h(x)$의 합과 곱에 대하여도 성립함을 알 수 있다.

$$\{f(x) + g(x) + h(x)\}' = f'(x) + g'(x) + h'(x),$$

$$\{f(x)g(x)h(x)\}' = f'(x)g(x)h(x) + f(x)g'(x)h(x) + f(x)g(x)h'(x)$$

예제 2 다음 함수를 미분하라.

(1) $f(x) = x^4 - \sqrt{2}\,x^3 + x$ (2) $y = (x+1)(x+2)(x+3)$

(3) $f(x) = x(x^2+1)(x^3+1)$ (4) $y = (-x^2+5x-1)^2$

풀이 (1) $f'(x) = (x^4)' - (\sqrt{2}\,x^3)' + (x)' = 4x^3 - 3\sqrt{2}\,x^2 + 1$

(2)
$$\begin{aligned} y' &= (x+1)'(x+2)(x+3) + (x+1)(x+2)'(x+3) \\ &\quad + (x+1)(x+2)(x+3)' \\ &= (x+2)(x+3) + (x+1)(x+3) + (x+1)(x+2) \\ &= 3x^2 + 12x + 11 \end{aligned}$$

(3)
$$\begin{aligned} f'(x) &= (x)'(x^2+1)(x^3+1) + x(x^2+1)'(x^3+1) + x(x^2+1)(x^3+1)' \\ &= (x^2+1)(x^3+1) + x\cdot 2x(x^3+1) + x(x^2+1)\cdot 3x^2 \\ &= 6x^5 + 4x^3 + 3x^2 + 1 \end{aligned}$$

(4)
$$\begin{aligned} y' &= 2\cdot(-x^2+5x-1)\cdot(-x^2+5x-1)' \\ &= 2(-x^2+5x-1)\cdot(-2x+5) \\ &= (4x-10)(x^2-5x+1) \end{aligned}$$

함수 $f(x)$가 미분가능할 때, 미분법의 공식에 의하여 도함수 $f'(x)$를 구한 후 $x = a$를 대입하면 함수 =(4x-10)(x ·{2} -5x+1)``의 $x = a$에서의 미분계수 $f'(a)$를 구할 수 있다.

예제 3 함수 $f(x) = (1-3x)^2(1+2x+x^3)$에 대하여 $f'(-1)$을 구하라.

풀이
$$\begin{aligned} f'(x) &= 2(1-3x)(1-3x)'(1+2x+x^3) + (1-3x)^2(1+2x+x^3)' \\ &= -6(1-3x)(1+2x+x^3) + (1-3x)^2(2+3x^2) \end{aligned}$$

이므로 $f'(-1)$의 값은 다음과 같다.

$$f'(-1) = -6(1+3)(1-2-1) + (1+3)^2(2+3\cdot 1) = 128$$

■

연습문제 2.2

1. 다음 함수를 미분하라.

(1) $f(x)=1$

(2) $f(x)=x^{100}$

(3) $f(x)=x^2+3x$

(4) $f(x)=x^4-x^2$

(5) $f(x)=(x-1)(x-2x^2)$

(6) $f(x)=(3x^2+x)(x^7+4)$

2. 다음 함수를 미분하라.

(1) $y=4x^6+2x^3-1$

(2) $y=2-3x-4x^2$

(3) $y=\dfrac{1}{3}x^3+\dfrac{1}{2}x^2+x+5$

(4) $y=x(x^2+1)(2x-1)$

3. 다음 함수에 대하여 $f'(3)$을 구하라.

(1) $f(x)=(1-x^2)(1-x^3)$

(2) $f(t)=t^3-t$

4. 미분가능한 함수 $f(x)$에 대하여 $\dfrac{d}{dx}\{f(x)\}^3=3f(x)^2\cdot f'(x)$를 유도하라.

또, 함수 $y=(x^2+x)^3$의 도함수 y'을 구하라.

5. 함수 $f(x)=(x^2+3x-5)(x^2-x)^3$의 도함수를 구하라.

6. 주어진 조건을 만족시키는 함수 $f(x)$에 대하여 다음 극한값을 구하라.

(1) $f(1)=3,\ f'(1)=2$일 때, $\displaystyle\lim_{x\to 1}\frac{xf(1)-f(x)}{x-1}$

(2) $f(1)=2,\ f'(1)=4$일 때, $\displaystyle\lim_{x\to 1}\frac{x^2f(1)-f(x^2)}{x-1}$

2.3 몫의 미분법과 합성함수의 미분법

이 절에서는 두 함수 $f(x)$, $g(x)$가 미분가능할 때, 함수 $\dfrac{f(x)}{g(x)}$ (단, $g(x) \neq 0$)의 도함수를 구하는 방법인 **몫의 미분법**에 대하여 알아보자.

먼저 함수 $\dfrac{1}{g(x)}$ (단, $g(x) \neq 0$)의 도함수를 구해 보자.

$$\left\{\frac{1}{g(x)}\right\}' = \lim_{h\to 0}\frac{\dfrac{1}{g(x+h)} - \dfrac{1}{g(x)}}{h}$$

$$= \lim_{h\to 0}\frac{-1}{g(x+h)g(x)} \cdot \lim_{h\to 0}\frac{g(x+h)-g(x)}{h}$$

$$= \frac{-1}{\{g(x)\}^2} \cdot g'(x) = -\frac{g'(x)}{\{g(x)\}^2}$$

한편 $\dfrac{f(x)}{g(x)} = f(x) \cdot \dfrac{1}{g(x)}$이므로 곱의 미분법에 의하여 다음을 얻는다.

$$\left\{\frac{f(x)}{g(x)}\right\}' = f'(x) \cdot \frac{1}{g(x)} + f(x) \cdot \left\{\frac{1}{g(x)}\right\}'$$

$$= \frac{f'(x)}{g(x)} + f(x) \cdot \frac{-g'(x)}{\{g(x)\}^2} = \frac{f'(x)g(x) - f(x)g'(x)}{\{g(x)\}^2}$$

정리 2.3 몫의 미분법

두 함수 $f(x)$, $g(x)$가 미분가능하면,

$\dfrac{1}{g(x)}$, $\dfrac{f(x)}{g(x)}$(단, $g(x) \neq 0$)도 미분가능하고, 다음이 성립한다.

$$\left\{\frac{1}{g(x)}\right\}' = -\frac{g'(x)}{\{g(x)\}^2}, \quad \left\{\frac{f(x)}{g(x)}\right\}' = \frac{f'(x)g(x) - f(x)g'(x)}{\{g(x)\}^2}$$

참고 몫의 미분법은 다음과 같이 간단히 나타낼 수 있다.

$$\left(\frac{1}{g}\right)' = -\frac{g'}{g^2}, \quad \left(\frac{f}{g}\right)' = \frac{f'g - fg'}{g^2}$$

예제 1 다음 함수를 미분하라.

(1) $y=\dfrac{1}{5x+2}$　　(2) $y=\dfrac{x}{x^2+1}$　　(3) $y=\dfrac{x-3}{x+1}$

풀이 (1) $y'=-\dfrac{(5x+2)'}{(5x+2)^2}=-\dfrac{5}{(5x+2)^2}$

(2) $y'=\dfrac{(x)'\cdot(x^2+1)-x\cdot(x^2+1)'}{(x^2+1)^2}$

$=\dfrac{(x^2+1)-2x^2}{(x^2+1)^2}=\dfrac{-x^2+1}{(x^2+1)^2}$

(3) $y'=\dfrac{(x-3)'(x+1)-(x-3)(x+1)'}{(x+1)^2}$

$=\dfrac{1\cdot(x+1)-(x-3)\cdot 1}{(x+1)^2}=\dfrac{4}{(x+1)^2}.$ ■

n이 음이 아닌 정수일 때 $(x^n)'=nx^{n-1}$임을 알고 있다.

n이 음의 정수일 때에도 몫의 미분법을 이용하면 함수 x^n의 도함수를 구할 수 있다.

먼저 몫의 미분법을 이용하여 함수 x^{-4}의 도함수를 다음과 같이 구해보자.

$$(x^{-4})'=\left(\frac{1}{x^4}\right)'=-\frac{(x^4)'}{(x^4)^2}=-\frac{4x^{4-1}}{(x^4)^2}=-\frac{4x^3}{x^8}=-4x^{-5}$$

이와 같이 n이 음의 정수일 때, $m=-n$이라 하면 m은 자연수이고 다음이 성립한다.

$$(x^n)'=\left(\frac{1}{x^m}\right)'=\frac{-(x^m)'}{(x^m)^2}=\frac{-mx^{m-1}}{(x^m)^2}=-mx^{-m-1}=nx^{n-1}$$

x^n 의 도함수

$$(x^n)'=nx^{n-1}\ (\text{단, } n\text{은 정수})$$

보기 $\left(\dfrac{1}{x^7}\right)'=(x^{-7})'=-7x^{-7-1}=-7x^{-8}$ (또는 $-\dfrac{7}{x^8}$)

예제 2 다음 함수를 미분하라.

(1) $y=\dfrac{1}{x}$ (2) $y=\dfrac{1}{x^{10}}$

(3) $y=\dfrac{x^2+1}{x^4}$ (4) $y=\dfrac{1-x+x^2}{x}$

풀이 (1) $y'=(x^{-1})'=(-1)x^{-1-1}=-x^{-2}=-\dfrac{1}{x^2}$

(2) $y'=(x^{-10})'=-10x^{-11}=-\dfrac{10}{x^{11}}$

(3) $y'=\left(\dfrac{1}{x^2}+\dfrac{1}{x^4}\right)'=(x^{-2})'+(x^{-4})'=(-2)x^{-2-1}+(-4)x^{-4-1}$

$=-2x^{-3}-4x^{-5}=-\dfrac{2}{x^3}-\dfrac{4}{x^5}$

(4) $y'=\left(\dfrac{1}{x}-1+x\right)'=-\dfrac{1}{x^2}+1.$ ■

이제 두 함수 $y=f(u)$, $u=g(x)$가 미분가능할 때, 합성함수 $y=f(g(x))$의 도함수를 구하여 보자.

두 함수 $y=f(u)=u^2$, $u=g(x)=3x+2$의 합성함수 $y=f(g(x))=(3x+2)^2$의 도함수는

$$\frac{dy}{dx}=\frac{d}{dx}(3x+2)^2=18x+12$$

이다. 그런데

$$\frac{dy}{du}\cdot\frac{du}{dx}=(u^2)'(3x+2)'=2u\cdot3=2(3x+2)\cdot3=18x+12$$

이므로 $\dfrac{dy}{dx}=\dfrac{dy}{du}\cdot\dfrac{du}{dx}$가 성립함을 알 수 있다.

x의 증분 Δx에 대한 u의 증분을 Δu, u의 증분 Δu에 대한 y의 증분을 Δy라 하자. 두 함수 $y=f(u)$, $u=g(x)$는 미분가능하므로 다음이 성립한다.

$$f'(u) = \lim_{\Delta u \to 0} \frac{\Delta y}{\Delta u} = \frac{dy}{du}, \quad g'(x) = \lim_{\Delta x \to 0} \frac{\Delta u}{\Delta x} = \frac{du}{dx}$$

미분가능한 함수 $u = g(x)$는 연속이므로 $\Delta x \to 0$일 때, $\Delta u \to 0$이고, 다음이 성립한다.

$$\begin{aligned} \frac{dy}{dx} &= \lim_{\Delta x \to 0} \frac{\Delta y}{\Delta x} = \lim_{\Delta x \to 0} \left(\frac{\Delta y}{\Delta u} \cdot \frac{\Delta u}{\Delta x} \right) \\ &= \lim_{\Delta u \to 0} \frac{\Delta y}{\Delta u} \cdot \lim_{\Delta x \to 0} \frac{\Delta u}{\Delta x} = \frac{dy}{du} \cdot \frac{du}{dx} \end{aligned}$$

정리 2.4 합성함수의 미분법 (연쇄법칙, chain rule)

두 함수 $y = f(u)$, $u = g(x)$가 미분가능하면 합성함수 $y = (f(g(x))$도 미분가능하고, 다음이 성립한다.

$$\frac{dy}{dx} = \frac{dy}{du} \cdot \frac{du}{dx} \quad \text{즉,} \quad y' = f'(g(x))g'(x)$$

참고 합성함수의 미분법은 $(f \circ g)'(x) = f'(g(x))g'(x)$로 나타낼 수 있다.

보기 (1) $y = u^2 - 3u + 1$, $u = x^2 + 2$일 때, $\frac{dy}{du} = 2u - 3$, $\frac{du}{dx} = 2x$이므로

$\frac{dy}{dx} = \frac{dy}{du} \cdot \frac{du}{dx} = (2u-3) \cdot 2x = 4x^3 + 2x$이다.

(2) 함수 $f(x) = (x^2 + 2x + 3)^2$에서

$$g(u) = u^2, \quad u = h(x) = x^2 + 2x + 3$$

이라 하면, $f(x) = g(u) = g(h(x))$이다. 또

$$g'(u) = 2u, \quad h'(x) = 2x + 2$$

이므로 합성함수의 미분법에 의해 다음이 성립한다.

$$f'(x) = 2u \cdot (2x+2) = 2(x^2 + 2x + 3)(x+1)$$

예제 3 (1) $y = \frac{u}{u+1}$, $u = 3x^2 - 1$일 때, $x = 1$에서 $\frac{dy}{dx}$의 값을 구하라.

(2) 함수 $f(x) = \sqrt{x^2 + 3x - 3}$에 대하여 $f'(4)$의 값을 구하라.

풀이 (1) $\frac{dy}{du}=\frac{1\cdot(u+1)-u\cdot 1}{(u+1)^2}=\frac{1}{(u+1)^2}$, $\frac{du}{dx}=6x$이므로 합성함수의 미분법에 의하여 $\frac{dy}{dx}=\frac{dy}{du}\cdot\frac{du}{dx}=\frac{6x}{(u+1)^2}$이다.

$x=1$일 때 $u=3\cdot 1^2-1=2$이므로 구하는 값은 $\frac{6\cdot 1}{(2+1)^2}=\frac{2}{3}$이다.

(2) $g(u)=\sqrt{u}$, $h(x)=x^2+3x-3$이라 하면 $f(x)=g(h(x))$이다.

$g'(u)=\frac{1}{2\sqrt{u}}$, $h'(x)=2x+3$이므로 합성함수의 미분법에 의해

$f'(x)=g'(h(x))h'(x)=\frac{2x+3}{2\sqrt{u}}$이다.

$x=4$일 때 $u=16+12-3=25$이므로 구하는 값은 $\frac{2\cdot 4+3}{2\sqrt{25}}=\frac{11}{10}$이다. ■

한편 임의의 정수 n과 미분가능한 함수 $f(x)$에 대하여 $g(u)=u^n$이라 하면, 합성함수의 미분법에 의하여 다음이 성립한다.

$$\frac{d}{dx}\{f(x)\}^n=\{g(f(x))\}'=g'(u)f'(x)=nu^{n-1}f'(x)$$

$$\text{즉, } \frac{d}{dx}\{f(x)\}^n=n\{f(x)\}^{n-1}f'(x).$$

보기 (1) $y=(x^2+1)^4$일 때, $\frac{dy}{dx}=4(x^2+1)^3(x^2+1)'=8x(x^2+1)^3$이다.

(2) $y=\frac{1}{(2x+3)^5}$일 때, $\frac{dy}{dx}==-5(2x+3)^{-6}\cdot(2x+3)'=-\frac{10}{(2x+3)^6}$이다.

예제 4 함수 $f(x)=\frac{3x+1}{(2x-1)^3}$을 미분하라.

풀이 몫의 미분법과 합성함수의 미분법에 의하여

$$f'(x)=\frac{(3x+1)'(2x-1)^3-(3x+1)\{(2x-1)^3\}'}{(2x-1)^6}$$
$$=\frac{3(2x-1)-6(3x+1)}{(2x-1)^4}=\frac{-12x-9}{(2x-1)^4}.$$ ■

연습문제 2.3

1. 다음 함수를 미분하라.

(1) $y = \dfrac{1}{x+1}$

(2) $y = \dfrac{1}{x^5 + 4x}$

(3) $y = \dfrac{x^3 - 1}{3x + 4}$

(4) $y = \dfrac{x - 1}{x^2 + 1}$

2. 다음 함수를 미분하라.

(1) $y - 10x^{-3}$

(2) $y = x^{-999}$

(3) $y = \dfrac{1 - x^3}{x^5}$

(4) $y = \dfrac{x^5 + 1}{x^{10}}$

3. 다음 함수에 대하여 주어진 $x = a$에서의 미분계수를 구하라.

(1) $f(x) = \dfrac{1}{x}$, $a = -3$

(2) $f(x) = \dfrac{1}{x^3}$, $a = 2$

(3) $f(x) = \dfrac{1}{\sqrt{x}}$, $a = 9$

(4) $f(x) = \dfrac{100x}{x + 100}$, $a = 50$

4. 다음 함수를 미분하라.

(1) $f(x) = (2x + 1)^5$

(2) $f(x) = (x^{200} + 1)^{200}$

5. 다음 함수를 미분하라.

(1) $f(x) = \dfrac{1}{(3x + 2)^5}$

(2) $f(x) = \dfrac{1}{(1 - 2x)^3}$

(3) $f(x) = \dfrac{1}{x^2 - x + 1}$

(4) $y - \dfrac{1}{(x^4 + 2x + 1)^2}$

6. 다음 함수를 미분하라.

(1) $f(x) = (x^2 + 1)(2x + 1)^5$

(2) $f(x) = \dfrac{(2x + 1)^3}{(x^2 - 2x - 1)^2}$

2.4 음함수의 미분법과 역함수의 미분법

함수가 $y=f(x)$의 형태로 주어질 때, y를 x의 양함수라 한다. 한편 방정식 $x^2+y^2=1$에서 x와 y의 값의 범위를 적당히 정해 주면 y는 x의 함수가 된다. 이와 같이 x의 함수 y가 방정식 $f(x,\ y)=0$의 꼴로 주어질 때, y를 x의 **음함수**라고 한다.

다음은 음함수의 형태로 주어진 함수를 미분하는 방법인 **음함수의 미분법**이다.

정리 2.5 음함수의 미분법(implicit differentiation)

x의 함수 y가 음함수 $f(x,\ y)=0$의 꼴로 주어졌을 때, 각 항의 y를 x의 함수로 보고, $f(x,\ y)=0$의 각 항을 x에 대하여 미분해서 $\dfrac{dy}{dx}$를 구한다.

보기 $x^2+y^2-1=0$에서 y를 x의 함수로 보고, 합성함수의 미분법을 이용하여 양변을 x에 대하여 미분하면

$$\frac{d}{dx}(x^2)+\frac{d}{dx}(y^2)-\frac{d}{dx}(1)=\frac{d}{dx}(0)$$

이므로 합성함수의 미분법에 의하여 다음을 얻는다.

$$2x+\frac{d}{dy}(y^2)\cdot\frac{dy}{dx}-0=0,\ 2x+2y\frac{dy}{dx}=0\quad \therefore \frac{dy}{dx}=-\frac{x}{y}\ (\text{단},\ y\neq 0)$$

예제 1 다음에서 $\dfrac{dy}{dx}$를 구하라.

(1) $x^3+y^3+2y=3$　　　　(2) $xy=-1$

풀이 (1) y를 x의 함수로 보고, 양변을 x에 대하여 미분하면

$$\frac{d}{dx}(x^3)+\frac{d}{dx}(y^3)+\frac{d}{dx}(2y)=\frac{d}{dx}(3),\quad 3x^2+(3y^2+2)\frac{dy}{dx}=0$$

$$\therefore \frac{dy}{dx}=-\frac{3x^2}{3y^2+2}$$

(2) y를 x의 함수로 보고, 양변을 x에 대하여 미분하면

$$\frac{d}{dx}(x)\cdot y+x\cdot\frac{d}{dx}(y)=\frac{d}{dx}(0),\quad y+x\frac{dy}{dx}=0$$

$$\therefore\ \frac{dy}{dx}=-\frac{y}{x}\ (\text{단, } x\neq 0)$$ ■

예제 2 $y=\sqrt[3]{x^3+x}$에서 $\dfrac{dy}{dx}$를 구하라.

풀이 $y=\sqrt[3]{x^3+x}$에서 $y^3=x^3+x$이므로 양변을 x에 대하여 미분하면

$$3y^2\cdot\frac{dy}{dx}=3x^2+1$$

$$\therefore\ \frac{dy}{dx}=\frac{3x^2+1}{3y^2}\ (\text{단, } y\neq 0)$$ ■

음함수의 미분법을 이용하여 $(x^n)'=nx^{n-1}$을 n이 유리수일 때까지 확장해 보자.

함수 $y=x^{\frac{3}{4}}$, 즉 $y^4=x^3$의 양변을 x에 대하여 미분하면

$$4y^{4-1}\cdot y'=3x^{3-1}$$

이므로 다음을 얻는다.

$$y'=\frac{3x^{3-1}}{4y^{4-1}}=\frac{3}{4}\cdot\frac{x^{3-1}}{\left(x^{\frac{3}{4}}\right)^{4-1}}=\frac{3}{4}x^{3-1-3+\frac{3}{4}}=\frac{3}{4}x^{\frac{3}{4}-1}$$

이제 유리수 r에 대하여 $r=\dfrac{q}{p}$(단, p, q는 정수, $p\neq 0$)라고 하자.

함수 $y=x^r=x^{\frac{q}{p}}$에서 $y^p=x^q$의 양변을 x에 대하여 미분하면

$$py^{p-1}\cdot y'=qx^{q-1}$$

이므로 다음을 얻는다.

$$y'=\frac{qx^{q-1}}{py^{p-1}}=\frac{q}{p}\cdot\frac{x^{q-1}}{\left(x^{\frac{q}{p}}\right)^{p-1}}=\frac{q}{p}x^{q-1-q+\frac{q}{p}}=rx^{r-1}$$

x^r의 도함수

$$(x^r)' = rx^{r-1} \quad (\text{단, } r\text{은 유리수})$$

보기 (1) 함수 $y = x^{\frac{3}{5}}$을 미분하면

$\frac{dy}{dx} = \frac{3}{5}x^{\frac{3}{5}-1} = \frac{3}{5}x^{-\frac{2}{5}}$이다.

(2) $y = \sqrt{x}$에서 $y = \sqrt{x} = x^{\frac{1}{2}}$이므로 $y = \sqrt{x}$를 미분하면

$\frac{dy}{dx} = \frac{1}{2}x^{\frac{1}{2}-1} = \frac{1}{2}x^{-\frac{1}{2}} = \frac{1}{2\sqrt{x}}$이다.

(3) 함수 $y = x^{-\frac{2}{3}}$을 미분하면 $\frac{dy}{dx} = -\frac{2}{3}x^{-\frac{2}{3}-1} = -\frac{2}{3}x^{-\frac{5}{3}}$이다.

예제 3 다음 함수를 미분하라.

(1) $y = \sqrt{x} + \frac{1}{x}$　　(2) $y = \frac{1}{\sqrt[5]{x^2}}$

(3) $f(x) = (5x^2 - 1)^{\frac{7}{5}}$　　(4) $f(x) = \frac{1}{\sqrt[3]{1 - x^2}}$

풀이 (1) $y = x^{\frac{1}{2}} + x^{-1}$이므로 $\frac{dy}{dx} = \frac{1}{2}x^{-\frac{1}{2}} + (-1)x^{-2} = \frac{1}{2\sqrt{x}} - \frac{1}{x^2}$이다.

(2) $y = \frac{1}{\sqrt[5]{x^2}} = x^{-\frac{2}{5}}$이므로 $\frac{dy}{dx} = -\frac{2}{5}x^{-\frac{2}{5}-1} = -\frac{2}{5\sqrt[5]{x^7}}$ 이다.

(3) $f'(x) = \frac{7}{5}(5x^2 - 1)^{\frac{7}{5}-1} \cdot (5x^2 - 1)'$

$= \frac{7}{5}(5x^2 - 1)^{\frac{2}{5}} \cdot 10x = 14x(5x^2 - 1)^{\frac{2}{5}}$이다.

(4) $f(x)=(1-x^2)^{-\frac{1}{3}}$ 이므로 다음을 얻는다.

$$f'(x)=-\frac{1}{3}(1-x^2)^{-\frac{1}{3}-1}\cdot(1-x^2)'$$
$$=-\frac{1}{3}(1-x^2)^{-\frac{4}{3}}\cdot(-2x)=\frac{2x}{3\sqrt[3]{(1-x^2)^4}}$$ ■

미분가능한 함수 $y=f(x)$의 역함수 $x=f^{-1}(y)$가 존재할 때, $y=f(x)$의 도함수 $f'(x)$를 이용하여, $x=f^{-1}(y)$의 도함수 $(f^{-1})'(y)$를 구해 보자.

정리 2.6 함수의 극한에 대한 성질

함수 f가 닫힌 구간 $[a, b]$에서 연속이고 증가 (또는, 감소) 함수이면, f의 역함수 f^{-1}가 존재하며 f^{-1}는 닫힌 구간 $[f(a), f(b)]$ (또는, $[f(b), f(a)]$)에서 연속이고 증가 (또는, 감소) 함수이다.

다음은 미분가능한 함수가 역함수를 가질 때, 그 역함수의 미분법에 관한 정리이다.

정리 2.7 역함수의 미분법

함수 $y=f(x)$가 미분가능하고 그 역함수 $x=f^{-1}(y)$가 존재하면, $x=f^{-1}(y)$도 미분가능하고, 다음이 성립한다.

$$(f^{-1})'(y)=\frac{1}{f'(x)}=\frac{1}{f'(f^{-1}(y))} \quad (\text{단, } f'(f^{-1}(y))\neq 0)$$

참고 위 정리에서 $x=f^{-1}(y)$의 도함수 $\frac{dx}{dy}$는 다음과 같다.

$$\frac{dx}{dy}=(f^{-1})'(y)=\frac{1}{f'(x)}=\frac{1}{\frac{dy}{dx}}$$

증명 $y=f(x)$의 역함수 $x=f^{-1}(y)$에서 $h=f^{-1}(y+k)-f^{-1}(y)$라고 놓으면

$f^{-1}(y+k)=f^{-1}(y)+h=x+h$이므로

$f(x+h)=y+k$, 즉 $k=f(x+h)-f(x)$이다.

이때, f^{-1}도 연속이며 $k\to 0$일 때 $h\to 0$이므로 다음을 얻는다.

$$(f^{-1})'(y)=\lim_{k\to 0}\frac{f^{-1}(y+k)-f^{-1}(y)}{k}=\lim_{h\to 0}\frac{h}{f(x+h)-f(x)}$$

$$=\frac{1}{\lim\limits_{h\to 0}\frac{f(x+h)-f(x)}{h}}=\frac{1}{f'(x)}=\frac{1}{f'(f^{-1}(y))}$$ ■

역함수의 도함수가 존재한다는 것을 가정하면, 합성함수의 미분법을 이용하여 역함수의 미분공식을 쉽게 구할 수 있다.

함수 $f(x)$와 그 역함수 $f^{-1}(y)$가 미분가능할 때, $f(f^{-1}(y))=y$의 양변을 y에 대하여 미분하면 $f'(f^{-1}(y))\cdot(f^{-1})'(y)=1$이므로 다음이 성립한다.

$$(f^{-1})'(y)=\frac{1}{f'(f^{-1}(y))}=\frac{1}{f'(x)}\ (\text{단, } f'(f^{-1}(y))\neq 0)$$

보기 함수 $x=y^5$에서 양변을 y에 대하여 미분하면 $\frac{dx}{dy}=5y^4$이다. 따라서 역함수의 미분법에 의하여 다음이 성립한다.

$$\frac{dy}{dx}=\frac{1}{\frac{dx}{dy}}=\frac{1}{5y^4}=\frac{1}{5\sqrt[5]{x^4}}$$

예제 4 역함수의 미분법을 이용하여 다음 함수에서 $\frac{dx}{dy}$를 구하라.

(1) $y = \sqrt[3]{x-2}$ (2) $y = -3x^{\frac{1}{3}} + 5$

풀이 (1) $y = \sqrt[3]{x-2} = (x-2)^{\frac{1}{3}}$이므로 다음이 성립한다.

$$\frac{dy}{dx} = \frac{1}{3}(x-2)^{-\frac{2}{3}} = \frac{1}{3\sqrt[3]{(x-2)^2}} \qquad \therefore \frac{dx}{dy} = 3\sqrt[3]{(x-2)^2} = 3y^2$$

한편 $y = \sqrt[3]{x-2}$에서 $x = y^3 + 2$이므로 다음을 얻는다.

$$\frac{dx}{dy} = 3y^2 = 3\sqrt[3]{(x-2)^2}$$

(2) $y = -3x^{\frac{1}{3}} + 5$를 미분하면 다음과 같다.

$$\frac{dy}{dx} = -3 \cdot \frac{1}{3}x^{\frac{1}{3}-1} = -x^{-\frac{2}{3}} \qquad \therefore \frac{dx}{dy} = \frac{1}{\frac{dy}{dx}} = -x^{\frac{2}{3}} = -\left(\frac{5-y}{3}\right)^2$$

한편 $y = -3x^{\frac{1}{3}} + 5$에서 $x = \left(\frac{5-y}{3}\right)^3$이므로 다음을 얻는다.

$$\frac{dx}{dy} = 3\left(\frac{5-y}{3}\right)^2 \cdot \left(-\frac{1}{3}\right) = -\left(\frac{5-y}{3}\right)^2$$

■

예제 5 함수 $f(x) = x^3 - 4x + 1$ (단, $x > \frac{2}{\sqrt{3}}$)에서 $(f^{-1})'(1)$과 $(f^{-1})'(16)$을 각각 구하라.

풀이 $f'(x) = 3x^2 - 4$이고 $(f^{-1})(1) = 2$, $(f^{-1})(16) = 3$이다.

따라서 역함수의 미분법에 의하여 다음이 성립한다.

$$(f^{-1})'(1) = \frac{1}{f'(2)} = \frac{1}{8}, \ (f^{-1})'(16) = \frac{1}{f'(3)} = \frac{1}{23}$$

■

연습문제 2.4

1. 음함수의 미분법을 이용하여 다음에서 $\frac{dy}{dx}$를 구하라.

(1) $x^2 - y^2 = 1$

(2) $x^2 + y^2 = xy + 1$

(3) $y = \sqrt[3]{5x-3}$

(4) $x = y - y^3$

2. $x^2 - 6x + y^2 - 2y - 15 = 0$에 대하여 점 $(-1, 4)$에서 $\frac{dy}{dx}$의 값을 구하라.

3. 역함수의 미분법을 이용하여, 다음에서 $\frac{dx}{dy}$를 구하라.

(1) $y = x^3 + 2$

(2) $y = \frac{2}{5x-1}$

(3) $y = \left(\frac{3x+1}{3x-1}\right)^5$

(4) $y = x + \frac{1}{x}$ (단, $0 < x < 1$)

4. 역함수의 미분법을 이용하여, 다음에서 $\frac{dy}{dx}$를 구하라.

(1) $x = y^3 - 3$

(2) $y = \sqrt[5]{x+2}$

5. 다음 $f(x)$에 대하여 $(f^{-1})'(2)$의 값을 구하라.

(1) $f(x) = x^3 + x + 4$

(2) $f(x) = x^5 + 2x - 1$

(3) $f(x) = x^7 + 8x^3 + 4x - 11$

(4) $f(x) = -3x^{\frac{1}{3}} - 4$

6. 함수 $y = \sqrt{x}$ 의 도함수를 두 가지 이상의 방법으로 구하라.

2.5 고계도함수

미분가능한 함수의 도함수가 계속하여 미분가능할 때, 고계도함수를 구해보자.

함수 $f(x)=4x^2$ 의 도함수는 $f'(x)=8x$ 이며, 함수 $f'(x)=8x$ 도 역시 미분가능한 함수이다. 이때, 함수 $f'(x)$의 도함수 $(f')'(x)$는 다음과 같다.

$$(f')'(x)=\lim_{h\to 0}\frac{8(x+h)-8x}{h}=\lim_{h\to 0}8=8$$

이와 같이 함수 $y=f(x)$의 도함수 $f'(x)$가 또 미분가능할 때, 함수 $f'(x)$의 도함수

$$\lim_{h\to 0}\frac{f'(x+h)-f'(x)}{h}$$

를 함수 $f(x)$의 **이계도함수**(second order derivative)라 하며, 이것을 기호로 다음과 같이 나타낸다.

$$f''(x),\ y'',\ \frac{d^2y}{dx^2},\ \frac{d^2}{dx^2}f(x)$$

예제 1 다음 함수의 이계도함수를 구하라.

(1) $y=x^2+1$　　(2) $f(x)=x^3+x$

풀이 (1) $y'=\lim_{h\to 0}\frac{(x+h)^2+1-(x^2+1)}{h}=\lim_{h\to 0}(2x+h)=2x$이므로

$$y''=\lim_{h\to 0}\frac{2(x+h)-2x}{h}=\lim_{h\to 0}2=2$$이다.

(2) $f'(x)=3x^2+1$이므로 다음을 얻는다.

$$f''(x)=\lim_{h\to 0}\frac{3(x+h)^2+1-(3x^2+1)}{h}$$

$$=\lim_{h\to 0}(6x+3h)=6x$$

■

함수 $f(x)=x^3+x$의 도함수는 $f'(x)=3x^2+1$이고, 이계도함수는 $f''(x)=6x$이다. 한편 $f(x)$의 이계도함수 $f''(x)$가 미분가능하고 다음이 성립한다.

$$(f'')'(x)=\lim_{h\to0}\frac{6(x+h)-6x}{h}=\lim_{h\to0}6=6$$

이때, $(f'')'(x)=6$을 $f(x)$의 3계도함수라 하고 $f'''(x)$ 또는 $f^{(3)}(x)$로 나타낸다.

이와 같이 함수 $y=f(x)$가 계속 미분가능하면 $n\ge 3$인 자연수 n에 대하여 함수 $f(x)$의 **n계도함수**를 구할 수 있으며, 이것을 $f^{(n)}(x)$, 또는 $y^{(n)}$으로 나타낸다.

n계도함수

$$f^{(n)}(x)=\frac{d^n}{dx^n}f(x)=\frac{d}{dx}[f^{(n-1)}(x)]$$

(단, $f^{(0)}(x)=f(x)$, $f^{(1)}(x)=f'(x)$, $f^{(2)}(x)=f''(x)$)

이제 다항함수의 n계도함수를 구해보자.

보기 함수 $f(x)=x^4+3x$에서 n계도함수는 다음과 같다.

$$f'(x)=4x^3+3,\ f''(x)=12x^2,\ f^{(3)}(x)=24x,\quad f^{(4)}(x)=24,$$
$$f^{(5)}(x)=f^{(6)}(x)=\ \cdots\ =0$$

예제 2 함수 $f(x)=x^k$ (단, k는 자연수)의 n계도함수를 구하라.

풀이 (1) $f'(x)=kx^{k-1}$

$$f''(x)=k(k-1)x^{k-2}$$
$$\vdots$$
$$f^{(n)}(x)=k(k-1)\ \cdots\ (k-n+1)x^{k-n}$$
$$\vdots$$
$$f^{(k)}(x)=k(k-1)\cdot\ \cdots\ \cdot3\cdot2\cdot1=k!$$

$$f^{(k+1)}(x) = (k!)' = 0$$

$$\vdots$$

$$\therefore \quad f^{(n)}(x) = \begin{cases} k(k-1)\cdots(k-n+1)x^{k-n}, & n \le k \\ 0, & n > k \end{cases}$$ ■

예제 3 함수 $y = \frac{1}{x}$의 n계도함수를 구하라.

풀이 $y' = (x^{-1})' = -x^{-2}$

$$y'' = (-1)(-2)x^{-3} = (-1)^2 2!x^{-3}$$

$$y^{(3)} = (-1)(-2)(-3)x^{-4} = (-1)^3 3!x^{-4}$$

$$\vdots$$

$\therefore \ y^{(n)} = (-1)^n n!x^{-n-1}$ (단, n은 자연수). ■

연습문제 2.5

1. 다음 함수의 이계도함수를 구하라.

(1) $y = 3x^2 + 2x$

(2) $y = 2x(x+1)^2$

(3) $y = \dfrac{1}{x+1}$

(4) $y = \sqrt{x}$

2. 정의에 의하여 함수 $y = \sqrt{3}\, x^2 + \pi$의 이계도함수와 삼계도함수를 각각 구하라.

3. 다음 함수의 이계도함수와 삼계도함수를 각각 구하라.

(1) $y = -5x + 7$

(2) $y = x^3 + x^4 + x^5$

(3) $y = \dfrac{1}{\sqrt{x}}$

(4) $y = \dfrac{x^3 + x^4 + x^5}{x^6}$

4. 다음 함수의 n계도함수를 구하라.

(1) $y = 2x + 5$

(2) $f(x) = x^7$

5. 두 함수 $f(x)$, $g(x)$의 이계도함수와 삼계도함수가 모두 존재할 때, 다음 등식이 성립함을 보여라.

(1) $(f+g)''(x) = f''(x) + g''(x)$

(2) $(f+g)^{(3)}(x) = f^{(3)}(x) + g^{(3)}(x)$

2.6 프로그래밍 실습

함수 $f(x)$의 a에서의 미분계수는 h가 작을 때 $\frac{f(a+h)-f(a)}{h}$의 값과 거의 같다. 파이썬을 사용하여 미분계수를 구해보자.

예제 1 함수 $f(x)=x^2+2x+2$의 $x=1$에서의 미분계수를 구하라.

① 함수 $f(x)$에 대한 파이썬 함수를 정의한다.

```
[1]  def f(x):
         return x**2 + 2*x + 2
```

함수는 def로 시작하고 함수 이름(f)을 준다. 또 괄호 안에 x를 써야 한다. def 아래 줄부터 들여쓰기가 되어있는 부분은 함숫값을 계산하는 과정이다. 함숫값은 return에 의해 정해진다.

② $h=0.000001$일 때의 $\frac{f(1+h)-f(1)}{h}$의 값을 구한다.

```
[2]  h=0.000001
     m = (f(1+h)-f(1)) / h
     m

     4.000000999759834
```

이때, 미분계수의 근삿값이 출력된다. 따라서 구하는 미분계수는 4이다.

sympy는 기호 계산을 하는 라이브러리이며, 인수분해, 미분, 적분 등을 구할 수 있다.

예제 2 함수 $f(x)=x^2+2x+2$의 도함수를 구하고, $f'(1)$의 값을 구해보자.

① sympy 라이브러리를 불러온다.

```
[3]  import sympy as sp
```

② $f(x)=x^2+2x+2$의 도함수를 구한다.

③ $x=1$에서의 값을 구한다.

evalf(subs={x:1})는 x에 1을 대입하여 근삿값을 구하는 함수이다.

```
[4]  x = sp.Symbol('x')
     y = x**2 + 2*x + 2
     sp.diff(y,x)
```

$2x+2$

```
[5]  x = sp.Symbol('x')
     y = x**2 + 2*x + 2
     yp = sp.diff(y,x)
     yp.evalf(subs={x: 1})
```

4.0

예제 3 함수 $f(x)=\sqrt{x}$ 의 도함수를 구하고, $f'(4)$의 값을 구해보자.

① $y=\sqrt{x}$ 의 도함수를 구한다.

② $x=4$에서의 값을 구한다.

subs({x: 4})는 x에 4를 대입하여 기호계산을 한 결과를 분수로 보여준다.

```
[6]  x = sp.Symbol('x')
     y = sp.sqrt(x)
     sp.diff(y,x)
```

$\frac{1}{2\sqrt{x}}$

```
[7]  x = sp.Symbol('x')
     y = sp.sqrt(x)
     yp = sp.diff(y,x)
     yp.subs({x: 4})
```

$\frac{1}{4}$

예제 4 $x^2+y^2=1$에서 $\dfrac{dy}{dx}$를 구해보자.

① y는 x에 대한 함수이므로 x는 symbols로, y는 Function으로 만든다.

```
[8]  x = sp.symbols('x')
     y = sp.Function('y')(x)
```

② $x^2+y^2=1$, 즉 $x^2+y^2-1=0$에서 좌변의 수식을 입력하여 미분한다.

```
[9]  lh = x**2 + y**2 - 1
     d_lh = sp.diff(lh,x)
     d_lh
```

$$2x+2y(x)\frac{d}{dx}y(x)$$

③ 위 결과를 방정식 $2x+2y\dfrac{dy}{dx}=0$으로 보고, $\dfrac{dy}{dx}$에 대하여 풀어서 도함수를 구한다.

```
[10] yp = sp.solve(d_lh, sp.diff(y,x))
     yp

     [-x/y(x)]
```

④ 방정식의 해는 여러 개일 수 있으므로 파이썬의 리스트로 결과가 나타난다.

첫 번째 해를 출력한다. 따라서 $\dfrac{dy}{dx}=-\dfrac{x}{y}$이다.

```
[11] yp[0]
```

$$-\frac{x}{y(x)}$$

예제 5 $y = x^4 + 3x$의 n계도함수를 구하라.

① n계도함수는 sp.diff(y,x,n)을 이용하여 구할 수 있다.
1계도함수, 2계도함수, 3계도함수, 4계도함수를 구한다.

```
[12] x = sp.symbols('x')
     y = x**4 + 3*x
     sp.diff(y,x,1)
```

$$4x^3 + 3$$

```
[13] sp.diff(y,x,2)
```

$$12x^2$$

```
[14] sp.diff(y,x,3)
```

$$24x$$

```
[15] sp.diff(y,x,4)
```

$$24$$

② 5계도함수를 구한다. 따라서 $n \geq 6$일 때, n계도함수는 모두 0이다.

```
[16] sp.diff(y,x,5)
```

$$0$$

실 · 습 · 문 · 제

1. 함수 $f(x) = \dfrac{1}{\sqrt{x}}$의 도함수를 구하고, $f'(9)$의 값을 구하라.

2. $\sqrt{x} + \sqrt{y} = 1$에서 $\dfrac{dy}{dx}$를 구하라.

3. 함수 $y = x^3 + x^4 + x^5$의 2계도함수와 3계도함수를 각각 구하라.

도함수의 활용

CHAPTER 3

라이프니츠는 곡선을 고찰하는 수단으로 미분을 발견했으며, 도함수를 이용하면 곡선의 개형을 그릴 수 있다. 한편 뉴턴은 물체의 운동을 설명하기 위하여 미분을 발견했으며, 운동하는 물체의 속도와 가속도의 개념도 미분에 의하여 설명된다.

이 장에서는 도함수를 접선의 방정식을 구하고, 평균값 정리를 이용하여 함수의 증가, 감소와 곡선의 오목, 볼록을 조사하여 함수의 그래프의 개형을 그린다. 또한 미분을 활용하여 최대, 최소 문제를 해결하고, 방정식과 부등식을 다루며, 속도와 가속도, 길이, 넓이, 부피 등의 변화율에 관한 문제도 해결한다.

3.1 접선의 방정식
3.2 평균값 정리
3.3 함수의 그래프
3.4 미분과 변화율
3.5 프로그래밍 실습

3.1 접선의 방정식

함수 $f(x)$가 $x=a$에서 미분가능할 때, 미분계수 $f'(a)$는 곡선 $y=f(x)$ 위의 점 $\mathrm{P}(a, f(a))$에서의 접선의 기울기와 같다.

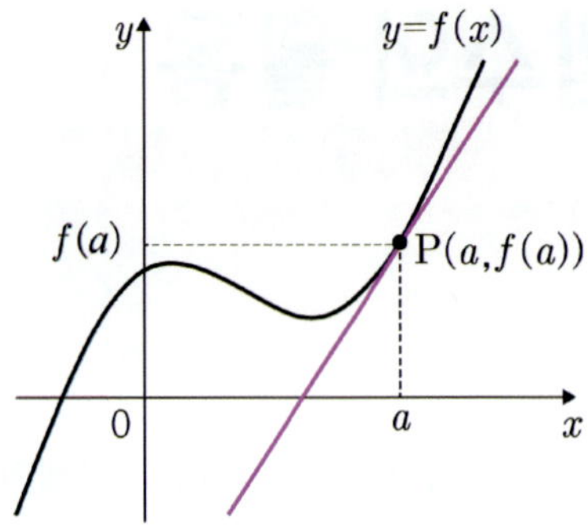

따라서 곡선 $y=f(x)$ 위의 점 $(a, f(a))$에서의 접선의 방정식은 다음과 같다.

접선의 방정식

$$y-f(a)=f'(a)(x-a)$$

보기 함수 $f(x)=x^2+x$에서 $f'(x)=2x+1$이므로 곡선 $f(x)=x^2+x$ 위의 점 $(1, 2)$에서의 접선의 기울기는 $f'(1)=2\cdot 1+1=3$이다.

따라서 구하는 접선 방정식은 다음과 같다.

$$y-2=3\cdot(x-1) \quad \therefore\ y=3x-1$$

예제 1 원 $x^2-6x+y^2-2y-15=0$ 위의 점 $(-1, 4)$에서의 접선의 방정식을 구하라.

풀이 주어진 방정식의 양변을 x에 대하여 미분하면

$$2x-6+2y\frac{dy}{dx}-2\frac{dy}{dx}=0,\ (2y-2)\frac{dy}{dx}=-2x+6$$

$$\therefore \frac{dy}{dx} = \frac{-x+3}{y-1} \ (\text{단, } y \neq 1)$$

따라서 점 $(-1,\ 4)$에서 접선의 기울기는

$$\left.\frac{dy}{dx}\right|_{x=-1,\ y=4} = \frac{-(-1)+3}{4-1} = \frac{4}{3}$$

이므로 구하는 접선의 방정식은 다음과 같다.

$$y-4 = \frac{4}{3}(x+1)$$

$$\therefore \ y = \frac{4}{3}x + \frac{16}{3}$$

■

곡선 $y=f(x)$ 위의 점 $(a, f(a))$에서 접선과 수직으로 만나는 법선의 기울기는 $-\frac{1}{f'(a)}$이다. 따라서 곡선 $y=f(x)$ 위의 점 $(a, f(a))$에서의 법선의 방정식은 다음과 같다.

법선의 방정식

$$y-f(a) = -\frac{1}{f'(a)}(x-a) \quad (\text{단, } f'(a) \neq 0)$$

보기 함수 $f(x)=\frac{1}{x}$에서 $f'(x)=-\frac{1}{x^2}$이므로 곡선 $y=\frac{1}{x}$ 위의 점 $\left(2,\ \frac{1}{2}\right)$에서 접선의 기울기는 $f'(2)=-\frac{1}{4}$, 법선의 기울기는 $-\frac{1}{f'(2)}=4$이다.

따라서 곡선 $y=\frac{1}{x}$ 위의 점 $\left(2,\ \frac{1}{2}\right)$에서 접선의 방정식은 다음과 같다.

$$y-\frac{1}{2} = -\frac{1}{4}(x-2) \qquad \therefore \ y = -\frac{1}{4}x+1$$

또한 곡선 $y=\frac{1}{x}$ 위의 점 $\left(2,\ \frac{1}{2}\right)$에서 법선의 방정식은 다음과 같다.

$$y-\frac{1}{2} = 4(x-2) \qquad \therefore \ y = 4x-\frac{15}{2}$$

예제 2 곡선 $y=-x^2+2x-1$에 접하고 기울기가 4인 접선의 방정식을 구하라.

풀이 접점의 좌표를 $(a, -a^2+2a-1)$이라 놓자.

$f(x)=-x^2+2x-1$로 놓으면 $f'(x)=-2x+2$이므로

$$f'(a)=-2a+2=4 \qquad \therefore a=-1$$

따라서 구하는 접선은 점 $(-1, -4)$를 지나고 기울기가 4이므로 접선의 방정식은 다음과 같다.

$$y+4=4(x+1) \qquad \therefore\ y=4x$$

■

곡선 $y=f(x)$ 위에 있지 않은 점에서 곡선 $y=f(x)$에 그은 접선의 방정식을 구해보자.

예제 3 점 $(1, -1)$에서 곡선 $y=x^2-x$에 그은 접선의 방정식을 구하라.

풀이 접점의 좌표를 (a, a^2-a)라 하자.

$f(x)=x^2-x$로 놓으면 $f'(x)=2x-1$이므로 $f'(a)=2a-1$이다.

따라서 구하는 접선의 방정식은 다음과 같다.

$$y-(a^2-a)=(2a-1)(x-a) \qquad \therefore\ y=(2a-1)x-a^2$$

그런데 이 접선은 점 $(1, -1)$을 지나므로 다음이 성립한다.

$-1=(2a-1)\cdot 1-a^2,\ a^2-2a=0$

$\therefore a=0$, 또는 $a=2$

따라서 $y=(2a-1)x-a^2$에 $a=0$, $a=2$를 각각 대입하면, 접선의 방정식은 $y=-x$ 또는 $y=3x-4$이다.

■

연습문제 3.1

1. 다음 곡선 위의 주어진 점에서의 접선의 기울기를 구하라.

(1) $y = -x^3$, 점 $(-1, 1)$ (2) $y = x^2 - x + 3$, 점 $(-2, 9)$

2. 다음 직선의 방정식을 구하라.

(1) 곡선 $y = x^2 + 3x$에 접하고 기울기가 1인 직선

(2) 곡선 $y = \frac{2}{x}(x > 0)$에 접하고 기울기가 $-\frac{1}{2}$인 직선

3. 함수 $f(x) = x^3 + ax^2 + b$의 그래프가 점 $(1, 4)$를 지나고 이 점에서 접선의 기울기가 -3일 때, 두 상수 a, b의 값과 미분계수 $f'(2)$를 각각 구하라.

4. 다음 곡선 위의 주어진 점에서의 접선과 법선의 방정식을 각각 구하라.

(1) $x^2 + y^2 = 5$, 점 $(1, 2)$ (1) $y = \sqrt{x}$, 점 $(4, 2)$

5. 다음 곡선에 대하여 주어진 점에서 그은 접선의 방정식을 구하라.

(1) $y = \frac{1}{2}x^2$, 점 $\left(1, -\frac{3}{2}\right)$ (2) $y = x^3 + 3$, 점 $(0, 1)$

6. 점 $\mathrm{P}(1, -4)$에서 곡선 $y = x^2 - 1$에 그은 두 접선의 접점을 각각 Q, R라고 할 때, $\triangle\mathrm{PQR}$의 넓이를 구하라.

3.2 평균값 정리

이 절에서는 미분의 평균값 정리를 소개하고, 평균값 정리를 이용하여 미분가능한 함수에 관한 여러 가지 성질을 알아본다.

정의 3.1

함수 $f(x)$에 대하여 $f'(a)$가 존재하지 않거나 또는 $f'(a)=0$이면 점 $(a,\ f(a))$를 **임계점**이라 한다. 또한 함수 $f(x)$의 정의역에 a의 어떤 근방 $(c,\ d)$가 있어서 $x\in(c,\ d)$인 모든 x에 대하여 $f(a)\geq f(x)$ (또는 $f(a)\leq f(x)$)를 만족하면 점$(a,\ f(a))$를 **극대점** (또는, **극소점**)이라 하고, $f(x)$는 $x=a$에서 **극댓값** (또는 **극솟값**) $f(a)$를 가진다고 한다.

정리 3.2

함수 $f(x)$가 $x=a$에서 극댓값 또는 극솟값을 가지면 점 $(a,\ f(a))$는 임계점이다.

증명 $f'(a)$가 존재하지 않으면 점 $(a,\ f(a))$는 당연히 임계점이다.

이제 $f'(a)$가 존재하고, 점 $(a,\ f(a))$가 극대점이라 하자.

그러면 a를 포함하는 열린 구간 $(c,\ d)$가 정의역에 존재하여, 절댓값이 충분히 작은 h를 잡으면 $a+h\in(c,\ d)$이고 $f(a+h)\leq f(a)$이므로 다음이 성립한다.

$$h>0\text{일 때, } \lim_{h\to 0^+}\frac{f(a+h)-f(a)}{h}\leq 0$$

$$h<0\text{일 때, } \lim_{h\to 0^-}\frac{f(a+h)-f(a)}{h}\geq 0$$

그런데 $f'(a)$가 존재하므로 다음이 성립한다.

$$f'(a)=\lim_{h\to 0^+}\frac{f(a+h)-f(a)}{h}=\lim_{h\to 0^-}\frac{f(a+h)-f(a)}{h}=0$$

따라서 점 $(a,\ f(a))$는 임계점이다.

마찬가지로 점 $(a,\ f(a))$가 극소점일 때에도 점 $(a,\ f(a))$는 임계점이다. ■

평균값 정리는 롤의 정리의 일반화이므로 롤의 정리를 먼저 소개한다.

정리 3.3 롤의 정리

함수 $f(x)$가 닫힌 구간 $[a, b]$에서 연속이고 열린 구간 (a, b)에서 미분가능하며 $f(a)=f(b)=0$이면 적당한 $c\in(a, b)$가 존재하여 $f'(c)=0$이다.

증명 $f(x)$가 $f(x)=0$인 상수함수이면 열린 구간 (a, b)의 모든 c에 대하여 $f'(c)=0$이다. 이제 $f(x)$의 값이 양 (또는 음)이 되는 점이 열린 구간 (a, b)에 존재한다고 하자. 함수 $f(x)$가 닫힌 구간 $[a, b]$에서 연속이므로 $[a, b]$에서 최댓값 (또는 최솟값) $f(c)$를 가지며, $f(c)>f(a)$ (또는 $f(c)<f(a)$)이다. 따라서 $c\in(c, b)$이고 최댓값을 갖는 점 $(c, f(c))$는 극대점 (또는 극소점)이므로 $f'(c)=0$이다. ■

보기 함수 $f(x)=x^3-3x$는 닫힌 구간 $[-\sqrt{3}, \sqrt{3}]$에서 연속이고 열린 구간 $(-\sqrt{3}, \sqrt{3})$에서 미분가능하며, $f(-\sqrt{3})=f(\sqrt{3})=0$이다.
따라서 롤의 정리에 의하여 $f'(c)=0$인 $c\in(-\sqrt{3}, \sqrt{3})$이 존재한다.
그런데 $f'(x)=3x^2-3$이므로

$$f'(c)=-3c^2-3=0,\ c\in(-\sqrt{3}, \sqrt{3})$$

에서 $c=-1, 1$이다.

평균값 정리를 먼저 기하학적으로 살펴보자.

닫힌 구간 $[a, b]$에서 연속이고 열린 구간 (a, b)에서 미분가능한 곡선 $y=f(x)$는 그림과 같이 두 점 $(a, f(a))$와 $(b, f(b))$를 지나는 직선과 평행한 접선을 갖는 접점 $(c, f(c))$ (단, $a<c<b$)가 존재한다.

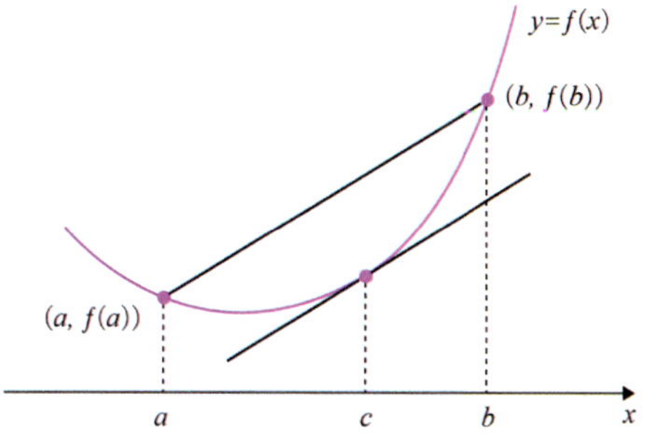

정리 3.4 평균값 정리

함수 $f(x)$가 닫힌 구간 $[a,\ b]$에서 연속이고 열린 구간 $(a,\ b)$에서 미분가능하면 적당한 $c \in (a,\ b)$가 존재하여 다음을 만족한다.

$$f'(c) = \frac{f(b) - f(a)}{b - a}$$

증명 다음 함수 $g(x)$는 닫힌 구간 $[a,\ b]$에서 연속이고 열린 구간 $(a,\ b)$에서 미분가능하다.

$$g(x) = f(x) - \left\{ \frac{f(b) - f(a)}{b - a}(x - a) + f(a) \right\}$$

한편 $g(a) = g(b) = 0$이므로 롤의 정리에 의하여 $g'(c) = 0$인 $c \in (a, b)$가 존재한다. 그런데

$$g'(x) = f'(x) - \frac{f(b) - f(a)}{b - a}$$

이므로 다음을 얻는다.

$$g'(c) = f'(c) - \frac{f(b) - f(a)}{b - a} = 0 \quad \therefore\ f'(c) = \frac{f(b) - f(a)}{b - a}$$ ■

예제 1 함수 $f(x) = -x^3 + 2x^2 - 3x + 2$에 대하여 닫힌 구간 $[0,\ 2]$에서 평균값 정리를 만족시키는 c의 값을 모두 구하라.

풀이 두 점 $(0,\ 2)$, $(2,\ -4)$를 지나는 직선의 기울기는 $\dfrac{-4-2}{2-0} = -3$이다.

한편 $f'(x) = -3x^2 + 4x - 3$이므로 $f'(c) = -3$에서 다음을 얻는다.

$$3c^2 - 4c + 3 = 3 \quad \therefore\ c = 0,\ \frac{4}{3}$$

그런데 $c \in (0,\ 2)$이므로 구하는 c의 값은 $\dfrac{4}{3}$이다. ■

이제, 평균값 정리를 이용하는 미분가능한 함수의 성질에 대하여 알아보자.

예제 2 함수 $f(x)$가 닫힌 구간 $[a, b]$에서 연속이고 열린 구간 (a, b)에서 미분가능하며 임의의 $x \in (a, b)$에 대하여 $f'(x) = 0$이면 $f(x)$는 닫힌 구간 $[a, b]$에서 상수함수임을 보여라.

풀이 닫힌 구간 $[a, b]$의 임의의 두 점 x_1, x_2(단, $x_1 < x_2$)에 대하여 닫힌 구간 $[x_1, x_2]$에 평균값 정리를 적용하면 다음을 만족하는 $c \in (x_1, x_2)$가 존재한다.

$$\frac{f(x_2) - f(x_1)}{x_2 - x_1} = f'(c) = 0$$

여기서 $f(x_1) = f(x_2)$이므로 함수 $f(x)$는 닫힌 구간 $[a, b]$에서 상수함수이다. ■

한편 두 함수 $f(x)$, $g(x)$가 닫힌 구간 $[a, b]$에서 연속이고 열린 구간 (a, b)에서 미분가능하며 임의의 $x \in (a, b)$에 대하여 $f'(x) = g'(x)$이면

$$(f(x) - g(x))' = f'(x) - g'(x) = 0$$

이므로 위의 예제에 의하여 $f(x) - g(x) = C$, 즉 $f(x) = g(x) + C$(단, C는 상수)이다.

이제, 함수의 증가와 감소를 정의하고 도함수와의 관계를 알아보자.

함수 $f(x)$가 어떤 구간에 속하는 임의의 두 실수 x_1, x_2에 대하여

$$x_1 < x_2\text{일 때 } f(x_1) < f(x_2) \quad (\text{또는 } f(x_1) > f(x_2))$$

이면 $f(x)$는 그 구간에서 증가 (또는 감소)한다고 한다.

보기 함수 $f(x) = x^3$은 임의의 두 실수 x_1, x_2에 대하여 $x_1 < x_2$일 때

$$f(x_1) - f(x_2) = x_1^3 - x_2^3 = (x_1 - x_2)(x_1^2 + x_1x_2 + x_2^2) < 0$$

이므로 $f(x_1) < f(x_2)$이다.

따라서 함수 $f(x) = x^3$은 실수 전체에서 증가한다.

다음 정리는 도함수를 이용하여 함수의 증가, 감소를 조사하는 방법을 알려 준다.

정리 3.5 함수의 증가와 감소

함수 $f(x)$가 닫힌 구간 $[a,\ b]$에서 연속이고 열린 구간 $(a,\ b)$에서 미분가능하며 임의의 $x \in (a,\ b)$에 대하여

- $f'(x) > 0$이면 $f(x)$는 닫힌 구간 $[a,\ b]$에서 증가하고,
- $f'(x) < 0$이면 $f(x)$는 닫힌 구간 $[a,\ b]$에서 감소한다.

증명 먼저 $f'(x) > 0$이라고 하자.

닫힌 구간 $[a, b]$에 있는 임의의 두 점 x_1, x_2(단, $x_1 < x_2$)에 대하여 함수 $f(x)$가 닫힌 구간 $[x_1, x_2]$에서 연속이고 열린 구간 (x_1, x_2)에서 미분가능하므로 평균값 정리를 이용하면 $c \in (x_1, x_2)$가 존재하여 다음이 성립한다.

$$\frac{f(x_2) - f(x_1)}{x_2 - x_1} = f'(c)$$

여기서 $x_2 - x_1 > 0$이고 $f'(c) > 0$이므로 $f(x_2) - f(x_1) > 0$, 즉 $f(x_1) < f(x_2)$가 성립한다. 따라서 $f'(x) > 0$이면 $f(x)$는 닫힌 구간 $[a,\ b]$에서 증가한다.

마찬가지 방법으로 $f'(x) < 0$이면 $f(x)$가 닫힌 구간 $[a,\ b]$에서 감소한다. ■

예제 3 다음 함수가 증가하는 구간과 감소하는 구간을 조사하라.

(1) $f(x) = 2x^3 - 6x + 5$ (2) $g(x) = -x^3 + 3x^2 - 1$

풀이 (1) $f'(x) = 6x^2 - 6 = 6(x+1)(x-1)$이므로

$$f'(x) > 0 \iff x < -1 \text{ 또는 } x > 1$$
$$f'(x) < 0 \iff -1 < x < 1$$

따라서 증가하는 구간은 $(-\infty,\ -1) \cup (1,\ \infty)$, 감소하는 구간은 $(-1,\ 1)$이다.

(2) $g'(x) = -3x^2 + 6x = -3x(x-2)$이므로

$$g'(x) > 0 \iff 0 < x < 2$$
$$g'(x) < 0 \iff x < 0 \text{ 또는 } x > 2$$

따라서 증가하는 구간은 $(0,\ 2)$, 감소하는 구간은 $(-\infty,\ 0) \cup (2,\ \infty)$이다. ■

함수 $f(x) = x^3 - 3x$ 의 그래프를 보면 이 함수는 $x = -1$과 $x = 1$의 좌우에서 증가와 감소가 바뀌는 것을 알 수 있다.

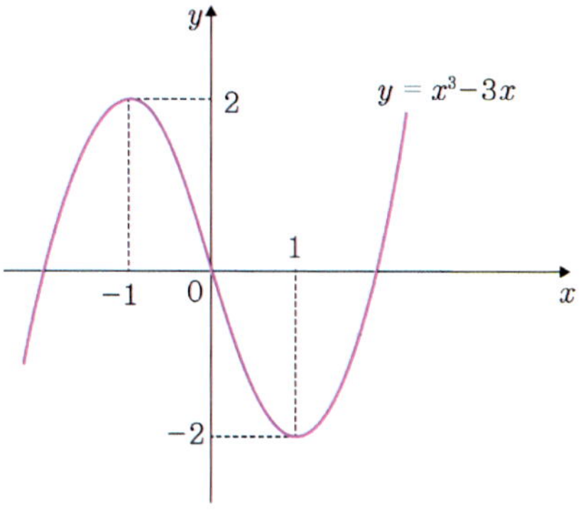

일반적으로 함수 $f(x)$가 $x = a$에서 연속이고, $x = a$의 좌우에서

$f(x)$가 증가에서 감소로 바뀌면 $f(a)$는 **극댓값**이고,
$f(x)$가 감소에서 증가로 바뀌면 $f(a)$는 **극솟값**이다.

또, 극댓값과 극솟값을 통틀어 **극값**이라고 한다.

따라서 함수 $f(x) = x^3 - 3x$의 극댓값은 $f(-1) = 2$, 극솟값은 $f(1) = -2$이다.

한편 미분가능한 함수 $f(x)$가 $x = a$에서 극댓값 또는 극솟값을 가지면 $f'(a) = 0$이다.

함수 $f(x)$가 $x = a$에서 극값을 가지면, 함수의 증가와 감소가 바뀌므로 $x = a$의 좌우에서 $f'(x)$의 부호가 바뀐다.

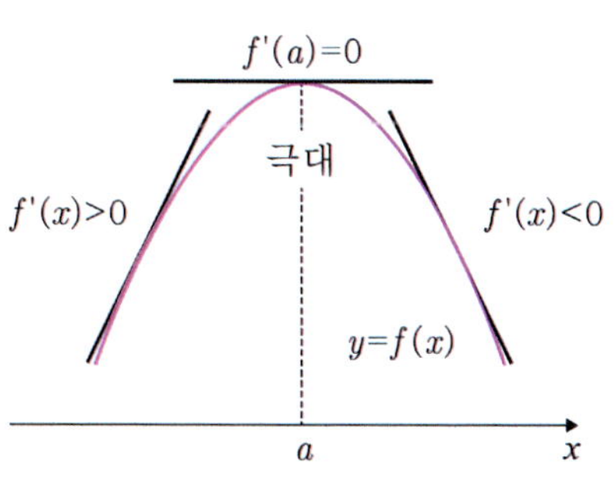

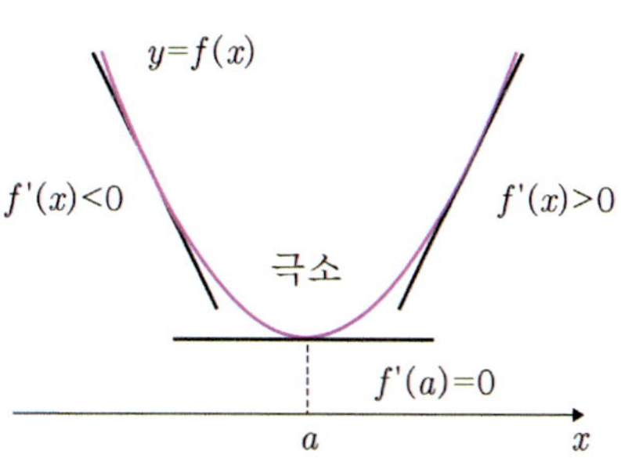

극대와 극소의 판정

$f'(a)=0$ 이고 $x=a$의 좌우에서 $f'(x)$의 부호가 양에서 음으로 바뀌면 $f(a)$는 극댓값이고, 음에서 양으로 바뀌면 $f(a)$는 극솟값이다.

보기 함수 $f(x)=x^3-3x^2$에 대하여 $f'(x)=3x^2-6x=3x(x-2)$

이므로 $f'(x)=0$에서 $x=0,\ 2$이고, $f(x)$의 증가와 감소는 다음과 같다.

x	$\cdots$	0	$\cdots$	2	$\cdots$
$f'(x)$	+	0	−	0	+
$f(x)$	↗	0 극대	↘	−4 극소	↗

따라서 함수 $f(x)$의 극댓값은 $f(0)=0$, 극솟값은 $f(2)=-4$이다.

예제 4 함수 $f(x)=x^3+ax^2+bx+c$는 $x=-1$에서 극댓값 5를 갖고, $x=3$에서 극솟값을 갖는다고 한다. 이때, $f(x)$의 극솟값을 구하라.

풀이 $f'(x)=3x^2+2ax+b$이고, 함수 $f(x)$는 $x=-1$과 $x=3$에서 극값을 가지므로 다음이 성립한다.

$$f'(-1)=3-2a+b=0, \quad f'(3)=27+6a+b=0$$

또, $x=-1$일 때, 극댓값은 $f(-1)=5$이므로 다음이 성립한다.

$$f(-1)=-1+a-b+c=5$$

위 식들을 연립하여 풀면

$$a=-3,\ b=-9,\ c=0$$

이고, $f(x)=x^3-3x^2-9x$이므로 극솟값은 $f(3)=-27$이다. ■

연습문제 3.2

1. 주어진 구간에서 $f'(c)=0$이 되는 c의 값을 모두 구하라.

(1) $f(x)=x^2-8x+15$, $[3,\ 5]$　　(2) $f((x)=x(x+1)(x-2)$, $[-1,\ 2]$

2. 다음 함수의 주어진 구간에서 평균값 정리를 만족시키는 c의 값을 모두 구하라.

(1) $f(x)=x^2+\sqrt{5}\,x$, 닫힌 구간 $[0,\ \sqrt{5}]$

(2) $f(x)=\sqrt{x}$, 닫힌 구간 $[0, 4]$

3. 다음 함수의 증가하는 구간과 감소하는 구간을 구하라.

(1) $y=2x^2-6x$　　(2) $y=-4x^2+4x+3$

(3) $y=x^3+3x^2$　　(4) $y=\dfrac{1}{x}$

4. 다음 함수의 극값을 모두 구하라.

(1) $f(x)=x^3-3x^2+1$　　(2) $f(x)=-x^3-3x^2+2$

5. 함수 $f(x)=-x^3+ax^2+bx-10$은 $x=3$에서 극댓값 8을 갖는다. 이때, a, b의 값을 각각 구하라.

6. 함수 $f(x)=2x^3-3x^2+6kx$가 극댓값과 극솟값을 모두 가지기 위한 k 값의 범위를 구하라.

7. 함수 $f(x)=1-|x|$는 열린 구간 $(-1,\ 1)$에서 $f'(c)=0$인 c가 존재하는가? 롤의 정리가 성립하지 않는 이유를 말하라.

3.3 함수의 그래프

함수 $y=f(x)$의 그래프의 개형을 그릴 때에는 함수의 증가와 감소, 극대와 극소, 오목과 볼록, x축과 y축 절편 등을 조사한다.

아래 그림에서 보는 바와 같이, 곡선이 **아래로 볼록**할 때에는 접선의 기울기 $f'(x)$가 증가하므로 $f''(x)>0$이다. 또한 $f''(x)>0$이면 접선의 기울기 $f'(x)$가 증가하므로 곡선은 아래로 볼록하게 된다.

한편 곡선이 **위로 볼록**할 때에는 접선의 기울기 $f'(x)$가 감소하므로 $f''(x)<0$이고, $f''(x)<0$이면 접선의 기울기 $f'(x)$가 감소하므로 곡선은 위로 볼록하게 된다.

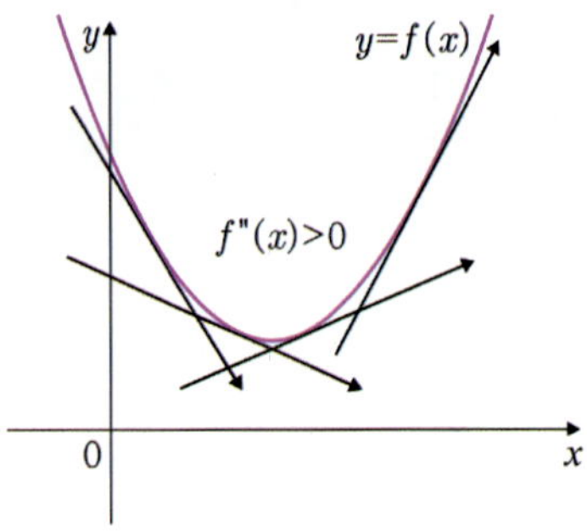

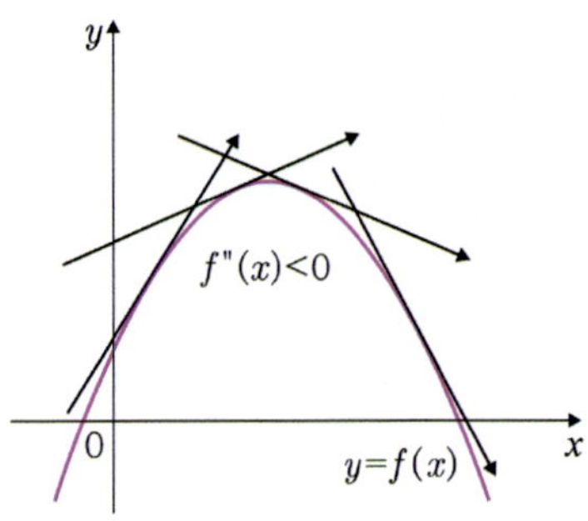

곡선의 오목과 볼록

함수 $y=f(x)$가 열린 구간 $(a,\ b)$의 모든 x에 대하여

$f''(x)>0$이면 곡선 $y=f(x)$는 열린 구간 $(a,\ b)$에서 아래로 볼록하고,

$f''(x)<0$이면 곡선 $y=f(x)$는 열린 구간 $(a,\ b)$에서 위로 볼록하다.

한편 함수 $y=f(x)$가 $f''(a)=0$이고 $x=a$의 좌우에서 $f''(x)$의 부호가 바뀌면 점 $(a,\ f(a))$를 경계로 곡선의 모양이 아래로 볼록에서 위로 볼록 (또는 위로 볼록에서 아래로 볼록)으로 바뀐다. 이와 같이 곡선의 오목과 볼록이 바뀌는 점을 곡선 $y=f(x)$의 **변곡점**(inflection point)이라 한다.

극대와 극소의 판정

$f'(a)=0$이고 $f''(x)$가 연속일 때,

$f''(a)>0$이면 점 $(a,\ f(a))$는 극소점이고,

$f''(a)<0$이면 점 $(a,\ f(a))$는 극대점이다.

보기 함수 $f(x)=-x^3+3x$에 대하여 $f'(x)=-3x^2+3$이므로

$$f'(x)=0 \Leftrightarrow x=-1,\ 1$$

그런데 $f''(x)=-6x$이므로 $f''(-1)>0$, $f''(1)<0$이다.

따라서 점 $(-1,\ -2)$는 극소점, 점 $(1,\ 2)$는 극대점이다.

또한 $f''(x)=0$에서 $x=0$이고

$$f''(x)>0 \Leftrightarrow x<0, \qquad f''(x)<0 \Leftrightarrow x<0$$

이므로 구간 $(-\infty,\ 0)$에서 아래로 볼록하고, 구간 $(0,\ \infty)$에서 위로 볼록하며, 변곡점의 좌표는 $(0,\ 5)$이다.

곡선의 개형을 그릴 때에는 함수의 도함수와 이계도함수의 부호를 조사하여 함수의 증가와 감소, 곡선의 오목과 볼록을 나타내는 표를 만들면 편리하다.

보기 (1) 함수 $f(x)=2x^3-12x^2+18x-2$의 그래프의 개형을 그려보자.

$f'(x)=6(x-1)(x-3)$이므로 $f'(x)=0$에서 $x=1, 3$이다.

$f''(x)=12(x-2)$이므로 $f''(x)=0$에서 $x=2$이다.

함수의 증가와 감소, 곡선의 오목과 볼록을 나타내는 표를 만들고,

그래프의 개형을 그리면 다음과 같다.

x	$\cdots$	1	$\cdots$	2	$\cdots$	3	$\cdots$
$f'(x)$	$+$	0	$-$	$-$	$-$	0	$+$
$f''(x)$	$-$	$-$	$-$	0	$+$	$+$	$+$
$f(x)$	↗	6 극대	↘	2 변곡점	↘	-2 극소	↗

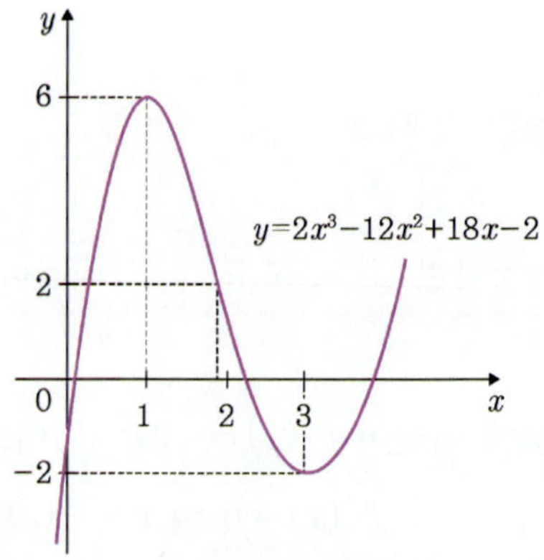

(2) 함수 $f(x)=3x^4-4x^3-1$의 그래프의 개형을 그려보자.

$f'(x)=12x^3-12x^2=12x^2(x-1)=0$에서 $x=0,\ 1$이다.

$f''(x)=36x^2-24x=12x(3x-2)=0$에서 $x=0,\ \dfrac{2}{3}$이다.

함수의 증가와 감소, 곡선의 오목과 볼록을 나타내는 표를 만들고, 그래프의 개형을 그리면 다음과 같다.

x	$\cdots$	0	$\cdots$	$\frac{2}{3}$	$\cdots$	1	$\cdots$
$f'(x)$	$-$	0	$-$	$-$	$-$	0	$+$
$f''(x)$	$+$	0	$-$	0	$+$	$+$	$+$
$f(x)$	↘	-1 변곡점	↘	$-\frac{43}{27}$ 변곡점	↘	-2 극소	↗

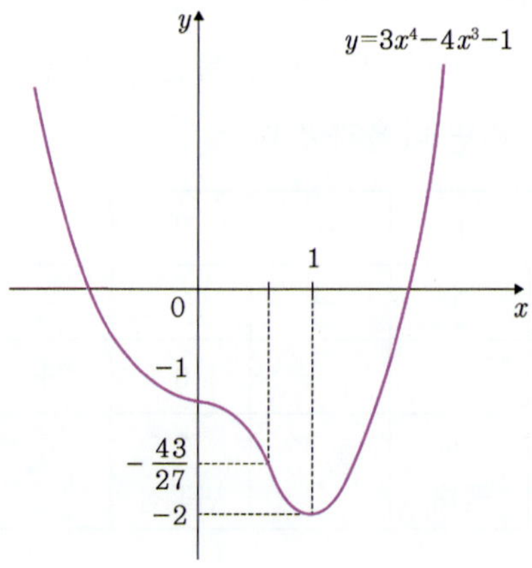

이제 분수함수 $f(x) = \dfrac{p(x)}{q(x)}$ (단, $p(x)$, $q(x)$는 다항함수)의 그래프의 개형을 그려보자.

예제 1 함수 $f(x) = \dfrac{12(x+1)}{x^2+3}$의 그래프의 개형을 그려라.

풀이 모든 실수 x에 대하여 $x^2+3>0$이므로 정의역은 모든 실수이다.

$$f'(x) = \frac{30\cdot(x^2+3) - 30(x+1)(2x)}{(x^2+3)^2} = \frac{-30(x+3)(x-1)}{(x^2+3)^2}$$

이므로 $f'(x)=0$에서 $x=-3,\ 1$이다.

따라서 함수의 증가와 감소를 나타내는 표는 다음과 같다.

x	$\cdots$	-3	$\cdots$	1	$\cdots$
$f'(x)$	$-$	0	$+$	0	$-$
$f(x)$	↘	-2 극소	↗	6 극대	↘

한편 함수 $f(x)$의 극한을 조사해 보면

$$\lim_{x\to-\infty}\frac{30(x+1)}{x^2+3} = 0,\qquad \lim_{x\to\infty}\frac{30(x+1)}{x^2+3} = 0$$

이므로 x가 한없이 커지거나 한없이 작아질 때 함수 $f(x)$의 그래프는 한없이 x축에 가까워진다.

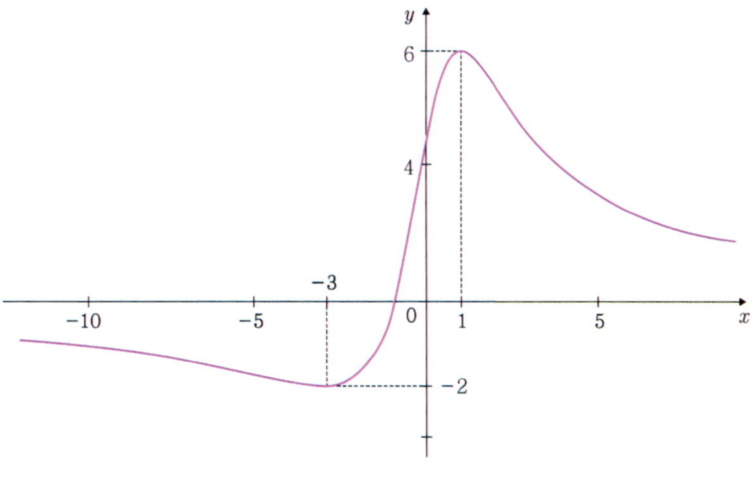

함수의 그래프의 개형은 일반적으로 다음을 조사하여 그리면 편리하다.

① 대칭성과 주기

② 점근선

③ x절편 또는 y절편

④ 함수의 증가와 감소, 극점

⑤ 함수의 오목과 볼록, 변곡점

예제 2 함수 $f(x)=\dfrac{x^2-1}{x^3}$의 그래프의 개형을 그려라.

풀이 $f(-x)=\dfrac{(-x)^2-1}{(-x)^3}=-f(x)$이므로 원점 대칭이다.

$\lim\limits_{x\to 0}f(x)=\pm\infty$, $\lim\limits_{x\to\pm\infty}f(x)=0$이므로 두 직선 $x=0$, $y=0$은 점근선이다.

한편 x절편은 ± 1이고 y절편은 없다. 또한

$f'(x)=\dfrac{3-x^2}{x^4}=0$에서 $x=\pm\sqrt{3}$이고

$f''(x)=\dfrac{2(x^2-6)}{x^5}=0$에서 $x=\pm\sqrt{6}$이다.

함수의 증가와 감소, 곡선의 오목과 볼록을 나타내는 표를 만들고, 그래프의 개형을 그리면 다음과 같다.

x	0	$\cdots$	1	$\cdots$	$\sqrt{3}$	$\cdots$	$\sqrt{6}$	$\cdots$
$f'(x)$	$+$	$+$	$+$	$+$	0	$-$	$-$	$-$
$f''(x)$	$-$	$-$	$-$	$-$	$-$	$-$	0	$+$
$f(x)$	$-\infty$	↗	0	↗	극대 $\dfrac{2}{3\sqrt{3}}$	↘	변곡점 $\dfrac{5}{6\sqrt{6}}$	↘

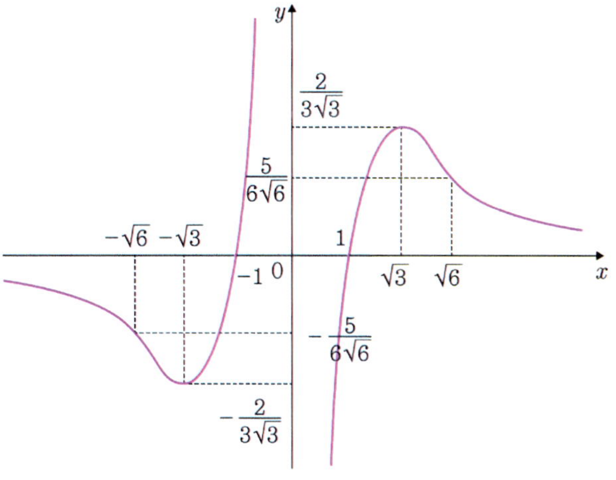

함수 $f(x)$가 닫힌 구간 $[a,\ b]$에서 연속이면 닫힌 구간 $[a,\ b]$에서 반드시 최댓값과 최솟값을 가진다. 이때, 도함수를 이용하면 최댓값과 최솟값을 구할 수 있다.

최댓값과 최솟값

함수 $f(x)$가 닫힌 구간 $[a,\ b]$에서 극값을 가질 때, 함수 $f(x)$의

최댓값은 극값, $f(a)$, $f(b)$ 중에서 가장 큰 값이고,

최솟값은 극값, $f(a)$, $f(b)$ 중에서 가장 작은 값이다.

보기 닫힌 구간 $[-3,\ \sqrt{3}\,]$에서 정의된 함수 $f(x)=-x^3+3x+2$에 대하여

$f'(x)=-3x^2+3=-3(x+1)(x-1)=0$에서 $x=-1,\ 1$

이므로 닫힌 구간 $[-3,\ \sqrt{3}\,]$에서 $f(x)$의 극값은 $f(-1)=0$, $f(1)=4$ 이다.

또한 $f(-3)=20$, $f(\sqrt{3})=2$이므로 최댓값은 $x=-3$일 때 20이고, 최솟값은 $x=-1$일 때 0이다.

예제 3 다음 함수의 주어진 구간에서의 최댓값과 최솟값을 구하라.

(1) $f(x)=(x^2-4)^3,\ [-3,\ 2]$ (2) $f(x)=\dfrac{x}{x^2-x+1},\ [-2,\ 3]$

풀이 (1) $f'(x)=3(x^2-4)^2(x^2-4)'=6x(x^2-4)^2=0$에서 $x=-2,\ 2,\ 0$이다.
그런데 $x=-2,\ 2$의 좌우에서 $f'(x)$의 부호는 변하지 않는다.
한편 $x<0$이면 $f'(x)\leq 0$이고 $x>0$이면 $f'(x)\geq 0$이므로 극솟값은
$f(0)=(-4)^3=-64$이고, 이 값은 최솟값이다.
또한 $f(-3)=5^3=125,\ f(2)=0$이므로 최댓값은 125이다.
(2) $f'(x)=-\dfrac{(x+1)(x-1)}{(x^2-x+1)^2}=0$에서 $x=-1,\ 1$이므로 닫힌 구간 $[-2,\ 3]$에서 함수 $f(x)$의 극값은 $f(-1)=-\dfrac{1}{3},\quad f(1)=1$이다.
또한 $f(-2)=-\dfrac{2}{7},\ f(3)=\dfrac{3}{7}$이므로 최댓값은 $x=1$일 때 1이고, 최솟값은 $x=-1$일 때 $-\dfrac{1}{3}$이다. ■

이제 도함수를 활용하여 방정식의 실근의 개수를 구하고, 부등식을 증명해보자.

방정식 $f(x)=0$의 실근은 곡선 $y=f(x)$와 x축의 교점의 x좌표이므로 곡선 $y=f(x)$와 x축의 교점의 개수를 조사하면 방정식 $f(x)=0$의 실근의 개수를 구할 수 있다.

보기 방정식 $x^3-3x-1=0$ 의 실근의 개수를 구해보자.
$f(x)=x^3-3x-1$로 놓으면 $f'(x)=3x^2-3=3(x+1)(x-1)=0$에서 $x=1,\ -1$이다. 함수 $f(x)$의 증가와 감소를 나타내는 표를 만들고, 그래프를 그리면 다음과 같다.

x	⋯	-1	⋯	1	⋯
$f'(x)$	+	0	-	0	+
$f(x)$	↗	1 극대	↘	-3 극소	↗

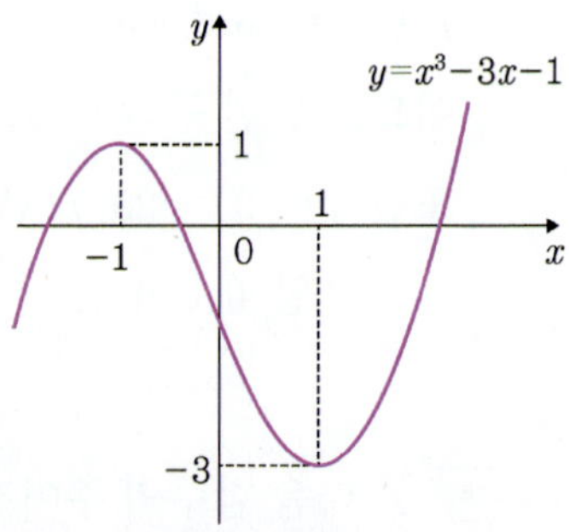

곡선 $y=x^3-3x-1$은 x축과 세 점에서 만나므로 방정식 $x^3-3x-1=0$은 서로 다른 세 개의 실근을 갖는다.

예제 4 방정식 $x^3-3x-a=0$이 서로 다른 세 개의 실근을 가지기 위한 a의 값의 범위를 구하라.

풀이 주어진 방정식을 변형하면 $x^3-3x=a$이므로 함수 $f(x)=x^3-3x$라고 놓으면
$f'(x)=3(x+1)(x-1)=0$에서 $x=-1, 1$이다.
함수 $f(x)$의 증가와 감소를 나타내는 표를 만들고, 그래프를 그리면 다음과 같다.

x	$\cdots$	-1	$\cdots$	1	$\cdots$
$f'(x)$	$+$	0	$-$	0	$+$
$f(x)$	↗	2 극대	↘	-2 극소	↗

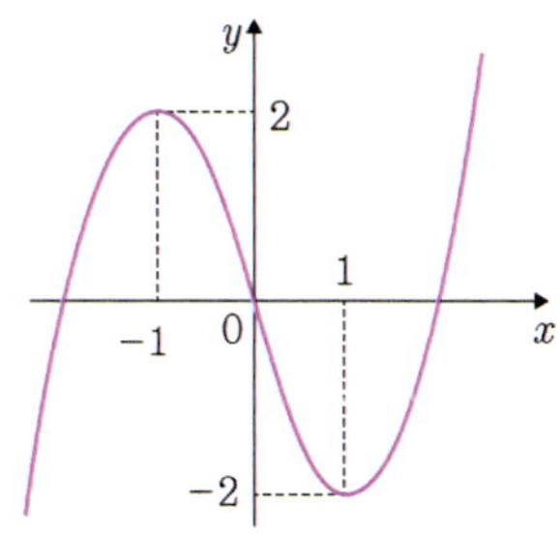

방정식 $x^3-3x=a$의 서로 다른 실근의 개수는 곡선 $y=x^3-3x$와 직선 $y=a$의 교점의 개수와 같으므로 방정식 $x^3-3x=a$가 서로 다른 세 개의 실근을 가지기 위한 a의 값의 범위는 $-2<a<2$이다. ■

예제 5 $x \geq 1$일 때, 다음 부등식이 성립함을 증명하라.

$$x^3+4 \geq 3x^2$$

풀이 $f(x)=x^3-3x^2+4$로 놓으면

$$f'(x)=3x^2-6x=3x(x-2)=0 \text{ (단, } x \geq 1)$$

에서 $x=2$이므로, 함수 $f(x)$의 증가와 감소를 나타내는 표는 다음과 같다.

x	1	$\cdots$	2	$\cdots$
$f'(x)$	$-$	$-$	0	$+$
$f(x)$	2	↘	0 극소	↗

$x \geq 1$일 때, 함수 $f(x)$의 최솟값은 0이므로 $f(x) \geq 0$

즉, $x^3-3x^2+4 \geq 0$이다.

따라서 $x \geq 1$일 때, 부등식 $x^3+4 \geq 3x^2$이 성립한다. ■

연습문제 3.3

1. 다음 함수의 아래로 볼록 또는 위로 볼록한 구간을 조사하고, 변곡점이 있으면 찾아라.

(1) $y = -2(x-3)^2 + 4$　　(2) $y = \frac{1}{3}x^3 - x^2 + x + 1$

(3) $y = -x^3 + 1$　　(4) $y = -(x+2)^2(x-1)$

2. 다음 함수의 극점과 변곡점을 각각 구하고, 곡선의 개형을 그려라.

(1) $f(x) = x^3 - x^2$　　(2) $f(x) = -2x^3 + 6x^2 + 18x + 1$

(3) $f(x) = 3(x^2-2)^2$　　(4) $y = -x^5 + 2$

3. 다음 함수의 그래프의 개형을 그려라.

(1) $y = \dfrac{1}{1+x^2}$　　(2) $f(x) = \dfrac{x-1}{x^3}$ (단, $x > 0$)

4. 다음 함수에 대하여 주어진 구간에서 최댓값과 최솟값을 구하라.

(1) $f(x) = -2x^3 + 9x^2 - 12x$, $[0, 2]$　　(2) $f(x) = x^4 - 2x^2 + 1$, $[-2, 3]$

5. 다음 방정식의 서로 다른 실근의 개수를 조사하라.

(1) $-x^3 + 3x = -4$　　(2) $x^4 + 4x = 2$

6. 방정식 $x^3 - 3x^2 - 9x + p = 0$이 하나의 양의 실근과 서로 다른 두 음의 실근을 갖도록 하는 p의 값의 범위를 구하라.

7. n은 2 이상의 자연수이고 $x \geq 0$일 때, 부등식 $x^n - 1 \geq n(x-1)$이 성립함을 보여라.

3.4 미분과 변화율

우리의 생활과 자연에서 시간에 따라 변화하는 현상을 설명하는 데 도함수가 활용된다.

수직선 위를 움직이는 점 P의 시각 t에서의 위치 x는 $x=f(t)$로 나타낼 수 있다. 시각이 t에서 $t+\Delta t$까지 변할 때, 점 P의 위치는 x에서 $x+\Delta x$까지 변한다고 하자.

점 P의 평균속도는 다음과 같이 함수 $f(t)$의 평균변화율과 같다.

$$\frac{\Delta x}{\Delta t}=\frac{f(t+\Delta t)-f(t)}{\Delta t}$$

점 P의 순간속도 또는 **속도**(velocity) v는 $x=f(t)$의 시각 t에서의 순간변화율이다.

$$v=\frac{dx}{dt}=\lim_{\Delta t\to 0}\frac{f(t+\Delta t)-f(t)}{\Delta t}=f'(t)$$

한편 속도의 절댓값 $|v|$를 시각 t에서의 점 P의 **속력**(speed)이라고 한다.

또, 점 P의 **가속도**(acceleration) a는 속도 v의 순간변화율이다.

$$a=\frac{dv}{dt}=\frac{d^2x}{dt^2}=f''(x)$$

보기 수직선 위를 움직이는 점 P의 시각 t에서의 위치가 $x=4t^3-8t^2$일 때, $v=\frac{dx}{dt}=12t^2-16t$, $a=\frac{dv}{dt}=24t-16$ 이므로 $t=1$에서의 속도 v와 가속도 a는 $v=-4,\ a=8$이다. 또, $v=4t(3t-4)$ 이므로 $t=\frac{4}{3}$일 때 점 P는 움직이는 방향을 바꾼다.

예제 1 29.4 m/초의 빠르기로 쏘아올린 물체의 t초 후의 높이가 $x=29.4t-4.9t^2$ (m)일 때, 다음을 구하라.

(1) 물체가 지면에 떨어지는 순간의 속도와 가속도

(2) 물체의 최고 높이

풀이 $v=\dfrac{dx}{dt}=29.4-9.8t$, $a=\dfrac{dv}{dt}=-9.8$이다.

(1) 물체가 지면에 떨어지는 순간은 높이가 0이므로

$$29.4t-4.9t^2=0 \quad \therefore t=0,\ 6$$

따라서 구하는 속도와 가속도는 다음과 같다.

$$v(6)=29.4-9.8\times 6=-29.4\ (\text{m/초}),\ a(6)=-9.8\ (\text{m/초}^2)$$

(2) 물체가 최고 높이에 도달할 때의 속도는 0이므로

$$v=29.4-9.8t=0 \qquad \therefore\ t=3$$

따라서 이 물체의 최고 높이는 다음과 같다.

$$x(3)=29.4\times 3-4.9\times 3^2=44.1(\text{m})$$

■

달리는 자동차의 브레이크를 밟으면 자동차는 멈추고, 커다란 눈덩이는 시간이 지남에 따라 점차 녹아서 작아진다. 이와 같은 현상에서 시간이 변함에 따라 자동차의 위치, 눈덩이의 부피도 변한다. 시각 t에서의 길이, 넓이, 부피가 $l(t)$, $S(t)$, $V(t)$일 때, 길이, 넓이, 부피의 변화율은 각각 다음과 같다.

$$\frac{d}{dt}l(t),\ \frac{d}{dt}S(t),\ \frac{d}{dt}V(t)$$

보기 잔잔한 호수에 돌을 던지면 동심원의 파문이 생긴다. 바깥쪽 파문의 반지름의 길이가 매초 2 m씩 커질 때, 5초 후의 파문의 넓이의 변화율을 구해보자.

t초 후의 바깥쪽 파문의 반지름의 길이를 r라 하면 파문의 넓이는 $S=\pi r^2$이므로 양변을 t에 대하여 미분하면 $\dfrac{dS}{dt}=2\pi r\dfrac{dr}{dt}$이다. 그런데 반지름의 길이가 매초 2 m씩 커지므로 $\dfrac{dr}{dt}=2$이고, 5초 후 $r=2\cdot 5=10$ (m)이다. 따라서 5초 후의 파문의 넓이의 변화율은 다음과 같다.

$$\frac{dS}{dt}=2\pi\cdot 10\cdot 2=40\pi(\text{m}^2/\text{초})$$

예제 2 수면으로부터 30 m 높이의 암벽에서 길이 58 m인 줄로 배를 끌어당기고 있다. 4 m/초의 속력으로 줄을 당길 때, 2초 후의 배의 속력을 구하라.

풀이 그림의 직각삼각형에서 빗변 즉 줄의 길이를 y, 밑변의 길이를 x라 하자. 줄의 속력이 4 m/초이므로 $\frac{dy}{dt}=-4$이다. 피타고라스 정리에 의해 $y^2 = x^2 + 30^2$이므로 이 식의 양변을 t에 대하여 미분하면

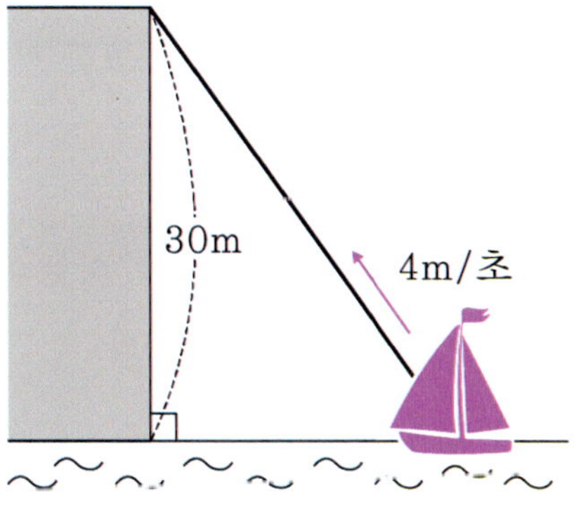

$$2y\frac{dy}{dt}=2x\frac{dx}{dt}\ ,\ -8y=2x\frac{dx}{dt},\ \frac{dx}{dt}=-\frac{4y}{x}$$

그런데 2초 후의 밧줄의 길이는 $y=58-4\cdot 2=50(\text{m})$이고, 이때, $x=40(\text{m})$이므로 2초 후의 $\frac{dx}{dt}$는 다음과 같다.

$$\frac{dx}{dt}=-\frac{4\times 50}{40}=-5$$

따라서 2초 후의 배의 속력은 5 m/초이다. ■

연습문제 3.4

1. 수직선 위를 움직이는 점 P의 시각 t에서의 위치 x가 $x(t)=t^3-12t^2+36t$일 때, $t=5$에서의 이 물체의 속도, 가속도 및 속력을 각각 구하라.

2. 어떤 기차가 브레이크를 건 후 t초 동안에 미끄러지는 거리를 $s(t)$ (m)라고 하면 $s(t)=-0.45t^2+27t$이다. 이 기차는 브레이크를 건 후 정지할 때까지 미끄러지는 거리를 구하라.

3. 키가 1.65 m인 사람이 높이가 3 m인 가로등의 바로 아래에서 출발하여 일직선으로 매분 90 m의 속도로 걸어갈 때, 다음을 구하라.

(1) 그림자 앞 끝의 속도

(2) 그림자 길이의 변화율

4. 윗면의 반지름의 길이가 4 cm, 높이가 10 cm인 직원뿔 모양의 용기에 매초 4 cm^3씩 포도주를 넣는다고 한다. 높이가 5 cm일 때, 포도주 면의 상승속도를 구하라.

5. 처음 반지름의 길이가 20 cm인 구 모양의 풍선에 공기를 넣어, 반지름의 길이가 매초 1 cm씩 커지고 있다. 10초 후의 풍선의 겉넓이와 부피의 변화율을 각각 구하라.

6. 10 m 높이의 다이빙대에서 뛰어내린 다이빙 선수의 t초 후의 높이는 $h(t)=-5t^2+5t+10$ (m)일 때, 이 선수가 수면에 닿는 순간의 속도를 구하라.

7. 수증기가 응결하여 빗방울이 만들어질 때, 시간에 대한 빗방울의 부피 V의 변화율은 빗방울의 겉넓이 S에 비례한다고 한다. 이때, 빗방울의 겉넓이의 변화율은 빗방울 반지름의 길이 r에 비례함을 보여라. (단, 빗방울은 구모양이다)

3.5 프로그래밍 실습

파이썬을 사용하여 도함수를 활용하는 문제들을 해결해보자.

예제 1 곡선 $y=x^2+x$ 위의 점 $(1, 2)$에서 접선의 방정식을 구하라.

① 도함수를 구한다. 따라서 $y'=2x+1$이다.

```
[1]  import sympy as sp
     x = sp.symbols('x')
     y = x**2 + x
     yp = sp.diff(y,x)
     yp

     2x + 1
```

② $x=1$에서의 미분계수를 구한다. 따라서 접선의 방정식은 $y=3(x-1)+2$이다.

```
[2]  yp.subs({x:1})

     3
```

③ 닫힌 구간 $[0, 2]$에서 함수의 그래프와 접선을 그린다.

```
[3]  import numpy as np
     import matplotlib.pyplot as plt
     x = np.linspace(0,2,101)
     y = x**2 + x
     plt.plot(x,y,label=('$y=x^2+x$'))
     y = 3*(x-1)+2
     plt.plot(x,y,label='$y=3(x-1)+2$')
     plt.plot([1],[2],'o')
     plt.text(1.05,1.8,'$(1,2)$')
     plt.xlabel('x')
     plt.ylabel('y')
     plt.legend()
     plt.show()
```

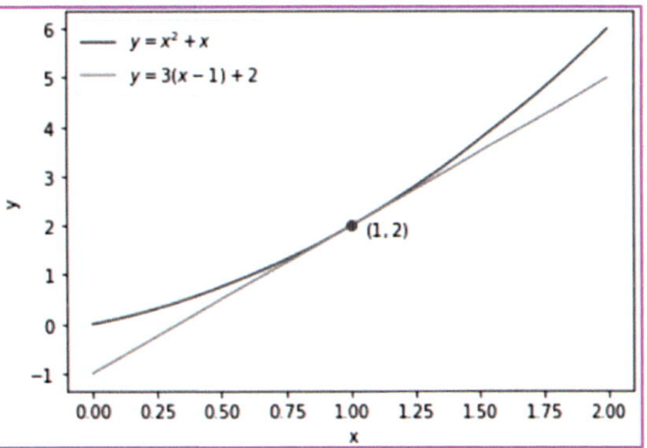

예제 2 원 $x^2-6x+y^2-2y-15=0$ 위의 점 $(-1, 4)$에서의 접선의 방정식을 구하라.

① $\dfrac{dy}{dx}$를 구한다. 따라서 $\dfrac{dy}{dx}=\dfrac{3-x}{y-1}$이다.

```
[4]  import sympy as sp

     x = sp.symbols('x')
     y = sp.Function('y')(x)

     lh = x**2 -6*x + y**2 - 2*y - 15
     d_lh = sp.diff(lh,x)

     yp = sp.solve(d_lh, sp.diff(y,x))
     yp

     [(3 - x)/(y(x) - 1)]
```

```
[5]  yp[0]
```

$$\frac{3-x}{y(x)-1}$$

② $x=-1, y=4$를 대입한다. 따라서 접선의 방정식은 $y=\dfrac{4}{3}(x-1)+4$이다.

```
[6]  slope = yp[0].subs({x:-1,y:4})
     slope
```

$$\frac{4}{3}$$

예제 3 함수 $f(x)=-x^3+2x^2-3x+2$에 대하여 닫힌 구간 $[0, 2]$에서 평균값 정리를 만족시키는 c의 값을 구하라.

① 닫힌 구간 $[0, 2]$에서 평균변화율을 구하기 위해 파이썬 함수를 정의한다.

```
[7]  def f(x):
         return -x**3 + 2*x**2 - 3*x + 2
```

② 평균변화율을 구한다.

```
[8]  (f(2)-f(0)) / (2-0)

     -3.0
```

③ 도함수를 먼저 구한다.

```
[9]  import sympy as sp
     x = sp.symbols('x')
     y = -x**3 + 2*x**2 - 3*x + 2
     yp = sp.diff(y,x)
     yp
```

$-3x^2 + 4x - 3$

④ solve를 이용하여 도함수의 값이 -3이 되는 x의 값을 구한다. 이때, yp가 -3이 되는 곳은 0과 4/3이다. 따라서 $c = \frac{4}{3}$이다.

```
[10] sp.solve(yp-(-3),x)

     [0, 4/3]
```

예제 4 함수 $f(x) = \frac{x^2-1}{x^3}$의 그래프를 그려라.

① $x = 0$은 불연속점이므로 닫힌 구간 $[-4,\ -0.1]$과 $[0.1,\ 4]$에서 각각 그래프를 그린다.

```
[11] def f(x):
         return (x**2-1)/x**3

[12] import numpy as np
     x = np.linspace(-4,-0.1,101)
     y = f(x)
     plt.plot(x,y)
     x = np.linspace(0.1,4,101)
     y = f(x)
     plt.plot(x,y)
     plt.xlabel('x')
     plt.ylabel('y')
     plt.title('$₩₩frac{x^2-1}{x^3}$')
     plt.show()
```

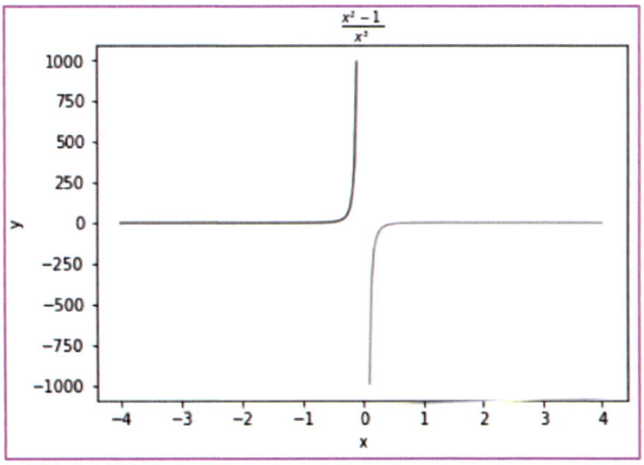

이때, $x = 0$ 근방에서 함숫값이 매우 커서, 그래프가 y축에 가까워짐을 알 수 있다. 그래프의 왼쪽과 오른쪽 부분의 함숫값은 0에 가까워짐도 알 수 있다.

② plt.ylim()을 이용하면 y의 값의 범위를 변경한다.

여기서는 y의 범위를 -0.5에서 0.5까지로 바꿔보자.

```
[13] import numpy as np
     x = np.linspace(-4,-0.1,101)
     y = f(x)
     plt.plot(x,y)
     x = np.linspace(0.1,4,101)
     y = f(x)
     plt.plot(x,y)
     plt.ylim((-0.5,0.5))
     plt.xlabel('x')
     plt.ylabel('y')
     plt.title('$₩₩frac{x^2-1}{x^3}$')
     plt.show()
```

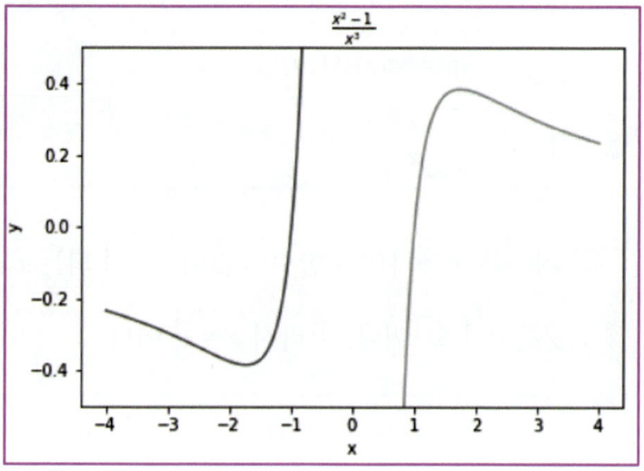

이때, 극대와 극소, 오목과 볼록을 관찰할 수 있다.

실·습·문·제

1. 곡선 $x^2+y^2=5$ 위의 점 $(1,\ 2)$에서의 접선의 방정식을 구하라.

2. 함수 $f(x)=x^2+\sqrt{5}\,x$에 대하여 닫힌 구간 $[0,\ \sqrt{5}]$에서 평균값 정리를 만족시키는 c의 값을 모두 구하라.

3. 함수 $y=\dfrac{x-1}{x^3}$의 그래프를 그려라.

CHAPTER 4

적분법

우리의 문화재인 토기는 산산이 부서져 있던 조각들을 발굴하여 원상태로 복원되어 박물관에 전시된다. 이와 같이 분해와 조립의 관계는 수학에서 미분과 적분에서도 찾아볼 수 있다.

이 장에서는 적분의 기초인 부정적분과 그 성질을 배우고, 정적분의 정의와 그 성질을 배운다. 또한 부정적분을 이용하여 정적분을 쉽게 계산하기 위한 미적분학의 기본정리를 다룬다. 한편 정적분의 정의에 적합하지 않은 적분인 이상적분의 계산 및 수렴성에 대하여 다룬다.

4.1 부정적분의 정의와 그 성질
4.2 정적분의 정의와 그 성질
4.3 미적분학의 기본정리
4.4 이상적분
4.5 프로그래밍 실습

4.1 부정적분의 정의와 그 성질

함수 $f(x)$가 미분가능할 때, $f(x)$를 미분하여 $f(x)$의 도함수 $f'(x)$를 얻었다. 이 절에서는 역으로 함수 $f(x)$가 주어져 있을 때, 도함수가 $f(x)$인 함수에 대하여 알아보자.

$F'(x)=f(x)$이면 상수 C에 대하여

$$\{F(x)+C\}'=F'(x)=f(x)$$

이다. 또 함수 $G(x)$가 $G'(x)=f(x)$이면

$$\{G(x)-F(x)\}'=G'(x)-F'(x)=f(x)-f(x)=0$$

이다. 그런데 도함수가 0인 함수는 상수함수이므로

$$G(x)-F(x)=C \ (\text{단, } C\text{는 상수})$$

이다. 따라서 도함수가 $f(x)$인 함수 중 하나를 $F(x)$라고 하면, 일반적으로 $G'(x)=f(x)$인 $G(x)$는 $G(x)=F(x)+C$ (단, C는 상수)의 꼴이다. 이것을 기호로

$$\int f(x)dx$$

로 나타내고, 함수 $f(x)$의 **부정적분**(indefinite integral)이라 한다.

부정적분의 정의

$F'(x)=f(x)$일 때, $\int f(x)dx=F(x)+C$ (단, C는 적분상수)

참고 함수 $f(x)=1$의 부정적분은 $\int 1dx$ 또는 $\int dx$로 나타낸다.

보기 (1) $(x)'=1$이므로 $\int 1dx=x+C$ (C는 상수)이다.

(2) $(x^3)'=3x^2$이므로 $\int 3x^2dx=x^3+C$ (C는 상수)이다.

두 함수 $f(x)$, $g(x)$의 부정적분을 각각

$$\int f(x)dx = F(x) + C_1,\quad \int g(x)dx = G(x) + C_2 \text{ (단, } C_1,\ C_2\text{는 적분상수)}$$

라고 하면

$$F'(x) = f(x),\quad G'(x) = g(x)$$

이다. 이때, 임의의 상수 k에 대하여

$$(kF(x))' = kF'(x) = kf(x),$$
$$(F(x) \pm G(x))' = F'(x) \pm G'(x) = f(x) \pm g(x) \text{ (단, 복부호동순)}$$

이므로 부정적분에 관한 다음 성질이 성립한다.

함수의 실수배, 합, 차의 부정적분

$$\int kf(x)dx = k\int f(x)dx \text{ (단, } k\text{는 상수)}$$
$$\int \{f(x) \pm g(x)\}dx = \int f(x)dx \pm \int g(x)dx \text{ (단, 복부호동순)}$$

이제 함수 $y = x^{\alpha}$(단, α는 실수)의 부정적분을 구해보자.

α가 $\alpha \neq -1$인 실수일 때, $\left(\dfrac{1}{\alpha+1}x^{\alpha+1}\right)' = x^{\alpha}$이므로 다음이 성립한다.

$$\int x^{\alpha}dx = \frac{1}{\alpha+1}x^{\alpha+1} + C \text{ (} C\text{는 적분상수)}$$

함수 x^{α}의 부정적분

α가 $\alpha \neq -1$인 실수일 때,

$$\int x^{\alpha}dx = \frac{1}{\alpha+1}x^{\alpha+1} + C \text{ (단, } C\text{는 적분상수)}$$

보기 (1) $\int x^2 dx = \frac{1}{2+1}x^{2+1} + C = \frac{1}{3}x^3 + C$ (단, C는 적분상수)

(2) $\int 1dx = \int x^0 dx = \frac{1}{0+1}x^{0+1} + C = x + C$ (단, C는 적분상수)

(3) $\int \sqrt{x}\, dx = \frac{1}{\frac{1}{2}+1}x^{\frac{1}{2}+1} + C = \frac{2}{3}x^{\frac{3}{2}} + C$ (단, C는 적분상수)

함수의 실수배, 합, 차의 부정적분을 이용하면 다항함수

$$f(x) = a_n x^n + a_{n-1}x^{n-1} + \cdots + a_1 x + a_0 \text{ (단, } n = 1, 2, \cdots)$$

의 부정적분은 다음과 같이 구할 수 있다.

$$\int f(x)dx = a_n \int x^n dx + a_{n-1}\int x^{n-1}dx + \cdots + a_1 \int x dx + a_0 \int 1dx$$

보기 (1) $\int (x^3 + 4x - 1)dx = \int x^3 dx + 4\int x dx - \int 1dx$

$$= \left(\frac{x^4}{4} + C_1\right) + 4\left(\frac{x^2}{2} + C_2\right) - (x + C_3) = \frac{x^4}{4} + 2x^2 - x + C$$

(2) $\int (t^5 - 3t^2)dt = \int t^5 dt - 3\int t^2 dt = \frac{t^6}{6} - t^3 + C$

예제 1 다음 부정적분을 구하라.

(1) $\int (x-5)^2 dx$　　　　(2) $\int t^2(t-3)dt$

풀이 (1) $\int (x-5)^2 dx = \int (x^2 - 10x + 25)dx = \frac{x^3}{3} - 5x^2 + 25x + C$

(2) $\int t^2(t-3)dt = \int (t^3 - 3t^2)dt = \frac{t^4}{4} - t^3 + C$ ■

예제 2 다음 부정적분을 구하라.

(1) $\int \frac{1}{\sqrt[3]{x^2}}dx$　　　(2) $\int \left(\frac{2}{x^3} - \frac{4}{x^5}\right)dx$

풀이 (1) $\int \frac{1}{\sqrt[3]{x^2}}dx = \int x^{-\frac{2}{3}}dx = \frac{1}{-\frac{2}{3}+1}x^{-\frac{2}{3}+1} + C = 3\sqrt[3]{x} + C$

(2) $\int \left(\frac{2}{x^3} - \frac{4}{x^5}\right)dx = \int (2x^{-3} - 4x^{-5})dx$

$= -x^{-2} + x^{-4} + C = -\frac{1}{x^2} + \frac{1}{x^4} + C$ ■

α가 $\alpha \neq -1$인 실수일 때, 합성함수의 미분법에 의하여

$$\left(\frac{\{g(x)\}^{\alpha+1}}{\alpha+1}\right)' = \{g(x)\}^{\alpha} \cdot g'(x)$$

이므로 다음이 성립한다.

$$\int \{g(x)\}^{\alpha} \cdot g'(x)dx = \frac{\{g(x)\}^{\alpha+1}}{\alpha+1} + C \text{ (단, } C\text{는 적분상수)}$$

예제 3 다음 부정적분을 구하라.

(1) $\int 5x^4(x^5+1)^3dx$　　　(2) $\int (x^2+4x-1)^4(2x+4)dx$

풀이 (1) $(x^5+1)' = 5x^4$ 이므로

$$\int 5x^4(x^5+1)^3dx = \int (x^5+1)^3 \cdot (x^5+1)'dx = \frac{(x^5+1)^4}{4} + C$$

(2) $\int (x^2+4x-1)^4(2x+4)dx = \int (x^2+4x-1)^4 \cdot (x^2+4x-1)'dx =$

$\frac{(x^2+4x-1)^5}{5} + C.$ ■

연습문제 4.1

1. 다음 부정적분을 구하라.

(1) $\int x^3 dx$ (2) $\int \sqrt{2}\, x^{2022} dx$

(3) $\int (3t+5)dt$ (4) $\int (3t^2-7t+4)dt$

(5) $\int (x-5)^2 dx$ (6) $\int x(x-2)(x-3)dx$

2. 다음 부정적분을 구하라.

(1) $\int \left(x^{\frac{3}{2}}+x-1\right)dx$ (2) $\int \sqrt[3]{x}\,(x-2)dx$

(3) $\int \frac{x^3+1}{\sqrt{x}}dx$ (4) $\int \frac{x+1}{x^3}dx$

3. 다음 부정적분을 구하라

(1) $\int (x^2+1)^7 x dx$ (2) $\int (2x^5+7)^8 9x^4 dx$

(3) $\int 2x\sqrt{x^2+1}\,dx$ (4) $\int \frac{x+1}{\sqrt{x^2+2x+5}}dx$

4. 다음을 구하라.

(1) $\frac{d}{dx}\int (3x^2-2x+4)dx$ (2) $\frac{d}{dx}\int f(x)dx$

(3) $\int \frac{d}{dx}(3x^2-2x+4)dx$ (4) $\int \frac{d}{dx}f(x)dx$

4.2 정적분의 정의와 그 성질

함수 $f(x) \geq 0$가 닫힌 구간 $[a, b]$에서 연속일 때, 곡선 $y = f(x)$와 x축 및 두 직선 $x = a$, $x = b$로 둘러싸인 영역의 넓이를 구하는 방법에 대하여 알아보자.

먼저 닫힌 구간 $[a, b]$를

$$a = x_0 < x_1 < \cdots < x_{n-1} < x_n = b$$

인 $(n+1)$개의 점 $x_0, x_1, \cdots, x_n$에 의하여 n개의 소구간 $[x_{k-1}, x_k]$ (단, $k = 1, 2, \cdots, n$)으로 나눌 수 있다. 이때, $P = \{x_0, x_1, \cdots, x_n\}$를 닫힌 구간 $[a, b]$의 **분할**(partitions)이라 한다.

이제 각 소구간 $[x_{k-1}, x_k]$에서 점 $x_k{}^*$를 택하면, n개의 직사각형의 넓이와 합

$$\sum_{k=1}^{n} f(x_k{}^*)(x_k - x_{k-1})$$

을 얻는다. 각 소구간 $[x_{k-1}, x_k]$의 길이 중 최대인 것을 Δ로 나타내면 Δ가 작을수록 분할은 세분된다. 분할을 한없이 세분할 때, 즉 $\Delta \to 0$일 때, $\sum_{k=1}^{n} f(x_k{}^*)(x_k - x_{k-1})$은 구하는 영역의 넓이에 한없이 가까워짐을 알 수 있다. 그러므로 구하는 넓이는 다음과 같다.

$$\lim_{\Delta \to 0} \sum_{k=1}^{n} f(x_k^*)(x_k - x_{k-1})$$

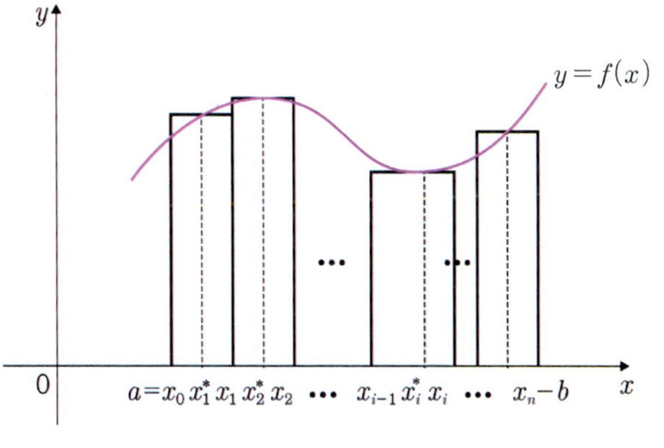

이제 넓이를 일반화하여 정적분을 정의해 보자.

닫힌 구간 $[a,\ b]$에서 연속인 함수 $f(x)$에 대하여 극한값 $\lim_{\Delta \to 0} \sum_{k=1}^{n} f(x_k^*)(x_k - x_{k-1})$이 존재하면, $f(x)$는 닫힌 구간 $[a,\ b]$에서 **적분가능**(integrable)하다고 하고, 그 극한값을

$$\int_a^b f(x)dx$$

로 나타낸다. 여기서 $\int_a^b f(x)dx$를 함수 $f(x)$의 a에서 b까지의 **정적분**(definite integral)이라 하고, a, b를 각각 아래끝, 위끝이라 한다.

정적분의 정의

함수 $f(x)$가 닫힌 구간 $[a,\ b]$에서 연속일 때,

$$\int_a^b f(x)dx = \lim_{\Delta \to 0} \sum_{k=1}^{n} f(x_k^*)(x_k - x_{k-1})$$

특히 $\int_a^a f(x)dx = 0$, $\int_b^a f(x)dx = -\int_a^b f(x)dx$ 로 정의한다.

다음은 정적분의 정의로부터 쉽게 얻을 수 있는 정적분에 관한 기본 성질이다.

정리 4.1 정적분의 기본성질

두 함수 $f(x)$, $g(x)$가 적분가능하면

$cf(x)$(단, c는 상수)와 $f(x) \pm g(x)$도 적분가능하고, 다음이 성립한다.

① $\int_a^b c\,dx = c(b-a)$ (단, c는 상수)

② $\int_a^b cf(x)dx = c\int_a^b f(x)dx$ (단, c는 상수)

③ $\int_a^b \{f(x) \pm g(x)\}dx = \int_a^b f(x)dx \pm \int_a^b g(x)dx$ (단, 복부호동순)

보기 $\int_0^1 f(x)dx = 2$, $\int_0^1 g(x)dx = -3$일 때, 다음이 성립한다.

$$\int_0^1 (f(x)+5)dx = \int_0^1 f(x)dx + \int_0^1 5dx = 2+5\times 1 = 7,$$

$$\int_0^1 \{3f(x)-2g(x)\}dx = 3\int_0^1 f(x)dx - 2\int_0^1 g(x)dx = 3\cdot 2 - 2\cdot(-3) = 12$$

예제 1 다음 값을 이용하여 정적분 $\int_{-1}^{2} (x^2-2x-2)\,dx$를 구하라.

$$\int_{-1}^{2} x^2 dx = 3,\quad \int_{-1}^{2} x\,dx = \frac{3}{2}$$

풀이 $\int_{-1}^{2} (x^2-2x-2)\,dx = \int_{-1}^{2} x^2\,dx - 2\int_{-1}^{2} x\,dx - \int_{-1}^{2} 2\,dx$

$$= 3 - 2\cdot\frac{3}{2} - 2\cdot\{2-(-1)\} = -6$$ ■

함수 $y=f(x)\ge 0$ 이 닫힌 구간 $[a, b]$에서 연속일 때, 정적분 $\int_a^b f(x)dx$는 곡선 $y=f(x)$와 x축 및 두 직선 $x=a$, $x=b$로 둘러싸인 영역의 넓이로 정의했다.

예제 2 다음 정적분을 도형의 넓이를 이용하여 구하라.

(1) $I_1 = \int_{-1}^{5} 3dx$　　　(2) $I_2 = \int_{-3}^{3} \sqrt{9-x^2}\,dx$

풀이 (1) 정적분 I_1은 가로가 6, 세로가 3인 직사각형의 넓이이므로

$$I_1 = 6\times 3 = 18$$

(2) 곡선 $y=\sqrt{9-x^2}$ 은 반지름이 3인 반원이다.

따라서 정적분 I_2는 반지름이 3인 반원의 넓이이므로

$$I_2 = \frac{1}{2}\times\pi\times 3^2 = \frac{9}{2}\pi.$$ ■

또한 정적분의 정의에 의해 $f(x) \geq 0$이고 $a < c < b$인 경우, 다음이 성립함을 알 수 있다.

$$\int_a^b f(x)dx = \int_a^c f(x)dx + \int_c^b f(x)dx$$

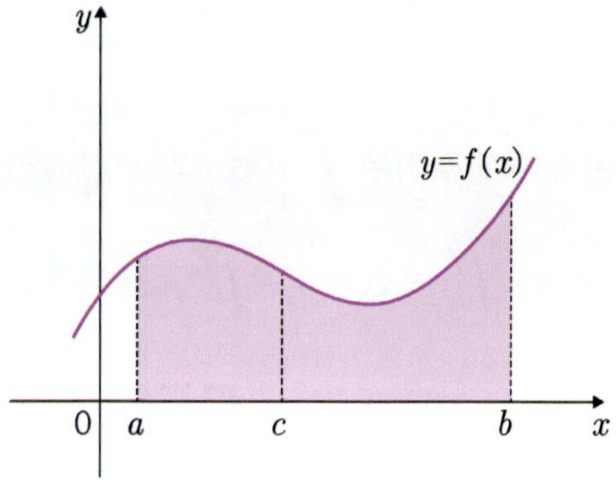

일반적으로 세 수 a, b, c의 대소 관계 또는 $f(x)$의 부호와 관계없이 다음이 성립한다.

정적분의 성질

함수 $f(x)$가 상수 a, b, c를 포함하는 구간에서 적분가능하면, 다음이 성립한다.

$$\int_a^b f(x)dx = \int_a^c f(x)dx + \int_c^b f(x)dx$$

보기 (1) $\int_{-1}^0 (x^2+x)dx + \int_0^1 (x^2+x)dx = \int_{-1}^1 (x^2+x)dx$

(2) $\int_0^3 |x-2|\,dx = \int_0^2 |x-2|\,dx + \int_2^3 |x-2|\,dx$

$= \int_0^2 (-x+2)dx + \int_2^3 (x-2)dx$

예제 3 $\int_0^{10} f(x)dx = 17$, $\int_0^{8} f(x)dx = 12$일 때, $\int_8^{10} f(x)dx$를 구하라.

풀이 정적분의 성질에 의하여

$$\int_0^8 f(x)dx + \int_8^{10} f(x)dx = \int_0^{10} f(x)dx$$

이므로 다음을 얻는다.

$$\int_8^{10} f(x)dx = \int_0^{10} f(x)dx - \int_0^8 f(x)dx = 17 - 12 = 5$$

■

이제 함수의 대소 관계가 주어질 때, 정적분의 대소 관계를 알아보자.

닫힌 구간 $[a,\ b]$에서 두 함수 $f(x)$, $g(x)$가 연속일 때, $f(x) \geq 0$이면 정적분의 성의에 의하여 $\int_a^b f(x)dx \geq 0$임을 알 수 있다. 따라서 $f(x) - g(x) \geq 0$이면

$$\int_a^b \{f(x) - g(x)\}dx \geq 0, \text{ 즉 } \int_a^b f(x)dx \geq \int_a^b g(x)dx$$

가 성립한다.

한편 $m \leq f(x) \leq M$이면

$$\int_a^b m dx \leq \int_a^b f(x)dx \leq \int_a^b M dx$$

이고,

$$\int_a^b m dx = m(b-a), \quad \int_a^b M dx = M(b-a)$$

이므로 다음이 성립한다.

$$m(b-a) \leq \int_a^b f(x)dx \leq M(b-a)$$

정적분의 대소관계

닫힌 구간 $[a, b]$에서 두 함수 $f(x)$, $g(x)$가 연속일 때,

① $f(x) \geq 0$ 이면 $\int_a^b f(x)dx \geq 0$

② $f(x) \geq g(x)$ 이면 $\int_a^b f(x)dx \geq \int_a^b g(x)dx$

③ $m \leq f(x) \leq M$ 이면 $m(b-a) \leq \int_a^b f(x)dx \leq M(b-a)$

보기 닫힌 구간 $[0,1]$에서 $0 \leq x^2 \leq x$이므로 다음이 성립한다.

$$\int_0^1 0dx \leq \int_0^1 x^2 dx \leq \int_0^1 x dx$$

여기서 $\int_0^1 0dx = 0$이고, $\int_0^1 xdx$는 밑변과 높이가 각각 1인 직각삼각형의 넓이이므로 다음이 성립한다.

$$0 \leq \int_0^1 x^2 dx \leq \frac{1}{2}$$

예제 4 다음 부등식이 성립함을 보여라.

$$1 \leq \int_0^1 \sqrt{1+x}\, dx \leq \frac{3}{2}$$

풀이 $x \geq 0$일 때, $1+x \geq 1$이므로 $1 \leq \sqrt{1+x} \leq 1+x$이고,

따라서 정적분의 대소관계에 의하여

$$\int_0^1 1dx \leq \int_0^1 \sqrt{1+x}\, dx \leq \int_0^1 (1+x)dx$$

이다. 여기서

$$\int_0^1 1dx = 1, \int_0^1 (1+x)dx = \int 1dx + \int_0^1 xdx = 1 + \frac{1}{2} = \frac{3}{2}$$

이므로 다음이 성립한다.

$$1 \leq \int_0^1 \sqrt{1+x}\, dx \leq \frac{3}{2}$$ ■

연습문제 4.2

1. 닫힌 구간 $[1,\ 5]$를 4등분하고, 함수 $f(x)=-3x$와 주어진 x_k^*에 대하여

$A=\sum_{k=1}^{4} f(x_k^*)(x_k-x_{k-1})$의 값을 구하라. 또 그 값들을 비교하라.

① $x_k^*=x_{k-1}$　　② $x_k^*=x_k$　　③ $x_k^*=\dfrac{x_{k-1}+x_k}{2}$

2. 다음 정적분의 값을 도형의 넓이를 이용하여 구하라.

(1) $\int_1^5 (x-1)dx$　　(2) $\int_0^4 (x+1)dx$

(3) $\int_{-1}^2 (|x|+1)dx$　　(4) $\int_{-2}^3 |x+1|dx$

3. $\int_0^9 f(x)dx=37$이고 $\int_0^9 g(x)dx=16$일 때, 정적분 $\int_0^9 [2f(x)-3g(x)]dx$를 구하라.

4. $\int_1^5 f(x)dx=10$이고 $\int_4^5 f(x)dx=3$일 때, 정적분 $\int_1^4 f(x)dx$를 구하라.

5. 다음을 하나의 정적분으로 나타내라.

$$\int_{-2}^2 f(x)dx+\int_2^5 f(x)dx-\int_{-2}^{-1} f(x)dx$$

6. 다음 부등식이 성립함을 보여라.

(1) $1 \le \int_0^1 \sqrt{1+2x}\,dx \le 2$　　(2) $\int_1^2 \sqrt{x+1}\,dx \le \int_1^2 \sqrt{5-x}\,dx$

4.3 미적분학의 기본정리

정의에 따라 정적분 $\int_a^b f(x)dx$를 계산하기 위하여 극한값을 구하는 것은 매우 지루할 뿐만 아니라, 함수가 복잡하면 불가능할 수도 있다. 여기서는 극한값을 구하지 않고 정적분을 계산하는 방법을 소개한다.

정적분 $\int_a^b f(x)dx$를 구하는 방법은 부정적분과 정적분의 관계로부터 유도된다.

먼저 정적분과 미분의 관계를 알아보자.

정리 4.2 정적분과 미분의 관계

함수 $f(x)$가 닫힌 구간 $[a, b]$에서 연속이면 $a \le x \le b$인 모든 x에 대하여 다음이 성립한다.

$$\frac{d}{dx}\int_a^x f(t)dt = f(x)$$

증명 함수 $y = f(x)$가 닫힌 구간 $[a, b]$에서 연속이고 $f(x) \ge 0$이라 하자.

다음 그림과 같이 닫힌 구간 $[a, x]$에서 곡선 $y = f(x)$와 x축 사이에 있는 영역의 넓이를 $S(x)$라 하면 $S(x) = \int_a^x f(t)dt$이다.

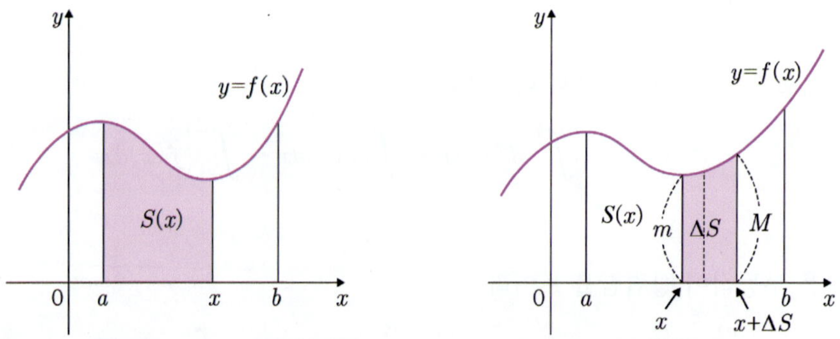

이때, x가 변하면 $S(x)$도 변하므로 $S(x)$는 x의 함수이다. 따라서 x가 $x + \Delta x$까지 변하면 $S(x)$는 $S(x + \Delta x)$까지 변한다. x의 증분 $\Delta x > 0$에 대한 $S(x)$의 증분을

ΔS라 하면 다음이 성립한다.

$$\Delta S = S(x+\Delta x) - S(x)$$

이제 닫힌 구간 $[x, x+\Delta x]$에서의 $f(x)$의 최댓값을 M, 최솟값을 m이라 하면

$$m \cdot \Delta x \le \Delta S \le M \cdot \Delta x, \text{ 즉 } \quad m \le \frac{\Delta S}{\Delta x} \le M$$

이다. 그런데 $\Delta x \to 0$이면 $m \to f(x)$, $M \to f(x)$이므로

$$f(x) \le \lim_{\Delta x \to 0} \frac{\Delta S}{\Delta x} \le f(x), \text{ 즉 } \quad \lim_{\Delta x \to 0} \frac{\Delta S}{\Delta x} = f(x)$$

이다. 도함수의 정의로부터

$$\lim_{\Delta x \to 0} \frac{\Delta S}{\Delta x} = \lim_{\Delta x \to 0} \frac{S(x+\Delta x) - S(x)}{\Delta x} = S'(x)$$

이므로 $S'(x) = f(x)$이다. 따라서 $S(x) = \int_a^x f(t)dt$이므로 다음이 성립한다.

$$\frac{d}{dx}\int_a^x f(t)dt = f(x)$$

$f(x) < 0$인 경우도 같은 방법으로 증명할 수 있다. ■

참고 $\int_a^x f(t)dt$를 x에 대하여 미분하면 $f(x)$이므로 부정적분의 정의로부터 $\int_a^x f(t)dt$는 $f(x)$의 부정적분 중의 하나이다.

보기 정적분과 미분의 관계에 의하여 다음을 미분하면 모두 $f(x)$이므로 모두 함수 x^3의 부정적분이다.

$$\int_0^x t^3 dt, \quad \int_1^x t^3 dt, \quad \int_{-5}^x t^3 dt, \quad \frac{x^4}{4} + C$$

예제 1 다음을 x에 대하여 미분하라.

(1) $G_1(x) = \int_0^x \sqrt{2t+3}\, dt$ (2) $G_2(x) = \int_x^1 (t^3 - 2t^2 - 7)dt$

풀이 (1) $G_1'(x) = \dfrac{d}{dx}\displaystyle\int_0^x \sqrt{2t+3}\,dt = \sqrt{2x+3}$

(2) $G_2(x) = -\displaystyle\int_1^x (t^3 - 2t^2 - 7)dt$이므로

$$G_2'(x) = -\frac{d}{dx}\int_1^x (t^3 - 2t^2 - 7)dt$$
$$= -(x^3 - 2x^2 - 7) = -x^3 + 2x^2 + 7.$$ ■

합성함수 미분법에 의하여 다음을 얻을 수 있다.

정적분과 미분의 관계

$$\frac{d}{dx}\int_{h(x)}^{g(x)} f(t)\,dt = f(g(x))g'(x) - f(h(x))h'(x)$$

예제 2 다음 함수를 x에 대하여 미분하라.

(1) $G(x) = \displaystyle\int_0^{x^2} (3t-1)\,dt$ (2) $G(x) = \displaystyle\int_x^{x^3} \sqrt{1+t^4}\,dt$

풀이 (1) $G'(x) = (3x^2-1)(x^2)' = (3x^2-1)\cdot 2x = 6x^3 - 2x$

(2) $G'(x) = \sqrt{1+x^{12}}\cdot(x^3)' - \sqrt{1+x^4}\cdot(x)'$
$= 3x^2\sqrt{1+x^{12}} - \sqrt{1+x^4}.$ ■

미적분학의 기본정리로 알려진 다음 정리를 이용하면 정적분을 쉽게 계산할 수 있다.

정리 4.3 미적분학의 기본정리

함수 $f(x)$가 닫힌 구간 $[a, b]$에서 연속이고 $f(x)$의 한 부정적분이 $F(x)$이면 다음이 성립한다.

$$\int_a^b f(x)dx = F(b) - F(a)$$

참고 $F(b) - F(a)$를 $[F(x)]_a^b$로 나타낸다. 즉 $\displaystyle\int_a^b f(x)dx = [F(x)]_a^b$이다.

증명 함수 $F(x)$가 $f(x)$의 한 부정적분이고, 함수

$$G(x)=\int_a^x f(t)dt$$

도 $f(x)$의 한 부정적분이므로 $F(x)=G(x)+C$ (단, C는 상수)이다.

그런데 $G(a)=\int_a^a f(t)dt=0$이므로

$F(a)=G(a)+C=C$ 이고, $F(x)=G(x)+F(a)$이다.

또한 $F(b)=G(b)+F(a)$에서 $G(b)=F(b)-F(a)$이고,

$G(b)=\int_a^b f(t)dt=\int_a^b f(x)dx$이므로 다음이 성립한다.

$$\int_a^b f(x)dx=F(b)-F(a)$$ ■

이제 정적분 $\int_a^b f(x)dx$를 구할 때, $f(x)$의 한 부정적분 $F(x)$를 먼저 구하고 $F(b)-F(a)$를 계산한다.

보기 $\left(\frac{x^3}{3}\right)'=x^2$이므로 $F(x)=\frac{x^3}{3}$은 함수 $f(x)=x^2$의 한 부정적분이다.

따라서 미적분학의 기본정리에 의하여 다음이 성립한다.

$$\int_0^2 x^2dx=\left[\frac{x^3}{3}\right]_0^2=\frac{2^3}{3}-\frac{0^3}{3}=\frac{8}{3}$$

예제 3 다음 정적분의 값을 구하라.

(1) $\int_{-1}^2 (2x-4x^3)dx$ (2) $\int_1^5 (\sqrt[3]{x}+\sqrt{x})dx$

풀이 (1) $\int (2x-4x^3)dx=x^2-x^4+C$이므로 다음을 얻는다.

$$\int_{-1}^2 (2x-4x^3)dx$$

$$=\left[x^2-x^4\right]_{-1}^2=(4-16)-(1-1)=-12$$

(2) $\int (4\sqrt[3]{x}+3\sqrt{x})dx = 3x^{\frac{4}{3}}+2x^{\frac{3}{2}}+C$이므로 다음을 얻는다.

$$\begin{aligned}\int_1^4 (4\sqrt[3]{x}+3\sqrt{x})dx &= \left[3x^{\frac{4}{3}}+2x^{\frac{3}{2}}\right]_1^4 \\ &= (12\sqrt[3]{4}+16)-(3+2) = 12\sqrt[3]{4}+11\end{aligned}$$ ■

미분에서 평균값의 정리가 있듯이, 정적분에서도 다음과 같은 평균값 정리가 있다.

정리 4.4 적분에 관한 평균값 정리

함수 $f(x)$가 닫힌 구간 $[a, b]$에서 연속이면

$$\int_a^b f(x)dx = (b-a)f(c)$$

인 c가 열린 구간 (a, b)에 적어도 하나 존재한다.

증명 함수 $f(x)$는 닫힌 구간 $[a, b]$에서 연속이므로 최대값 · 최소값 정리에 의하여 이 구간에서 $f(x)$의 최솟값 m과 최댓값 M이 존재한다.

이때, 닫힌 구간 $[a, b]$에서 $m \le f(x) \le M$이므로 다음이 성립한다.

$$m(b-a) \le \int_a^b f(x)dx \le M(b-a), \text{ 즉 } m \le \frac{\int_a^b f(x)dx}{b-a} \le M$$

한편 함수 $f(x)$는 닫힌 구간 $[a, b]$에서 연속이므로 중간값의 정리에 의하여

$$f(c) = \frac{\int_a^b f(x)dx}{b-a}, \quad \text{즉 } \int_a^b f(x)dx = (b-a)f(c)$$

인 c가 개구간 (a, b)에 적어도 하나 존재한다. ■

참고 실제로 $f(x) \ge 0$일 때, 적분에 관한 평균값의 정리는 $\int_a^b f(x)dx$의 값이 열린 구간 (a, b)의 어떤 점 c에 대하여 밑변이 구간 $[a, b]$이고 높이가 $f(c)$인 직사각형의 넓이와 같음을 뜻한다.

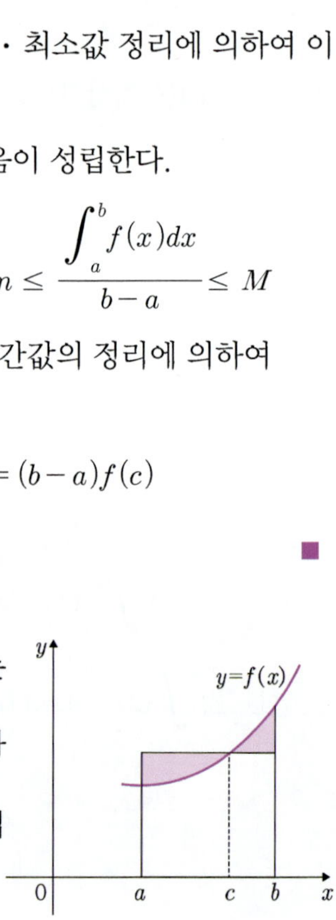

보기 $\dfrac{1}{4-1}\displaystyle\int_1^4 (3x^2-2x)\,dx = \dfrac{1}{3}[x^3-x^2]_1^4 = \dfrac{48}{3} = 16$이다. 이때,

$$f(c) = 3c^2 - 2c = 16,\ (3c-8)(c+2) = 0,\ c = \frac{8}{3} \in (1,\ 4)$$

이므로 $\dfrac{1}{4-1}\displaystyle\int_1^4 (3x^2-2x)\,dx = f(c)$인 c가 열린 구간 $(1, 4)$에 존재함을 알 수 있다.

예제 4 닫힌 구간 $[0, 2]$에서 함수 $f(x) = 1 + x^3$에 대하여 적분에 관한 평균값 정리를 만족하는 상수 c를 구하라.

풀이 $\dfrac{1}{2-0}\displaystyle\int_0^2 (1+x^3)\,dx = \dfrac{1}{2}\left[x+\dfrac{1}{4}x^4\right]_0^2 = 3$이다. 이때,

$$f(c) = 1 + c^3 = 3,\ \text{즉},\ c^3 = 2$$

이므로 $c = \sqrt[3]{2} \in (0,\ 2)$이다. ■

정적분의 성질에 의하여

$$\int_{-a}^{a} f(x)dx = \int_{-a}^{0} f(x)dx + \int_0^a f(x)dx = -\int_0^{-a} f(x)dx + \int_0^a f(x)dx$$

이므로 대칭성을 갖는 함수들에 대하여 다음 성질을 얻을 수 있다.

정리 4.5 우함수와 기함수의 정적분

함수 $f(x)$가 닫힌 구간 $[-a, a]$에서 연속일 때,

① $f(x)$가 우함수 [즉, $f(-x) = f(x)$]이면 $\displaystyle\int_{-a}^{a} f(x)dx = 2\int_0^a f(x)dx$

② $f(x)$가 기함수 [즉, $f(-x) = -f(x)$]이면 $\displaystyle\int_{-a}^{a} f(x)dx = 0$

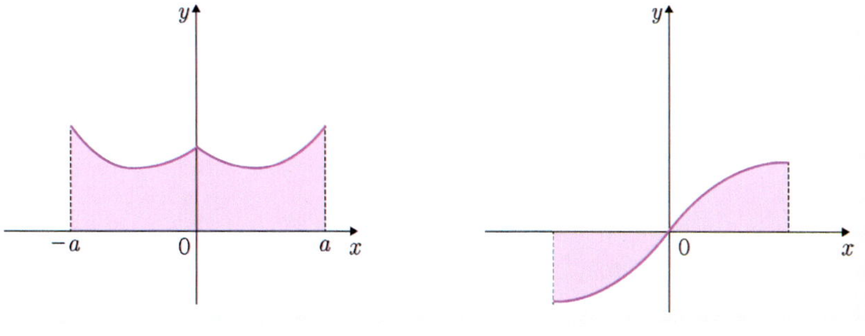

보기 $f(x)=x^2+1$은 $f(-x)=f(x)$를 만족시키므로 우함수이고, 다음이 성립한다.

$$\int_{-3}^{3}(x^2+1)dx = 2\int_{0}^{3}(x^2+1)dx = 2\left[\frac{x^3}{3}+x\right]_0^3 = 24$$

예제 5 다음 정적분을 구하라.

(1) $\int_{-1}^{1} x^2(x^2+1)dx$ (2) $\int_{-2}^{2} x(x^2+1)^5 dx$

풀이 (1) $f(x)=x^2(x^2+1)$은 $f(-x)=f(x)$를 만족시키므로 우함수이다.
따라서 다음을 얻는다.

$$\int_{-1}^{1} x^2(x^2+1)dx = 2\int_{0}^{1} x^2(x^2+1)dx = 2\cdot\frac{8}{15}=\frac{16}{15}$$

(2) $f(x)=x(x^2+1)^5$은 $f(-x)=-f(x)$를 만족시키므로 기함수이다.

따라서 $\int_{-2}^{2} x(x^2+1)^5 dx = 0$이다. ■

연습문제 4.3

1. 다음 함수를 x에 대하여 미분하라.

(1) $\int_0^x (t-5)dt$

(2) $\int_{-1}^x (t^3-t^2+3t+1)dt$

(3) $\int_{2022}^x (t^2-5t+3)dt$

(4) $\int_x^0 (t^2+7)dt$

(5) $\int_{3x}^{x^2} \sqrt{2t+3}\,dt$

(6) $\int_{2x+1}^{x^2+3} t^2 dt$

2. 다음 정적분을 구하라.

(1) $\int_0^1 (2x^5-3x^2+4)dx$

(2) $\int_1^3 (x^2+4x-3)dx$

(3) $\int_{-1}^1 |x^2-2x|dx$

(4) $\int_1^2 \frac{x-1}{x^3}dx$

(5) $\int_0^1 (\sqrt{x}+\sqrt[3]{x})dx$

(6) $\int_1^2 \frac{x+1}{\sqrt{x}}dx$

3. 다음 함수와 주어진 닫힌 구간 $[a, b]$에 대하여 $\int_a^b f(x)dx = f(c)(b-a)$를 만족시키는 $c \in (a, b)$의 값을 모두 구하라.

(1) $f(x)=4x^3$, $[1,3]$

(2) $f(x)=2+|x|$, $[-1,3]$

4. 다음 정적분을 구하라.

(1) $\int_{-2}^2 (x^4+x^2+1)dx$

(2) $\int_{-2}^2 \frac{x^3+x}{x^4+x^2+1}dx$

4.4 이상적분

정적분 $\int_a^b f(x)dx$를 정의할 때, 적분구간 $[a,\ b]$가 유한이고 피적분함수 $f(x)$는 닫힌 구간 $[a,\ b]$의 모든 x에 대하여 정의된다고 가정하였다. 이 조건 중의 어느 하나라도 만족하지 않을 때의 적분을 **이상적분**(improper integral)이라 한다. 예를 들면 다음은 이상적분이다.

$$\int_0^\infty x^2\,dx,\quad \int_0^1 \frac{1}{x^2}dx$$

먼저 적분구간의 양 끝점 중 하나 또는 둘이 무한인 경우에 대하여 알아보자.

이상적분의 정의 (1)

① $\int_a^\infty f(x)dx = \lim_{b\to\infty}\int_a^b f(x)dx$

② $\int_{-\infty}^b f(x)dx = \lim_{a\to-\infty}\int_a^b f(x)dx$

③ $\int_{-\infty}^\infty f(x)dx = \int_{-\infty}^c f(x)dx + \int_c^\infty f(x)dx$, c는 적당한 실수

이때, ①, ②의 등식에서 우변의 극한값이 존재하면 이상적분은 그 극한값으로 **수렴한다**(converge)고 하고, 극한값이 존재하지 않으면 **발산한다**(diverge)고 한다. ③의 등식에서는 우변의 이상적분이 모두 수렴할 때 이상적분은 수렴하고, 둘 중 어느 하나라도 발산하면 이상적분은 발산한다.

보기 이상적분 $\int_1^\infty \frac{1}{\sqrt{x}}dx$에서

$$\lim_{b\to\infty}\int_1^b \frac{1}{\sqrt{x}}dx = \lim_{b\to\infty}\left[\frac{3}{2}x^{\frac{3}{2}}\right]_1^b = \lim_{b\to\infty}\frac{3}{2}\left(b^{\frac{3}{2}}-1\right) = \infty$$

이므로 이 이상적분은 발산한다.

예제 1 다음 이상적분의 수렴 여부를 조사하고, 수렴하면 그 값을 구하라.

(1) $\int_1^\infty \frac{1}{x^2}dx$ (2) $\int_{-\infty}^0 x^5 dx$

풀이 (1) $\int_1^\infty \frac{1}{x^2}dx = \lim_{b\to\infty}\int_1^b \frac{1}{x^2}dx = \lim_{b\to\infty}\left[-\frac{1}{x}\right]_1^b$

$$= \lim_{b\to\infty}\left(-\frac{1}{b}+1\right) = 1$$

이므로 이 이상적분은 1로 수렴한다.

(2) $\int_{-\infty}^0 x^5 dx = \lim_{a\to-\infty}\int_a^0 x^5 dx = \lim_{a\to-\infty}\left[\frac{1}{6}x^6\right]_a^0$

$$= \lim_{a\to-\infty}\left(-\frac{1}{6}a^6\right) = -\infty$$

이므로 이 이상적분은 발산한다. ■

예제 2 이상적분 $\int_{-\infty}^\infty xdx$는 발산함을 보여라.

풀이 $\int_{-\infty}^\infty xdx$는 실수 c에 대하여 다음과 같이 정의된다.

$$\int_{-\infty}^\infty xdx = \lim_{a\to-\infty}\int_a^c xdx + \lim_{b\to\infty}\int_c^b xdx$$

그런데

$$\lim_{a\to-\infty}\int_a^c xdx = \lim_{a\to-\infty}\left[\frac{1}{2}x^2\right]_a^c = \lim_{a\to-\infty}\frac{1}{2}(c^2-a^2) = -\infty$$

이므로 이상적분 $\int_{-\infty}^\infty xdx$는 발산한다. ■

이제 적분구간이 유한 개의 불연속점을 가지는 경우에 대하여 알아보자.

이상적분의 정의 (2)

① $f(x)$가 $x=a$에서 불연속인 경우:

$$\int_a^b f(x)dx = \lim_{s\to a^+}\int_s^b f(x)dx$$

② $f(x)$가 $x=b$에서 불연속인 경우:

$$\int_a^b f(x) = \lim_{t\to b^-}\int_a^t f(x)dx$$

③ $f(x)$가 $x=c$ (단, $a<c<b$)에서 불연속인 경우:

$$\int_a^b f(x)dx = \int_a^c f(x)dx + \int_c^b f(x)dx$$

예제 3 다음 이상적분의 수렴 여부를 조사하고, 수렴하면 그 값을 구하라.

(1) $\displaystyle\int_1^2 \frac{1}{(x-2)^2}dx$ (2) $\displaystyle\int_0^3 \frac{1}{\sqrt[3]{(x-1)^2}}dx$

풀이 (1) 함수 $\dfrac{1}{(x-2)^2}$은 $x=2$에서 불연속이므로

$$\int_1^2 \frac{1}{(x-2)^2}dx = \lim_{t\to 2^-}\int_1^t \frac{1}{(x-2)^2}dx = \lim_{t\to 2^-}\left[-\frac{1}{x-2}\right]_1^t$$

$$= \lim_{t\to 2^-}\left(-\frac{1}{t-2}-1\right) = \infty$$

이다. 따라서 이 이상적분은 발산한다.

(2) 함수 $\dfrac{1}{\sqrt[3]{(x-1)^2}}$은 $x=1$에서 불연속이므로 다음을 얻는다.

$$\int_0^3 \frac{1}{\sqrt[3]{(x-1)^2}}dx = \int_0^1 \frac{1}{\sqrt[3]{(x-1)^2}}dx + \int_1^3 \frac{1}{\sqrt[3]{(x-1)^2}}dx$$

$$= \lim_{t\to 1^-}\int_0^t \frac{1}{(x-1)^{\frac{2}{3}}}dx + \lim_{s\to 1^+}\int_s^3 \frac{1}{(x-1)^{\frac{2}{3}}}dx$$

$$= \lim_{t\to 1^-}[3(x-1)^{\frac{1}{3}}]_0^t + \lim_{s\to 1^+}[3(x-1)^{\frac{1}{3}}]_s^3$$

$$= 3\lim_{t\to 1^-}(\sqrt[3]{t-1}+1) + 3\lim_{s\to 1^+}(\sqrt[3]{2}-\sqrt[3]{s-1}) = 3(1+\sqrt[3]{2})$$

따라서 이 이상적분은 $3(1+\sqrt[3]{2})$로 수렴한다. ■

이상적분의 비교판정법

구간 $[a, \infty)$에서 함수 $f(x)$와 $g(x)$가 모두 연속이고, 임의의 $x \in [a, \infty)$에 대하여 $0 \le f(x) \le g(x)$ 일 때,

① $\int_a^\infty f(x)dx$가 발산하면 $\int_a^\infty g(x)dx$도 발산한다.

② $\int_a^\infty g(x)dx$가 수렴하면 $\int_a^\infty f(x)dx$도 수렴한다.

예제 4 다음 이상적분의 수렴 여부를 조사하라.

(1) $\int_0^\infty \frac{1}{x^2+1}dx$ (2) $\int_2^\infty \frac{x}{x\sqrt{x}-1}dx$

풀이 (1) 구간 $[1, \infty)$에서 $\frac{1}{x^2+1} \le \frac{1}{x^2}$이고,

$$\int_0^\infty \frac{1}{x^2}dx = \lim_{b\to\infty}\int_1^b \frac{1}{x^2}dx = \lim_{b\to\infty}\left[-\frac{1}{x}\right]_1^b = \lim_{b\to\infty}\left(-\frac{1}{b}+1\right) = 1$$

이다. 따라서 이상적분의 비교판정법에 의하여 $\int_0^\infty \frac{1}{x^2+1}dx$는 수렴한다.

(2) 구간 $[2, \infty)$에서 $\frac{x}{x\sqrt{x}-1} \ge \frac{x}{x\sqrt{x}} = \frac{1}{\sqrt{x}}$ 이고,

$$\int_2^\infty \frac{1}{\sqrt{x}}dx = \lim_{b\to\infty}\int_1^b \frac{1}{\sqrt{x}}dx = \lim_{b\to\infty}[2\sqrt{x}]_1^b = \lim_{b\to\infty}2(\sqrt{b}-\sqrt{2}) = \infty$$

이다. 따라서 이상적분의 비교판정법에 의하여 $\int_2^\infty \frac{x}{x\sqrt{x}-1}dx$는 발산한다. ■

연습문제 4.4

1. 다음 이상적분의 수렴 여부를 조사하고, 수렴하면 그 값을 구하라.

(1) $\displaystyle\int_1^{\infty} \frac{1}{x^3}dx$ (2) $\displaystyle\int_1^{\infty} \frac{1}{\sqrt[3]{x}}dx$

(3) $\displaystyle\int_{-\infty}^{0} x^2 dx$ (4) $\displaystyle\int_{-\infty}^{\infty} x^3 dx$

2. 다음 이상적분의 수렴 여부를 조사하고, 수렴하면 그 값을 구하라.

(1) $\displaystyle\int_0^{1} x^{-1.01} dx$ (2) $\displaystyle\int_0^{1} \frac{1}{\sqrt{1-x}}dx$

(3) $\displaystyle\int_{-1}^{1} \frac{1}{\sqrt[3]{x}}dx$ (4) $\displaystyle\int_{-2}^{1} \frac{1}{x^2}dx$

(5) $\displaystyle\int_0^{1} \frac{1}{\sqrt{x}}dx$ (6) $\displaystyle\int_2^{3} \frac{1}{(3-x)^2}dx$

3. 다음 이상적분의 수렴 여부를 조사하고, 수렴하면 그 값을 구하라.

(1) $\displaystyle\int_1^{\infty} \frac{1}{(x-2)^2}dx$ (2) $\displaystyle\int_{-\infty}^{\infty} \frac{1}{x^6}dx$

4. 이상적분의 비교판정법을 이용하여 다음 이상적분의 수렴 여부를 조사하라.

(1) $\displaystyle\int_1^{\infty} \frac{1}{\sqrt{x}\,(x+1)}dx$ (2) $\displaystyle\int_1^{\infty} \frac{1}{\sqrt{x^4+1}}dx$

5. p가 1이 아닌 양수일 때, 다음 이상적분이 수렴하는 p의 값의 범위를 구하라.

(1) $\displaystyle\int_1^{\infty} \frac{1}{x^p}dx$ (2) $\displaystyle\int_0^{1} \frac{1}{x^p}dx$

4.5 프로그래밍 실습

sympy 라이브러리를 이용하여 부정적분과 정적분을 구해보자.

예제 1 부정적분 $\int (3x^2+1)\,dx$를 구하라.

① 부정적분은 sympy 라이브러리의 integrate를 이용하여 구한다.

```
[1]  import sympy as sp
     x = sp.symbols('x')
     y = 3*x**2 + 1
     iy = sp.integrate(y,x)
     iy
```

$x^3 + x$

따라서 $\int (3x^2+1)\,dx = x^3 + x + C$이다.

예제 2 부정적분 $\int (x^2+4x-1)^4(2x+4)\,dx$를 구하라.

① integrate를 이용하여 부정적분을 구한다.

```
[2]  x = sp.symbols('x')
     y = (x**2 + 4*x - 1)**4 * (2*x + 4)
     iy = sp.integrate(y,x)
     iy
```

$$\frac{x^{10}}{5} + 4x^9 + 31x^8 + 112x^7 + 162x^6 - \frac{136x^5}{5} - 162x^4 + 112x^3 - 31x^2 + 4x$$

② 위의 결과를 인수분해하는 명령어 sp.factor()를 이용하면 간단한 수식으로 나타낼 수 있다. sp.Rational은 분수를 입력할 때 이용한다.

```
[3]  sp.factor(iy-sp.Rational('1/5'))
```

$$\frac{(x^2+4x-1)^5}{5}$$

따라서 $\int (x^2+4x-1)^4(2x+4)dx = \frac{(x^2+4x-1)^5}{5} + C$이다.

예제 3 정적분 $\int_{-3}^{3} \sqrt{9-x^2}\, dx$를 구하라.

① 적분 범위는 (x,-3,3)과 같이 입력하고, integrate 함수를 이용하여 구한다.

```
[5]  x = sp.symbols('x')
     y = sp.sqrt(9-x**2)
     iy = sp.integrate(y,(x,-3,3))
     iy
```

$$\frac{9\pi}{2}$$

따라서 $\int_{-3}^{3} \sqrt{9-x^2}\, dx = \frac{9\pi}{2}$이다.

예제 4 정적분 $G(x) = \int_{x}^{1} (t^3-2t^2+t-7)dt$과 $G'(x)$을 구하라.

① x,t = sp.symbols('x t')와 같이 변수 x와 t를 정의한다.

g는 t에 관한 함수로 정의하고, x에서 1까지 g를 적분한 결과를 G에 저장한다.

따라서 $G(x) = -\frac{x^4}{4} + \frac{2x^3}{3} - \frac{x^2}{2} + 7x - \frac{83}{12}$이다.

```
[6] x,t = sp.symbols('x t')
    g = t**3 - 2*t**2 + t - 7
    G = sp.integrate(g,(t,x,1))
    G
```

$$-\frac{x^4}{4}+\frac{2x^3}{3}-\frac{x^2}{2}+7x-\frac{83}{12}$$

② sp.diff를 이용하여 $G(x)$를 미분한다. 따라서 $G'(x)=-x^3+2x^2-x+7$이다.

```
[7] sp.diff(G,x)
```

$$-x^3+2x^2-x+7$$

예제 5 이상적분 $\int_1^{\infty}\frac{1}{x^2}dx$를 구하라.

① sympy에서 ∞는 sp.oo이다. 따라서 $\int_1^{\infty}\frac{1}{x^2}dx=1$이다.

```
[8] x = sp.symbols('x')
    g = 1/x**2
    G = sp.integrate(g,(x,1,sp.oo))
    G
```

$$1$$

실・습・문・제

1. 다음 부정적분과 정적분을 구하라.

(1) $\int\frac{x+1}{x^3}dx$

(2) $\int_{-2}^{3}|x+1|dx$

2. 이상적분 $\int_1^{\infty}\frac{1}{\sqrt{x^4+1}}dx$를 구하라.

MEMO

CHAPTER 5

정적분의 활용

곡선으로 둘러싸인 도형의 넓이를 구하는 것은 일반적으로 쉽지 않다. 평면도형의 넓이를 구하려는 노력에서 정적분의 개념은 얻어졌다. 이러한 정적분은 길이, 넓이, 부피뿐 아니라, 속도와 거리, 등의 계산에서도 필수적인 수학적 도구가 되었다.

이 장에서는 정적분을 활용하여 평면도형의 넓이와 입체도형의 부피를 구하고, 곡선의 길이와 회전체의 겉넓이를 구하는 방법을 배운다. 또한 운동하는 물체의 속도와 거리, 그리고 실제 움직인 거리를 구한다.

5.1 평면도형의 넓이
5.2 입체도형의 부피
5.3 곡선의 길이와 회전체의 겉넓이
5.4 속도와 거리
5.5 프로그래밍 실습

5.1 평면도형의 넓이

함수 $y=f(x)$가 닫힌 구간 $[a,\ b]$에서 연속일 때, 곡선 $y=f(x)$와 x축 및 두 직선 $x=a,\ x=b$로 둘러싸인 영역의 넓이 A는 다음과 같다.

$$A=\int_a^b |f(x)|\,dx$$

또한 함수 $x=g(y)$가 닫힌 구간 $[c,\ d]$에서 연속일 때, 곡선 $x=g(y)$와 y축 및 두 직선 $y=c,\ y=d$로 둘러싸인 영역의 넓이 A는 다음과 같다.

$$A=\int_c^d |g(y)|\,dy$$

보기 (1) 곡선 $y=x^2-2x$와 x축으로 둘러싸인 영역의 넓이 A는 다음과 같다.

$$A=\int_0^2 |x^2-2x|\,dx=\int_0^2(-x^2+2x)\,dx=\left[-\frac{x^3}{3}+x^2\right]_0^2=\frac{4}{3}$$

(2) 곡선 $y=\sqrt{x}$와 y축 및 두 직선 $y=1,\ y=3$으로 둘러싸인 영역의 넓이를 A라 하면, $y=\sqrt{x}$에서 $x=y^2$이므로 다음을 얻는다.

$$A=\int_1^3 y^2\,dy=\left[\frac{y^3}{3}\right]_1^3=\frac{26}{3}$$

예제 1 (1) 곡선 $y=x^2-2x-3$과 x축 및 두 직선 $x=0,\ x=5$로 둘러싸인 영역의 넓이 A를 구하라.

(2) 곡선 $y=\sqrt{x-1}$과 y축 및 두 직선 $y=0,\ y=2$로 둘러싸인 영역의 넓이 A를 구하라.

풀이 (1) $x^2-2x-3=(x+1)(x-3)$이므로 넓이 A는 다음과 같다.

$$A=\int_0^5 |x^2-2x-3|\,dx$$

$$=\int_0^3 -(x^2-2x-3)dx+\int_3^5 (x^2-2x-3)dx=9+\frac{32}{3}=\frac{59}{3}$$

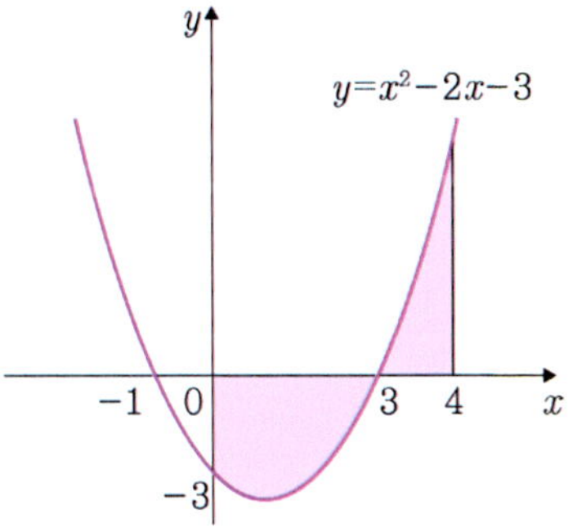

(2) $y = \sqrt{x-1}$ 에서 $x = y^2 + 1$ 이므로 넓이 A는 다음과 같다.

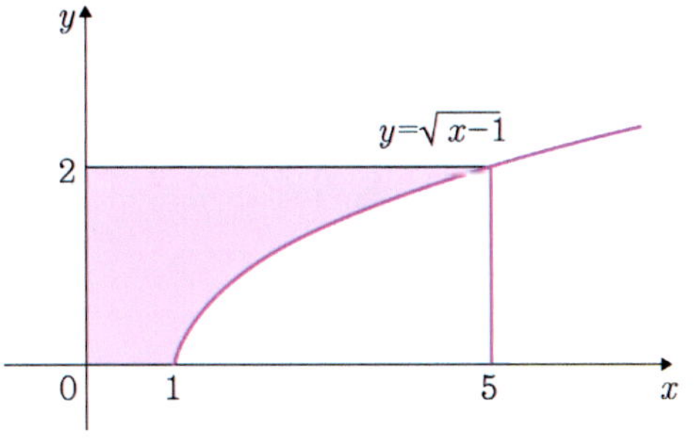

$$A = \int_0^2 (y^2+1)\,dy = \left[\frac{y^3}{3} + y\right]_0^2 = \frac{14}{3}$$ ■

이제 두 함수 $y = f(x)$, $y = g(x)$가 닫힌 구간 $[a, b]$에서 연속이고 모든 $x \in [a, b]$에 대하여 $f(x) \geq g(x)$일 때, 두 곡선 $y = f(x)$, $y = g(x)$와 두 직선 $x = a$, $x = b$로 둘러싸인 영역의 넓이 A는 다음과 같다.

$$A = \int_a^b \{f(x) - g(x)\}\,dx$$

일반적으로 다음이 성립한다.

평면도형의 넓이

두 함수 $y=f(x), y=g(x)$가 닫힌 구간 $[a,\ b]$에서 연속일 때,
두 곡선 $y=f(x), y=g(x)$및 두 직선 $x=a,\ x=b$로 둘러싸인 영역의 넓이 A는 다음과 같다.

$$A=\int_a^b |f(x)-g(x)|\,dx$$

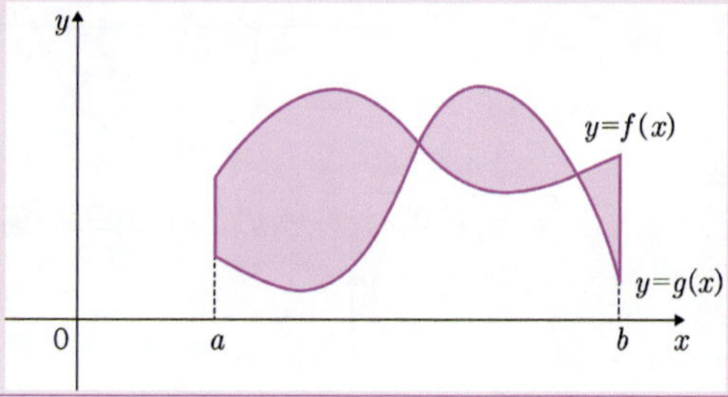

보기 두 곡선 $f(x)=x,\ g(x)=x^2$으로 둘러싸인 영역의 넓이 A는 다음과 같다.

$$A=\int_0^1 |x^2-x|\,dx=\int_0^1 (x-x^2)\,dx=\left[\frac{1}{2}x^2-\frac{1}{3}x^3\right]_0^1=\frac{1}{6}$$ ■

예제 2 닫힌 구간 $[0,\ 2]$에서 다음 두 곡선 $y=f(x)$와 $y=g(x)$로 둘러싸인 영역의 넓이 A를 구하라.

(1) $f(x)=x+6,\ g(x)=x^2$ (2) $f(x)=x^2,\ g(x)=x^3$

풀이 (1) 닫힌 구간 $[0,\ 2]$에서 $x+6 \ge x^2$이므로 구하는 넓이 A는 다음과 같다.

$$A=\int_0^2 |(x+6)-x^2|\,dx=\int_0^2 (x+6-x^2)\,dx=\left[\frac{1}{2}x^2+6x-\frac{1}{3}x^3\right]_0^2=\frac{34}{3}$$

(2) $x^2=x^3$에서 $x=0,\ 1$이므로 두 곡선 $y=x^2,\ y=x^3$의 교점의 x좌표는 $x=0,\ 1$이다. 그런데 닫힌 구간 $[0, 1]$에서 $x^3 \le x^2$이고, 닫힌 구간 $[1, 2]$에서 $x^3 \ge x^2$이므로 구하는 넓이 A는 다음과 같다.

$$A=\int_0^2 |x^2-x^3|\,dx=\int_0^1 (x^2-x^3)\,dx+\int_1^2 -(x^2-x^3)\,dx$$

$$=\left[\frac{1}{3}x^3-\frac{1}{4}x^4\right]_0^1-\left[\frac{1}{3}x^3-\frac{1}{4}x^4\right]_1^2=\frac{1}{12}+\frac{17}{12}=\frac{3}{2}$$ ■

또한 두 함수 $x=f(y),\ x=g(y)$가 닫힌 구간 $[c,\ d]$에서 연속일 때, 두 곡선 $x=f(y)$, $x=g(y)$ 및 두 직선 $y=c,\ y=d$로 둘러싸인 영역의 넓이 A는 다음과 같다.

$$A = \int_c^d |f(y) - g(y)|\, dy$$

보기 곡선 $y = \sqrt{x+1} - 1$ 과 y축 및 두 직선 $y = -1$, $y = 1$ 로 둘러싸인 영역의 넓이를 A라 하자. $y = \sqrt{x+1} - 1$ 에서 $x = (y+1)^2 - 1$ 이므로 다음을 얻는다.

$$\begin{aligned} A &= \int_{-1}^{1} |(y+1)^2 - 1|\, dy \\ &= \int_{-1}^{0} (-y^2 - 2y)\, dy + \int_0^1 (y^2 + 2y)\, dy \\ &= \left[-\frac{y^3}{3} - y^2\right]_{-1}^{0} + \left[\frac{y^3}{3} + y^2\right]_0^1 \\ &= \frac{2}{3} + \frac{4}{3} = 2 \end{aligned}$$

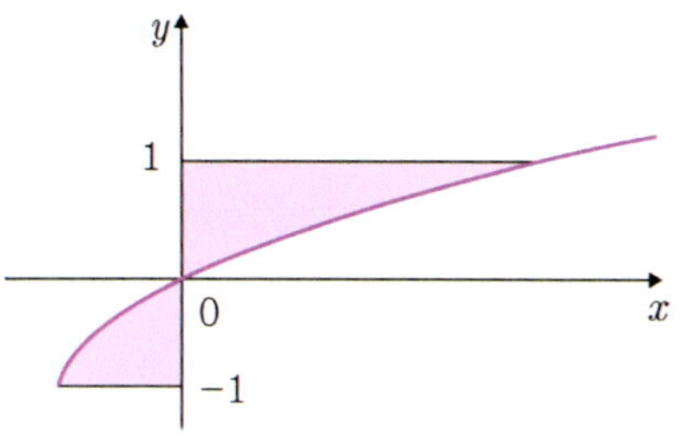

예제 3 두 곡선 $y = \sqrt{x}$, $y = x - 2$와 x축으로 둘러싸인 영역의 넓이 A를 구하라.

풀이 1 두 곡선 $y = \sqrt{x}$, $y = x - 2$의 교점의 좌표는 $(4, 2)$이므로 다음을 얻는다.

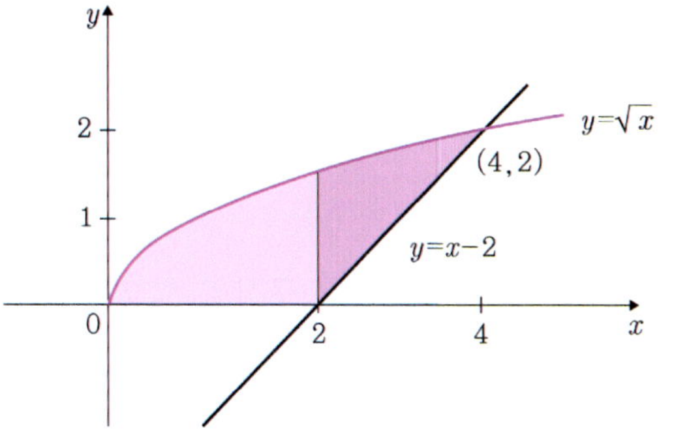

$$A = \int_0^2 \sqrt{x}\, dx + \int_2^4 \{\sqrt{x} - (x-2)\} dx$$

$$= \left[\frac{2}{3} x^{\frac{3}{2}}\right]_0^2 + \left[\frac{2}{3} x^{\frac{3}{2}} - \frac{1}{2} x^2 + 2x\right]_2^4 = \frac{10}{3}$$ ■

풀이 2 A는 두 곡선 $x = y^2$, $x = y + 2$와 직선 $y = 0$으로 둘러싸인 영역의 넓이와 같으므로 다음을 얻는다.

$$A = \int_0^2 (y+2) - y^2\, dy = \left[\frac{1}{2} y^2 + 2y - \frac{1}{3} y^3\right]_0^2 = \frac{10}{3}$$ ■

연습문제 5.1

1. 다음 영역의 넓이 A를 구하라.

(1) 곡선 $y = x^3 + x^2 - 4x - 4$ 와 x축으로 둘러싸인 영역

(2) 닫힌 구간 $[-2,\ 4]$ 에서 곡선 $y = x^2 - 4$ 와 두 직선 $y = 0,\ x = 4$로 둘러싸인 두 영역

2. 다음 영역의 넓이 A를 구하라.

(1) 곡선 $x = y(y-2)$와 y축 및 두 직선 $y = -2,\ y = -1$로 둘러싸인 한 영역

(2) 곡선 $x = y^2 - 2y$ 와 두 직선 $x = 0,\ \ y = 3$으로 둘러싸인 두 영역

3. 다음 영역의 넓이 A를 구하라.

(1) 포물선 $y = x^2 - 2x - 1$과 직선 $y = x - 1$로 둘러싸인 영역

(2) 두 곡선 $y = x^2 + 2x,\ \ y = -x^2 + 4$로 둘러싸인 영역

(3) 곡선 $x = y(y^2 - 4)$ 와 y축으로 둘러싸인 영역

4. 곡선 $y = x^3 - (a+2)x^2 + 2ax$ (단, $0 < a < 2$)와 x축 및 직선 $x = 2$ 로 둘러싸인 두 영역의 넓이가 서로 같을 때, 상수 a를 구하라.

5. 곡선 $y = |x^2 - 1|$과 직선 $y = 1$로 둘러싸인 영역의 넓이 A를 구하라.

6. 곡선 $y = x^3 - 2ax^2 + a^2x$ 와 직선 $y = mx$ 로 둘러싸인 두 영역의 넓이가 서로 같도록 하는 m의 값을 구하라. (단, $a > 0,\ \ 0 < m < a^2$)

5.2 입체도형의 부피

그림과 같이 x 좌표가 a, b인 두 점에서 x축에 수직인 두 평면 사이에 있는 입체의 부피 V를 구해 보자. 닫힌 구간 $[a,\ b]$의 임의의 점 x 에서 x축에 수직인 평면으로 자른 단면의 넓이를 $S(x)$라 하자.

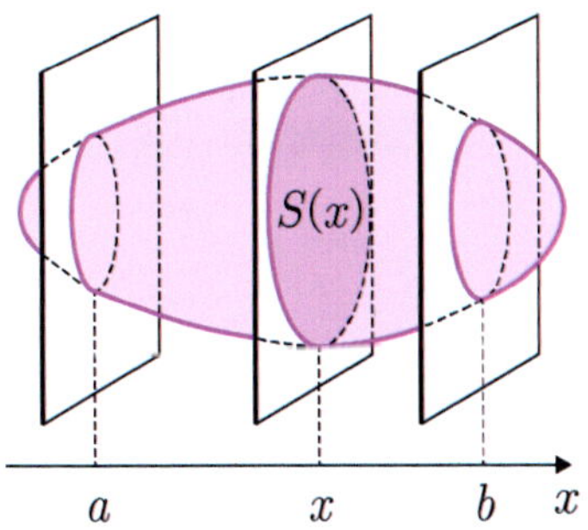

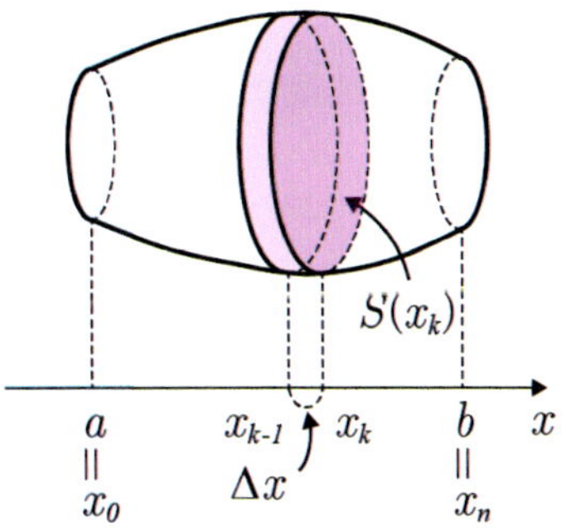

닫힌 구간 $[a,\ b]$를 n 개의 소구간 $[x_{k-1},\ x_k]$ (단, $k=1,\ 2,\ \cdots,\ n$) 으로 분할한 후 각 소구간 $[x_{k-1},\ x_k]$ 에서 점 x_k^* 를 택할 때, 밑넓이가 $S(x_k^*)$, 높이가 $\Delta x_k = x_k - x_{k-1}$인 n 개의 원기둥의 부피의 합 V_n은 다음과 같다.

$$V_n = \sum_{k=1}^{n} S(x_k^*)\ \Delta x_k$$

$\Delta = \max_{1 \le k \le n} \Delta x_k$라 할 때, 극한 $\lim\limits_{\Delta \to 0} V_n$이 존재하면 다음이 성립한다.

$$V = \lim_{\Delta \to 0} V_n = \lim_{\Delta \to 0} \sum_{k=1}^{n} S(x_k^*) \Delta x_k$$

따라서 정적분의 정의에 의하여 다음이 성립한다.

입체도형의 부피

$$V = \lim_{\Delta \to 0} \sum_{k=1}^{n} S(x_k^*) \Delta x_k = \int_a^b S(x)\, dx$$

보기 닫힌 구간 [0, 4]의 임의의 점 x 에서 x 축에 수직인 평면으로 자른 단면이 한 변의 길이가 $(x+2)$인 정사각형인 입체가 있다. 이 입체의 부피를 V라 하자.

이 입체에서 $S(x)=(x+2)^2$이므로 다음을 얻는다.

$$V=\int_0^4 (x+2)^2 dx=\int_0^4 (x^2+4x+4)dx=\left[\frac{x^3}{3}+2x^2+4x\right]_0^4=\frac{208}{3}$$

이제 함수 $f(x)$가 닫힌 구간 $[a, b]$에서 연속일 때, 곡선 $y=f(x)$와 x축 및 두 직선 $x=a$, $x=b$로 둘러싸인 영역을 x축을 중심으로 회전시킬 때 생기는 회전체의 부피를 구해보자.

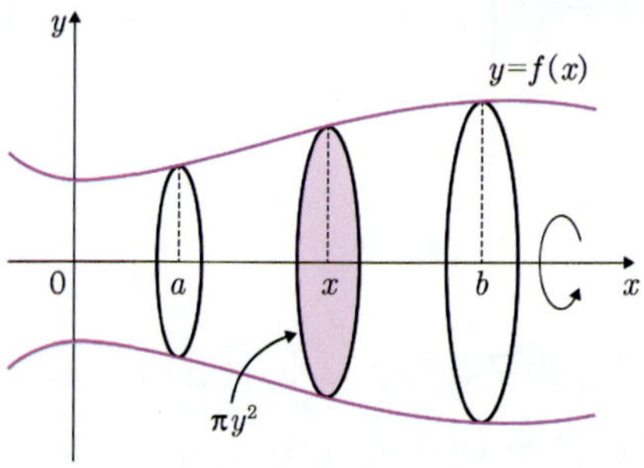

x 축의 임의의 점 x 에서 x 축에 수직인 평면으로 자른 단면은 반지름의 길이가 $f(x)$ 인 원이므로 이 단면의 넓이 $S(x)$는

$$S(x)=\pi\{f(x)\}^2=\pi y^2$$

이고, 이 회전체의 부피 V는 다음과 같다.

회전체의 부피

$$V=\pi\int_a^b \{f(x)\}^2\, dx=\pi\int_a^b y^2\, dx$$

보기 (1) 닫힌 구간 [0, 1] 에서 곡선 $y=x^2$ 을 x 축을 중심으로 회전시킬 때 생기는 회전체의 부피 V는 다음과 같다.

$$V=\pi\int_0^1 y^2\, dx=\pi\int_0^1 (x^2)^2\, dx=\pi\int_0^1 x^4\, dx=\pi\left[\frac{1}{5}x^5\right]_0^1=\frac{1}{5}\pi$$

(2) 곡선 $y=\sqrt{x}$와 x축 및 직선 $x=4$로 둘러싸인 영역을 x축을 중심으로 회전시킬 때 생기는 회전체의 부피 V는 다음과 같다.

$$V=\pi\int_0^4(\sqrt{x})^2\,dx$$

$$=\pi\left[\frac{1}{2}x^2\right]_0^4=8\pi \quad ■$$

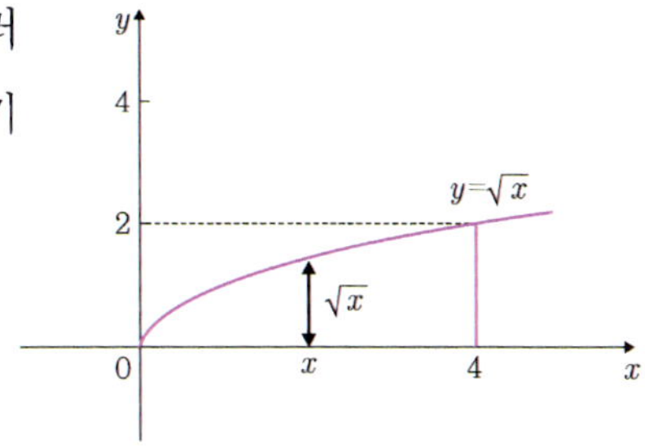

또한 함수 $x=g(y)$가 닫힌 구간 $[c,\ d]$에서 연속일 때,

곡선 $x=g(y)$와 y축 및 두 직선 $y=c$, $y=d$로 둘러싸인 영역을 y축을 중심으로 회전시킬 때 생기는 회전체의 부피 V는 다음과 같다.

$$V=\pi\int_c^d\{g(y)\}^2\,dy=\pi\int_c^d x^2\,dy$$

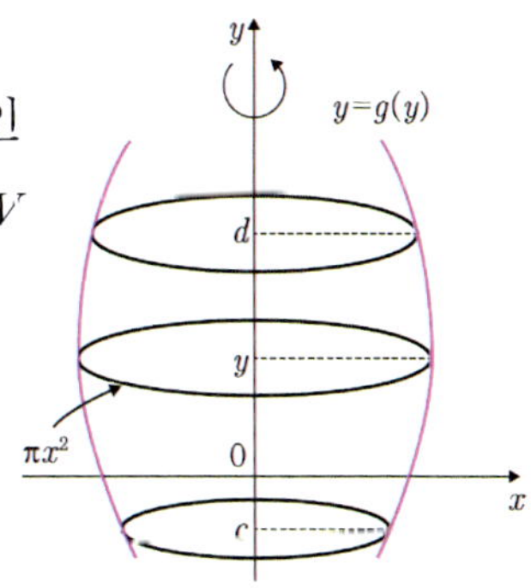

보기 (1) 곡선 $y=\sqrt{x}$와 y축 및 직선 $y=2$로 둘러싸인 영역을 y축을 중심으로 회전시킬 때 생기는 회전체의 부피 V는 다음과 같다.

$$V=\pi\int_0^2 x^2\,dy=\pi\int_0^2 y^4\,dy$$

$$=\pi\left[\frac{1}{5}x^5\right]_0^2=\frac{32}{5}\pi$$

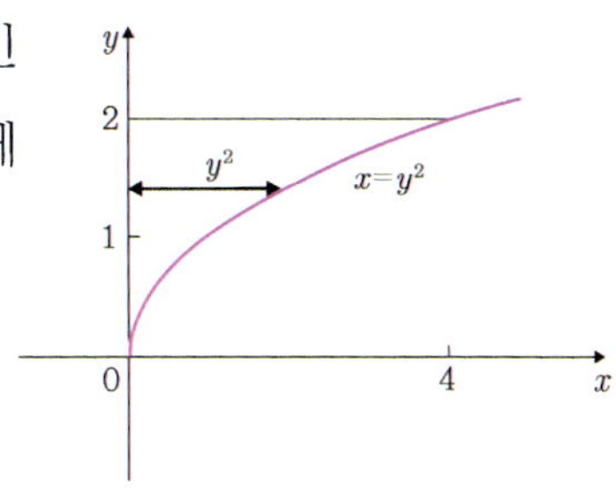

(2) $x=y^2-1$과 y축으로 둘러싸인 영역을 y축을 중심으로 회전시킬 때 생기는 회전체의 부피 V는 다음과 같다.

$$V=\pi\int_{-1}^1(y^2-1)^2\,dy=\pi\int_{-1}^1(y^4-2y^2+1)\,dy$$

$$=\pi\left[\frac{1}{5}y^5-\frac{2}{3}y^3+1\right]_{-1}^1=\frac{16}{15}\pi$$

일반적으로 회전체의 부피는 다음과 같다.

정리 5.1 회전체의 부피

두 함수 $y_1 = f(x)$, $y_2 = g(x)$가 닫힌 구간 $[a, b]$에서 연속이고 모든 $x \in [a,b]$에 대하여 $f(x) \geq g(x) \geq 0$일 때, 두 곡선 $y_1 = f(x)$, $y_2 = g(x)$ 및 두 직선 $x = a$, $x = b$로 둘러싸인 영역을 x축을 중심으로 회전시킬 때 생기는 회전체의 부피 V는 다음과 같다.

$$V = \pi \int_a^b [\{f(x)\}^2 - \{g(x)\}^2]\,dx = \pi \int_a^b (y_1^2 - y_2^2)\,dx$$

또한 함수 $x_1 = f(y)$, $x_2 = g(y)$가 닫힌 구간 $[c, d]$에서 연속이고 모든 $x \in [c, d]$에 대하여 $f(y) \geq g(y) \geq 0$일 때, 두 곡선 $x_1 = f(y)$, $x_2 = g(y)$ 및 두 직선 $y = c$, $y = d$로 둘러싸인 영역을 y축을 중심으로 회전시킬 때 생기는 회전체의 부피 V는 다음과 같다.

회전체의 부피

$$V = \pi \int_c^d [\{f(y)\}^2 - \{g(y)\}^2]\,dy = \pi \int_c^d (x_1^2 - x_2^2)\,dy$$

보기 $y = x$와 $y = x^2$으로 둘러싸인 영역을 y축을 중심으로 회전시킬 때 생기는 회전체의 부피 V는 다음과 같다.

$$V = \pi \int_0^1 (x_1^2 - x_2^2)\,dy = \pi \int_0^1 (y - y^2)\,dy$$

$$= \pi \left[\frac{1}{2}y^2 - \frac{1}{3}y^3 \right]_0^1 = \frac{1}{6}\pi$$

예제 1 곡선 $y = \sqrt{x}$와 두 직선 $y = 1$, $x = 4$로 둘러싸인 영역을 직선 $y = 1$을 중심으로 회전시킬 때 생기는 회전체의 부피 V를 구하라.

풀이 단면은 반지름의 길이가 $\sqrt{x} - 1$인 원이므로 부피 V는 다음과 같다.

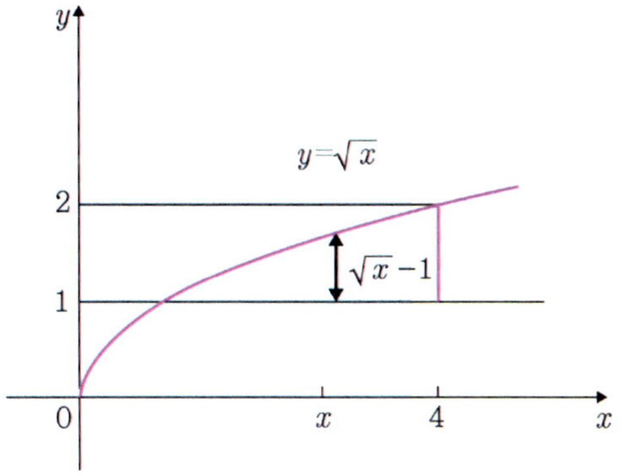

$$V=\pi\int_1^4(\sqrt{x}-1)^2\,dx \;=\; \pi\int_1^4(x-2\sqrt{x}+1)\,dx$$

$$=\pi\left[\frac{1}{2}x^2-\frac{4}{3}x^{\frac{3}{2}}+x\right]_1^4=\frac{7}{6}\pi$$

예제 2 반지름의 길이가 a (단, $a>0$) 인 구의 부피 V를 구하라.

풀이 반지름의 길이가 a인 원의 방정식 $x^2+y^2=a^2$에서 곡선 $y=\sqrt{a^2-x^2}$은 반지름의 길이가 a인 위쪽 반원이다. 반지름의 길이가 a인 구의 부피는 곡선 $y=\sqrt{a^2-x^2}$과 x축으로 둘러싸인 영역을 x축을 중심으로 회전시킬 때 생기는 회전체의 부피와 같으므로 다음이 성립한다.

$$V=\pi\int_{-a}^{a}y^2\,dx=\pi\int_{-a}^{a}(a^2-x^2)\,dx=2\pi\int_0^a(a^2-x^2)\,dx$$

$$=\pi\left[a^2x-\frac{x^3}{3}\right]_0^a dx=\frac{4}{3}\pi a^3$$

예제 3 닫힌 구간 $[0,\,2]$ 에서 곡선 $y=4x^2$과 직선 $y=16$으로 둘러싸인 영역을 x축을 중심으로 회전시킬 때 생기는 입체의 부피 V를 구하라.

풀이 곡선 $y=4x^2$과 직선 $y=16$은 점 $(2,\,16)$에서 만나므로 부피 V는 다음과 같다.

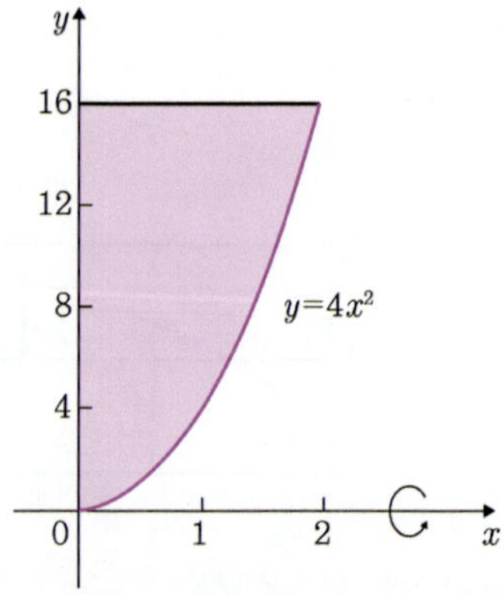

$$V=\pi\int_0^2 16^2-(4x^2)^2\,dx=\pi\int_0^2(256-16x^4)\,dx$$
$$=\pi\left[256x-\frac{16}{5}x^5\right]_0^2=\frac{2048}{5}\pi$$ ■

지금까지 입체의 부피를 구할 때, 그 입체의 단면의 넓이를 이용하였다.

이제 입체도형의 부피를 구할 수 있는 또 하나의 방법인 **원주각에 의한 방법**(method of cylindrical shell)을 소개한다.

먼저, 내부 반지름의 길이가 r_1, 외부 반지름의 길이가 r_2. 높이가 h인 원주각의 부피 V는 다음과 같다.

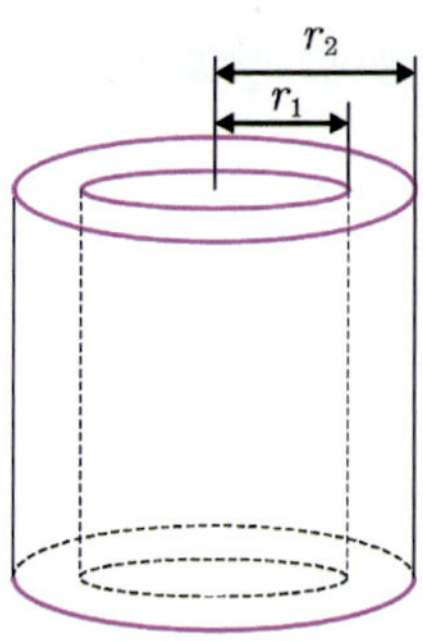

$$V=(\text{밑면적})\times(\text{높이})$$
$$=(\pi r_2^2-\pi r_1^2)\,h=\pi(r_2+r_1)(r_2-r_1)\,h$$
$$=2\pi\left(\frac{r_1+r_2}{2}\right)h\,(r_2-r_1)$$
$$=2\pi\times(\text{평균 반지름})\times(\text{높이})\times(\text{두께})$$

정리 5.2 원주각에 의한 회전체의 부피

함수 $y=f(x)$가 닫힌 구간 $[a,\ b]$(단, $a\geq 0$)에서 연속이고 $f(x)\geq 0$이면, 곡선 $y=f(x)$와 x축 및 두 직선 $x=a$, $x=b$로 둘러싸인 영역을 y축을 중심으로 회전시킬 때 생기는 회전체의 부피 V는 다음과 같다.

$$V=2\pi\int_a^b x\,f(x)\,dx$$

증명 닫힌 구간 $[a, b]$를 n개의 소구간 $[x_{k-1}, x_k]$(단, $k=1, 2, \cdots, n$)으로 분할하고, $x_k^* = \frac{1}{2}(x_{k-1}+x_k)$라 하자.

그림과 같이 가로가 $\Delta x_k = x_k - x_{k-1}$이고 높이가 $f(x_k^*)$인 직사각형을 y축을 중심으로 회전시킬 때 생기는 원주각의 부피 V_k는 다음과 같다.

$$V_k = 2\pi\, x_k^*\, f(x_k^*)\, \Delta x_k$$

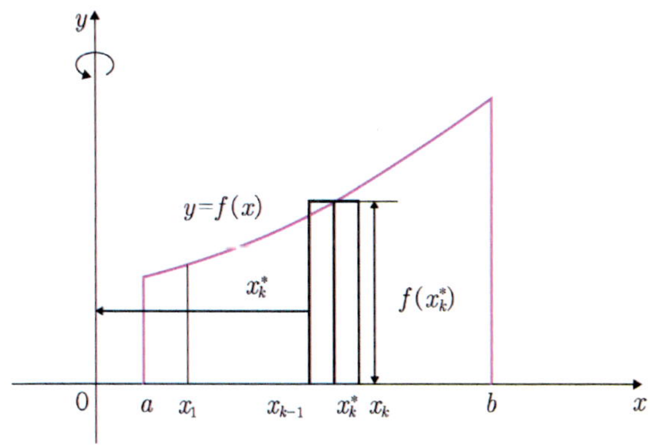

여기서 $\Delta = \max_{1 \le k \le n} \Delta x_k$라 하자. 그러면 함수 $y=f(x)$가 닫힌 구간 $[a, b]$에서 연속이므로 정적분의 정의에 의하여 다음이 성립한다.

$$\begin{aligned} V &= 2\pi \lim_{\Delta \to 0} \sum_{k=1}^{n} x_k^* f(x_k^*)\, \Delta x_k \\ &= 2\pi \int_a^b x\, f(x)\, dx \end{aligned}$$

■

또한 함수 $x=g(y)$가 닫힌 구간 $[c, d]$ (단, $c \ge 0$)에서 연속이고 $g(y) \ge 0$이면, 곡선 $x=g(y)$와 y축 및 두 직선 $y=c$, $y=d$로 둘러싸인 영역을 x축을 중심으로 회전시킬 때 생기는 회전체의 부피 V는 다음과 같다.

$$V = 2\pi \int_c^d y\, g(y)\, dy$$

예제 4 곡선 $y=x^2+1$과 x축 및 두 직선 $x=1$, $x=3$으로 둘러싸인 영역을 y축을 중심으로 회전시킬 때 생기는 회전체의 부피 V를 구하라.

풀이 $1 \le x \le 3$인 x에서 원주각의 높이는 x^2+1이므로 부피 V는 다음과 같다.

$$
\begin{aligned}
V &= 2\pi\int_1^3 x(x^2+1)\,dx \\
&= 2\pi\int_1^3 (x^3+x)\,dx \\
&= 2\pi\left[\frac{1}{4}x^4 + \frac{1}{2}x^2\right]_1^3 = 48\pi
\end{aligned}
$$

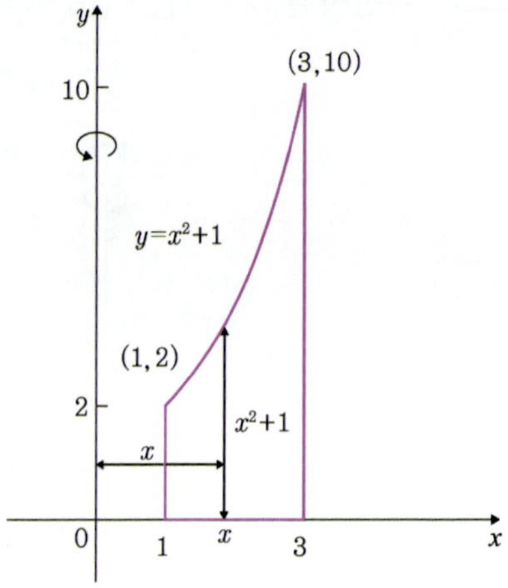

■

예제 5 곡선 $y=x^2$ $(x \ge 0)$과 y축 및 직선 $y=1$로 둘러싸인 영역을 직선 $x=2$를 중심으로 회전시킬 때 생기는 입체의 부피 V를 구하라.

풀이 $0 \le x \le 1$인 x에서 원주각의 반지름의 길이는 $(2-x)$, 높이는 $(1-x^2)$이므로 부피 V는 다음과 같다.

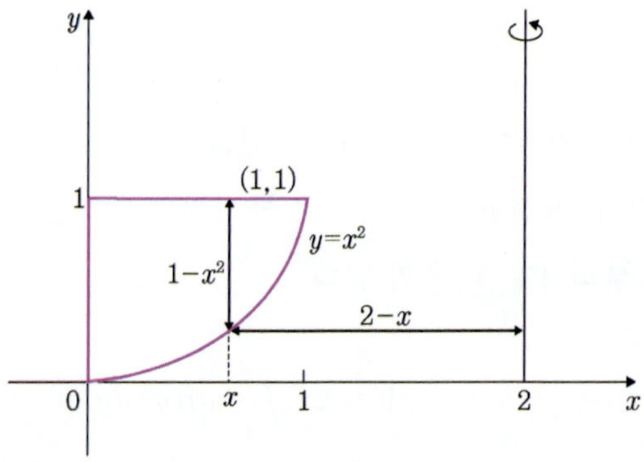

$$
\begin{aligned}
V &= 2\pi\int_0^1 (2-x)\ (1-x^2)\,dx = 2\pi\int_0^1 (2-2x^2-x+x^3)\,dx \\
&= 2\pi\left[2x-\frac{2}{3}x^3-\frac{1}{2}x^2+\frac{1}{4}x^4\right]_0^1 = \frac{13}{6}\pi
\end{aligned}
$$

■

연습문제 5.2

1. 다음 입체의 부피 V를 구하라.

(1) 곡선 $y=4-x^2$과 직선 $y=x+2$로 둘러싸인 영역을 x축을 중심으로 회전시킬 때 생기는 회전체

(2) 곡선 $y=x^3$과 y축 및 직선 $y=3$으로 둘러싸인 영역을 y축을 중심으로 회전시킬 때 생기는 회전체

(3) 두 곡선 $y=x^2$, $y=2-x^2$으로 둘러싸인 영역을 x축을 중심으로 회전시킬 때 생기는 회전체

(4) 곡선 $y=x^2\,(x\ge 0)$과 두 직선 $x=0$, $y=x+2$로 둘러싸인 영역을 y축을 중심으로 회전시킬 때 생기는 회전체

2. 곡선 $y=\sqrt{x}$ 와 직선 $y=ax\,(a>0)$로 둘러싸인 영역을 x축을 중심으로 회전시킬 때 생기는 회전체의 부피와 y축을 중심으로 회전시킬 때 생기는 회전체의 부피가 서로 같을 때, a의 값을 구하라.

3. 다음 입체의 부피 V를 구하라.

(1) 곡선 $y=-x^2+2$와 직선 $y=-x$로 둘러싸인 영역을 x축을 중심으로 회전시킬 때 생기는 회전체

(2) 곡선 $y=4-x^2$과 x축으로 둘러싸인 영역을 직선 $y=-1$을 중심으로 회전시킬 때 생기는 회전체

4. 곡선 $y=3x-x^2$과 x축으로 둘러싸인 영역을 y축을 중심으로 회전시킬 때 생기는 회전체의 부피를 원주각에 의한 방법으로 구하라.

5.3 곡선의 길이와 회전체의 겉넓이

이 절에서는 정적분을 활용하여 곡선의 길이(arc-length)와 회전체의 겉넓이(surface area)를 구하는 방법에 대하여 알아보자.

닫힌 구간 $[a, b]$에서 함수 $f(x)$와 그 도함수 $f'(x)$가 연속일 때, $x=a$에서 $x=b$까지 곡선 $y=f(x)$의 길이 L은 다음과 같이 구한다.

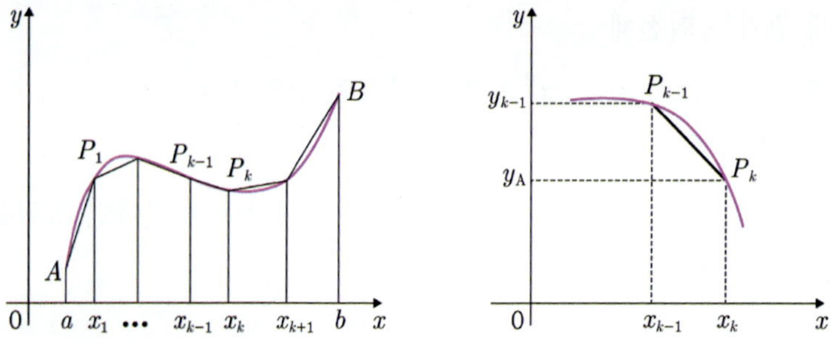

닫힌 구간 $[a, b]$를 n개의 소구간 $[x_{k-1}, x_k]$으로 분할하면, 각 점 $\mathrm{P}_k(x_k, f(x_k))$를 연결한 선분의 길이의 합은 다음과 같다.

$$\sum_{k=1}^{n} \overline{\mathrm{P}_{k-1}\mathrm{P}_k} = \sum_{k=1}^{n} \sqrt{(\Delta x_k)^2 + (\Delta y_k)^2} \quad (\text{단, } \Delta y_k = f(x_k) - f(x_{k-1}))$$

$\Delta = \max_{1 \le k \le n} \Delta x_k$라 할 때 다음 극한값이 존재하면, 이 극한값을 $x=a$에서 $x=b$까지 곡선 $y=f(x)$의 길이라고 한다.

$$\lim_{\Delta \to 0} \sum_{k=1}^{n} = \lim_{\Delta \to 0} \sum_{k=1}^{n} \sqrt{(\Delta x_k)^2 + (\Delta y_k)^2}$$

평균값 정리에 의하여 $\dfrac{\Delta y_k}{\Delta x_k} = f'(x_k^*)$인 $x_k^* \in (x_{k-1}, x_k)$가 존재하므로 다음이 성립한다.

$$L = \lim_{\Delta \to 0} \sum_{k=1}^{n} \overline{\mathrm{P}_{k-1}\mathrm{P}_k} = \lim_{\Delta \to 0} \sum_{k=1}^{n} \sqrt{1 + \{f'(x_k^*)\}^2}\, \Delta x_k = \int_a^b \sqrt{1 + \{f'(x)\}^2}\, dx$$

곡선의 길이

닫힌 구간 $[a, b]$에서 함수 $f(x)$와 그 도함수 $f'(x)$가 연속일 때, $x=a$에서 $x=b$까지 곡선 $y=f(x)$의 길이 L은 다음과 같다.

$$L=\int_a^b \sqrt{1+\{f'(x)\}^2}\,dx=\int_a^b \sqrt{1+\left(\frac{dy}{dx}\right)^2}\,dx$$

또한 닫힌 구간 $[c, d]$에서 함수 $g(y)$와 그 도함수 $g'(y)$가 연속일 때, $y=c$에서 $y=d$까지 곡선 $x=g(y)$의 길이 L은 다음과 같다.

$$L=\int_c^d \sqrt{1+\{g'(y)\}^2}\,dy=\int_c^d \sqrt{1+\left(\frac{dx}{dy}\right)^2}\,dy$$

보기 닫힌 구간 $[0, 8]$에서 함수 $f(x)=\frac{2}{3}x^{\frac{3}{2}}$의 도함수 $f'(x)=\sqrt{x}$는 연속이다.

따라서 닫힌 구간 $[0, 8]$에서 곡선 $y=\left(\frac{x}{2}\right)^{\frac{2}{3}}$의 길이 L은 다음과 같다.

$$L=\int_0^8 \sqrt{1+(\sqrt{x})^2}\,dx=\int_0^8 \sqrt{1+x}\,dx$$

$$=\left[\frac{2}{3}(1+x)^{\frac{3}{2}}\right]_0^8=\frac{2}{3}(27-1)=\frac{52}{3}$$

예제 1 닫힌 구간 $[0, 1]$에서 곡선 $f(x)=x^{\frac{3}{2}}$의 길이 L을 구하라.

풀이 함수 $f(x)=x^{\frac{3}{2}}$의 도함수 $f'(x)=\frac{3}{2}\sqrt{x}$는 닫힌 구간 $[0, 1]$에서 연속이다.

한편 $\frac{d}{dx}(ax+b)^{\frac{3}{2}}=\frac{3}{2}(ax+b)^{\frac{1}{2}}\cdot a$이므로

$\int\sqrt{ax+b}\,dx=\frac{2}{3}(ax+b)^{\frac{3}{2}}\cdot\frac{1}{a}+C$이다. 따라서 곡선의 길이 L은 다음과 같다.

$$L = \int_0^1 \sqrt{1+\left(\frac{3}{2}\sqrt{x}\right)^2}\,dx = \int_0^1 \sqrt{1+\frac{9}{4}x}\;dx$$

$$= \left[\frac{2}{3}\left(1+\frac{9}{4}x\right)^{\frac{3}{2}} \cdot \frac{4}{9}\right]_0^1$$

$$= \frac{8}{27}\left(\frac{13}{4}\sqrt{\frac{13}{4}}-1\right) = \frac{1}{27}\,(13\sqrt{13}-8)$$ ■

예제 2 닫힌 구간 [0, 2]에서 곡선 $y=\left(\frac{x}{2}\right)^{\frac{2}{3}}$의 길이 L을 구하라.

풀이 함수 $y=\left(\frac{x}{2}\right)^{\frac{2}{3}}$의 도함수 $y' = \frac{2}{3}\left(\frac{x}{2}\right)^{-\frac{1}{3}}\left(\frac{1}{2}\right) = \frac{1}{3}\left(\frac{2}{x}\right)^{\frac{1}{3}}$은 $x=0$에서 정의되지 않는다. 그런데 $y=\left(\frac{x}{2}\right)^{\frac{2}{3}}$을 $x=2y^{\frac{3}{2}}$으로 변형하면 닫힌 구간 [0, 1]에서 함수 $x=2y^{\frac{3}{2}}$의 도함수 $\frac{dx}{dy} = 2\left(\frac{3}{2}\right)y^{\frac{1}{2}} = 3\sqrt{y}$는 연속이다.

따라서 곡선의 길이 L은 다음과 같다.

$$L = \int_0^1 \sqrt{1+(3\sqrt{y})^2}\,dy = \int_0^1 \sqrt{1+9y}\,dy$$

$$= \frac{1}{9}\left[\frac{2}{3}\,(1+9y)^{\frac{3}{2}}\right]_0^1 = \frac{2}{27}\,(10\sqrt{10}-1)$$ ■

이제 닫힌 구간 $[a, b]$에서 함수 $f(x) \geq 0$의 도함수 $f'(x)$가 연속일 때, 곡선 $y=f(x)$를 x축을 중심으로 회전시킬 때 생기는 회전체의 겉넓이 S를 구해 보자.

다음 그림과 같이 윗면과 아랫면의 반지름의 길이가 각각 r_1과 r_2이고 모선의 길이가 L인 원뿔대의 겉넓이를 S라고 하자.

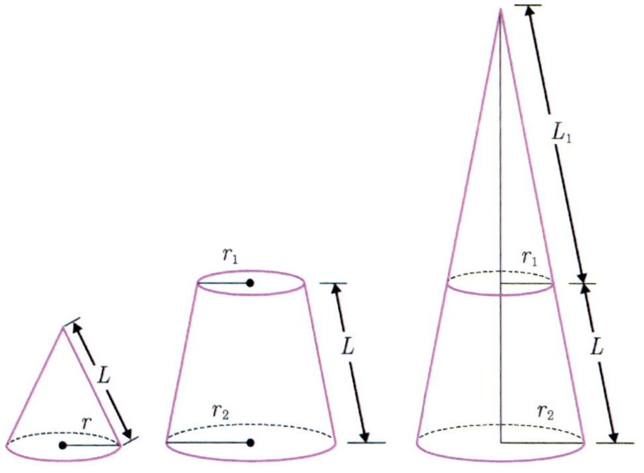

여기서 $r_1 : r_2 = L_1 : L_1 + L$, 즉 $(r_2 - r_1)L_1 - r_1 L$이다. 밑변의 반지름의 길이가 r, 모선의 길이가 L인 원뿔의 옆넓이는 $\pi L^2 \times \frac{r}{L} = \pi r L$이므로 다음이 성립한다.

$$S = \pi r_2 (L_1 + L) - \pi r_1 L_1 = \pi(r_2 - r_1)L_1 + \pi r_2 L = \pi(r_1 + r_2)L$$
$$= 2\pi\left(\frac{r_1 + r_2}{2}\right)L$$

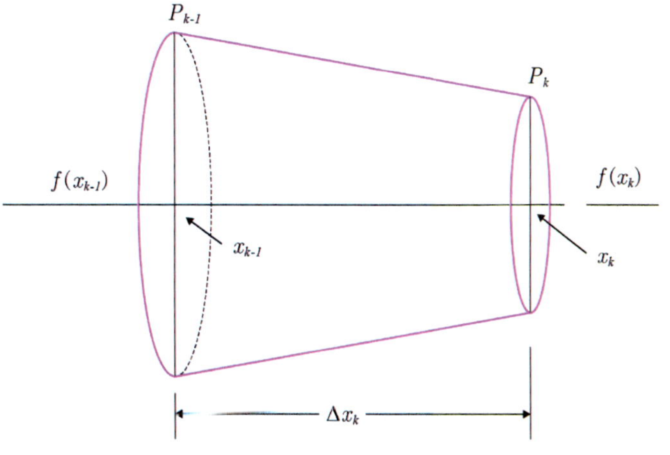

이제 닫힌 구간 $[a, b]$를 n개의 소구간 $[x_{k-1}, x_k]$으로 분할하면, 각 점 $P_k(x_k, f(x_k))$를 이은 $\overline{P_{k-1}P_k}$를 x축을 중심으로 회전시킬 때 생기는 원뿔대의 겉넓이 S_k는 다음과 같다.

$$S_k = 2\pi \times \left(\frac{f(x_{k-1}) + f(x_k)}{2} \right) \times \sqrt{(\Delta x_k)^2 + (\Delta y_k)^2} \ \ (\text{단}, \ \Delta y_k = f(x_k) - f(x_{k-1}))$$

여기서

$$f(x_k^{**}) = \frac{f(x_{k-1}) + f(x_k)}{2}, \ \ (\text{단}, \ x_k^{**} \in (x_{k-1}, x_k))$$

라 하자. 평균값 정리에 의하여 $\dfrac{\Delta y_k}{\Delta x_k} = f'(x_k^*)$인 $x_k^* \in (x_{k-1}, \ x_k)$가 존재하므로 다음이 성립한다.

$$S = \lim_{\Delta \to 0} \sum_{k=1}^{n} S_k = \lim_{\Delta \to 0} \sum_{k=1}^{n} 2\pi f(x_k^{**}) \sqrt{1 + f'(x_k^*)^2} \ \Delta x_k$$

$$= 2\pi \int_a^b f(x) \sqrt{1 + (f'(x))^2} \, dx$$

회전체의 겉넓이

닫힌 구간 $[a, b]$에서 함수 $f(x)$와 그 도함수 $f'(x)$가 연속이고 $f(x) \geq 0$일 때, 곡선 $y = f(x)$를 x축을 중심으로 회전시킬 때 생기는 회전체의 겉넓이 S는 다음과 같다.

$$S = 2\pi \int_a^b f(x) \sqrt{1 + \{f'(x)\}^2} \, dx$$

또한 닫힌 구간 $[c, d]$에서 함수 $g(y)$와 그 도함수 $g'(y)$가 연속하고 $g(y) \geq 0$일 때, 곡선 $x = g(y)$을 y축을 중심으로 회전시킬 때 생기는 겉넓이 S는 다음과 같다.

$$S = 2\pi \int_c^d g(y) \sqrt{1 + \{g'(y)\}^2} \, dy$$

예제 3 닫힌 구간 $[1,\ 2]$에서 곡선 $y=2\sqrt{x}$를 x축을 중심으로 회전시켜 생기는 회전체의 겉넓이 S를 구하라.

(풀이) 닫힌 구간 $[1,\ 2]$에서 함수 $f(x)=2\sqrt{x}$의 도함수 $f'(x)=\dfrac{1}{\sqrt{x}}$은 연속이고 $2\sqrt{x}\geq 0$이므로 겉넓이 S는 다음과 같다.

$$S=2\pi\int_a^b f(x)\sqrt{1+\{f'(x)\}^2}\,dx=2\pi\int_1^2 2\sqrt{x}\sqrt{1+\left(\frac{1}{\sqrt{x}}\right)^2}\,dx$$

$$=4\pi\int_1^2\sqrt{x+1}\,dx=4\pi\left[\frac{2}{3}(x+1)^{\frac{3}{2}}\right]_1^2$$

$$=\frac{8}{3}(3\sqrt{3}-2\sqrt{2})\pi$$ ■

예제 4 닫힌 구간 $[0,\ 1]$에서 곡선 $x=y^3$을 y축을 중심으로 회전시킬 때 생기는 회전체의 겉넓이 S를 구하라.

(풀이) 닫힌 구간 $[0,\ 1]$에서 함수 $g(y)=y^3$의 도함수 $g'(y)=3y^2$은 연속이다.

한편 $\dfrac{d}{dx}(ax^4+b)^{\frac{3}{2}}=\dfrac{3}{2}(ax^4+b)^{\frac{1}{2}}\cdot 4ax^3$이므로

$\displaystyle\int\sqrt{ax^4+b}\cdot 4ax^3dx=\frac{2}{3}(ax^4+b)^{\frac{3}{2}}+C$이고, 겉넓이 S는 다음과 같다.

$$S=2\pi\int_0^1 g(y)\sqrt{1+\{g'(y)\}^2}\,dy=2\pi\int_0^1 y^3\sqrt{1+(3y^2)^2}\,dy$$

$$=\frac{1}{18}\pi\int_0^1\sqrt{1+9y^4}\,(36y^3)\,dy$$

$$=\frac{\pi}{18}\frac{2}{3}\left[1+9y^4\right]_0^1=\frac{\pi}{27}(10\sqrt{10}-1)$$ ■

연습문제 5.3

1. 닫힌 구간 $[0, 1]$에서 곡선 $y = x^{\frac{1}{3}}$의 길이 L을 정적분으로 나타내라.

2. 다음 주어진 구간에서 곡선의 길이 L을 구하라.

(1) $y = x^{\frac{3}{2}}$ $(0 \le x \le 1)$

(2) $y = \frac{2}{3}(x-1)^{\frac{3}{2}}$ $(1 \le x \le 4)$

3. 다음 곡선을 x축을 중심으로 회전시킬 때 생기는 회전체의 겉넓이 S를 구하라.

(1) $y = \frac{x^3}{9}$ $(0 \le x \le 2)$

(2) $y = \sqrt{x+1}$ $(1 \le x \le 5)$

(3) $y = \sqrt{12x}$ $(0 \le x \le 3)$

4. 다음 곡선을 y축을 중심으로 회전시킬 때 생기는 회전체의 겉넓이 S를 구하라.

(1) $x = \frac{y^3}{3}$ $(0 \le y \le 1)$

(2) $x = 2\sqrt{4-y}$ $(0 \le y \le \frac{15}{4})$

5.4 속도와 거리

정적분을 활용하여 물체의 속도를 알 때, 위치와 실제 움직인 거리를 구해보자.

수직선 위를 움직이는 점 P의 시각 t에서의 위치를 $x = s(t)$, 속도를 $v = v(t)$라 하면

$$v = \frac{dx}{dt} = s'(t), \quad x = s(t) = \int v\, dt$$

이다. 이제 시각 t에서의 점 P의 위치를 구해 보자.

먼저, $t = t_0$에서 점 P의 위치를 $x_0 = s(t_0)$라고 하면

$$\int_{t_0}^{t} v\, dt = \Big[s(t) \Big]_{t_0}^{t} - x \quad x_0$$

이므로 시각 t에서의 점 P의 위치는 다음과 같다.

$$s(t) = x_0 + \int_{t_0}^{t} v\ dt$$

여기서 $t = a$에서 $t = b$까지 점 P의 위치의 변화량은 다음과 같다.

$$s(b) - s(a) = \int_{t_0}^{b} v(t)\, dt - \int_{t_0}^{a} v(t)\, dt = \int_{a}^{b} v(t)\, dt$$

한편 점 P가 $t = a$에서 $t = b$까지 실제 움직인 거리 L은 다음과 같다.

$$L = \int_{a}^{b} |\, v(t)\, |\ dt$$

또한 수직선 위를 움직이는 점 P의 시각 t에서의 속도를 $v = v(t)$, 가속도를 $a = a(t)$라 하면

$$a = \frac{dv}{dt} = v'(t)$$

이다. 이로부터 $t = t_0$일 때, $v = v_0$이라 시각 t에서의 속도 v는 다음과 같다.

$$v = v(t) = v_0 + \int_{t_0}^{t} a\ dt$$

수직선 위를 움직이는 점의 위치와 움직인 거리

수직선 위를 움직이는 점 P의 시각 t에서의 위치가 $x=s(t)$, 속도가 $v(t)$일 때,

① $t=b$에서 점 P의 위치 $s(b)$: $s(b)=s(a)+\int_a^b v(t)\,dt$

② $t=a$에서 $t=b$까지 점 P의 위치의 변화량 S: $S=\int_a^b v(t)\,dt$

③ $t=b$에서 $t=b$까지 점 P가 움직인 거리 L: $L=\int_a^b |v(t)|\,dt$

보기 원점을 출발하여 수직선 위를 움직이는 점 P의 시각 t에서의 속도가 $v(t)=3t^2+2t$일 때, $t=0$에서 $t=4$까지 점 P의 위치의 변화량은

$\int_0^4 (3t^2+2t)\,dt=\left[t^3+t^2\right]_0^4=80$ 이다. 이때, 점 P의 위치는 80이다.

예제 1 지면으로부터 60m 높이에서 수직으로 처음 속도 20m/sec로 발사한 물체의 t초 후의 속도 $v(t)$가 $v(t)=20-10t$일 때, 다음을 구하라.

(1) 발사한 지 3초 후, 이 물체의 지면으로부터의 높이

(2) 최고점에 도달했을 때, 이 물체의 지면으로부터의 높이

(3) 발사 후 6초 동안 이 물체가 움직인 거리

풀이 (1) 발사한 지 t초 후의 지면으로부터의 높이를 $s(t)$ (m)라 하면

$$s(t)=60+\int_0^t (20-10t)\,dt=60+\left[20t-5t^2\right]_0^t=60+20t-5t^2$$

이므로 발사한 지 3초 후, 지면으로부터의 높이는 $s(3)=75m$이다.

(2) 최고점에서는 $v=0$이므로 $20-10t=0$, 즉 $t=2$이고, 구하는 높이는

$s(2)=60+20\cdot 2-5\cdot 2^2=80$ (m)이다.

(3) 발사 후 6초 동안 이 물체가 움직인 거리 L은 다음과 같다.

$$L=\int_0^6 |v(t)|\,dt=\int_0^6 |20-10t|\,dt$$

$$=\int_0^2 (20-10t)\,dt+\int_2^6 (-20+10t)\,dt=20+80=100\text{ (m)}$$ ■

예제 2 원점을 출발하여 수직선 위를 움직이는 두 점 P_1, P_2의 시각 t에서의 속도는 각각 다음과 같을 때, 다음을 구하라. (단, $0 < a < 2$)

$$v_1(t) = 2t^2 - 4at + a^2,\ \ v_2(t) = -t^2 + 8at - 8a^2$$

(1) 두 점 P_1, P_2가 원점을 출발한 후, 처음으로 만나는 시각

(2) $0 \le t \le 6$에서 두 점 P_1, P_2 사이의 거리의 최댓값

풀이 (1) 시각 t에서의 P_1, P_2의 좌표를 각각 x_1, x_2라 하면 다음이 성립한다.

$$x_1 = \int_0^t (2t^2 - 4at + a^2)\,dt = \frac{2}{3}t^3 - 2at^2 + a^2t,$$

$$x_2 = \int_0^t (-t^2 + 8at - 8a^2)\,dt = -\frac{1}{3}t^3 + 4at^2 - 8a^2t$$

두 점 P_1, P_2가 만나는 것은 $x_1 = x_2$일 때이므로 $t(t-3a)^2 = 0$에서 $t = 3a\ (t > 0)$이다.

(2) $x_1 - x_2 = t(t-3a)^2$에서 $f(t) = t(t-3a)^2$으로 놓자.

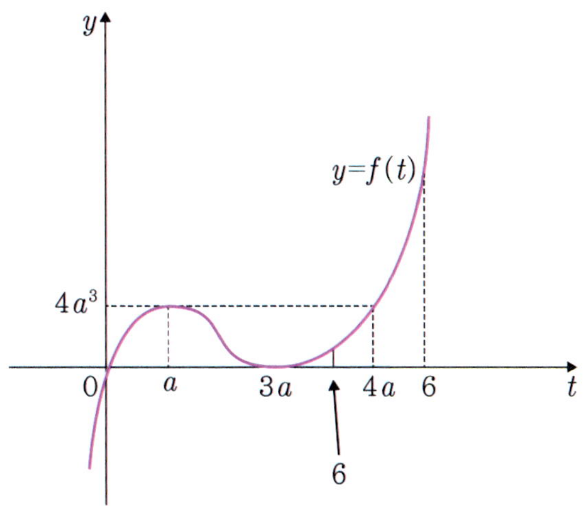

여기서 $f(t) = f(a)$에서 $t = 4a$이고, $0 \le t \le 6$에서 구하는 최댓값은 다음과 같다.

(i) $3a < 6 \le 4a$, 즉 $\frac{3}{2} \le a < 2$일 때: 최댓값은 $f(a) = 4a^2$이다.

(ii) $0 < 4a \le 6$, 즉 $0 < a \le \frac{3}{2}$일 때: 최댓값은 $f(6) = 54(a-2)^2$이다. ■

연습문제 5.4

1. 어느 열차는 출발하여 3km를 달리는 동안 시각 t(분)에서의 속력이

$$v(t) = \frac{3}{4}t^2 + \frac{1}{2}t\,(\text{km}/\text{분})$$

이고, 그 이후로는 속력이 일정하다. 이 열차가 출발 후 5분 동안 달린 거리를 구하라.

2. 직선 위를 움직이는 어떤 물체는 처음 속도 30(m / 초)로 원점을 출발한 후, t초가 지났을 때의 속도가 $v = 30 - 3t - \sqrt{t}\,(m/\text{초})$이다. 이 물체의 속도가 0이 될 때까지 움직인 거리를 구하라.

3. 수직선 위를 움직이는 두 점 P, Q는 동시에 원점을 출발하고, 출발한 지 t초 후의 속도는 각각 다음과 같다. (단, $t \ge 0$)

$$v_1(t) = 3t^2 - 8t + 4, \quad v_2(t) = 12 - 8t$$

(1) 출발한 지 t초 후의 두 점 P, Q의 위치 $f(t)$, $g(t)$를 각각 구하라.

(2) 원점을 출발한 후, 두 점 P, Q가 만나는 시각을 구하라.

(3) 두 점 P, Q가 다시 만날 때까지 두 점 사이의 거리가 최대가 되는 시각을 구하라.

4. 어느 전선에 흐르는 전류의 세기 I는 시각 t의 함수로 다음과 같다고 하자.

$$I = 2t + t^2$$

이때, $t = 0$에서 $t = 6$까지 흐른 전류의 양을 구하라.

5.5 프로그래밍 실습

예제 1 곡선 $f(x) = x^2 - 2x - 3$과 x축 및 두 직선 $x = 0$, $x = 5$ 로 둘러싸인 영역의 넓이를 구하라.

① plt.fill_between을 이용하여 곡선 $y = f(x)$와 x축 사이의 영역은 그린다.

```
[1] import numpy as np
    import matplotlib.pyplot as plt
    x = np.linspace(0,5,101)
    y = x**2 - 2*x - 3
    plt.fill_between(x,y)
    plt.title('$y=x^2-2x-3$')
    plt.xlabel('x')
    plt.ylabel('y')
    plt.show()
```

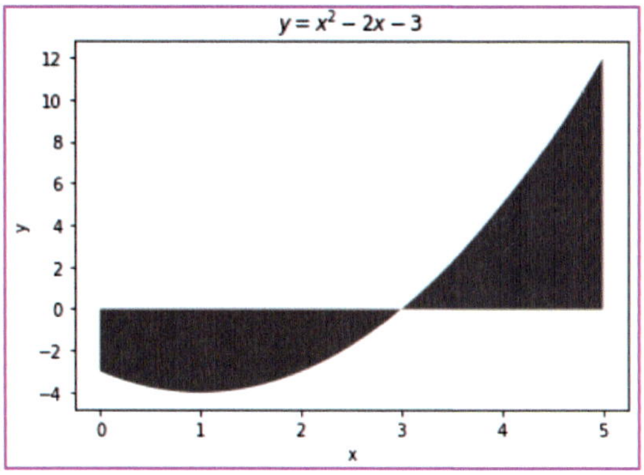

② $\int_0^5 |x^2 - 2x - 3| dx$를 구한다. 따라서 구하는 영역의 넓이는 $\frac{59}{3}$이다.

```
[2] import sympy as sp
    x = sp.symbols('x')
    y = abs(x**2-2*x-3)
    sp.integrate(y,(x,0,5))
```

$$\frac{59}{3}$$

예제 2 닫힌 구간 $[0, 2]$에서 두 함수 $f(x) = x + 6$, $g(x) = x^2$으로 둘러싸인 영역의 넓이를 구하라.

① plt.fill_between을 이용하여 두 곡선 $y = f(x)$와 $y = g(x)$사이의 영역을 그린다.

```
[3]  import numpy as np
     import matplotlib.pyplot as plt
     x = np.linspace(0,2,101)
     f = x + 6
     g = x**2
     plt.fill_between(x,f,g)
     plt.title('$f(x)=x+6,₩₩ g(x)=x^2$')
     plt.xlabel('x')
     plt.ylabel('y')
     plt.show()
```

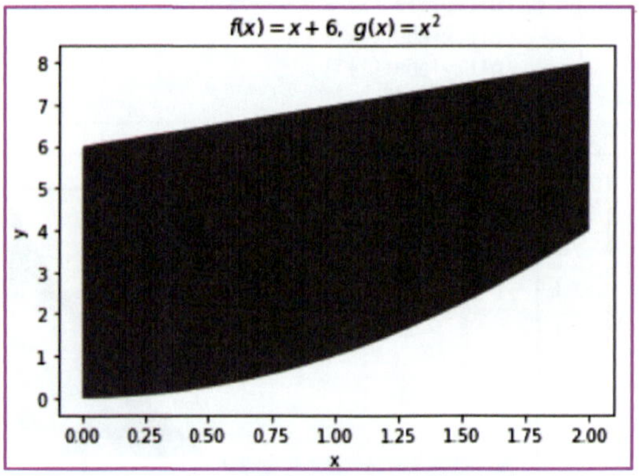

② $\int_0^2 (f(x) - g(x))dx$를 구한다.

```
[4]  import sympy as sp
     x = sp.symbols('x')
     f = x + 6
     g = x**2
     sp.integrate(f-g,(x,0,2))
```

$$\frac{34}{3}$$

따라서 구하는 넓이는 $\frac{34}{3}$이다.

예제 3 닫힌 구간 $[0, 4]$에서 곡선 $y=\sqrt{x}-1$과 x축 사이의 영역을 x축을 중심으로 회전시킬 때 생기는 회전체의 부피를 구하라.

① plt.fill_between을 이용하여 영역의 그래프를 그린다.

```
[5]  import numpy as np
     import matplotlib.pyplot as plt
     x = np.linspace(0,4,101)
     y = np.sqrt(x) - 1
     plt.fill_between(x,y)
     plt.title('$y=₩₩sqrt{x}-1$')
     plt.xlabel('x')
     plt.ylabel('y')
     plt.show()
```

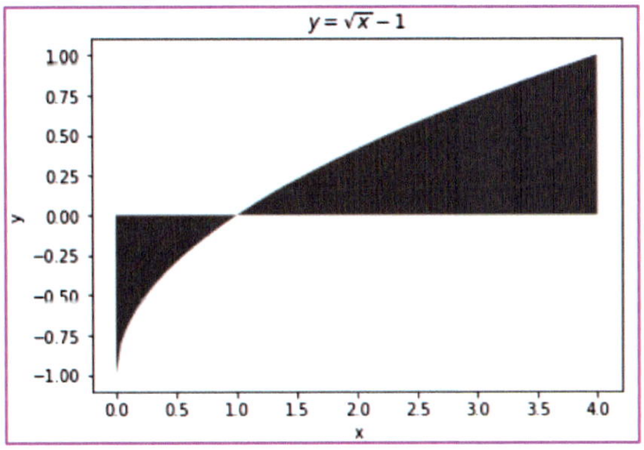

② 회전체의 부피 $\int_0^4 \pi(\sqrt{x}-1)^2\,dx$를 구한다.

```
[6]  import sympy as sp
     x = sp.symbols('x')
     y = sp.sqrt(x) - 1
     sp.integrate(sp.pi * y**2,(x,0,4))
```

$$\frac{4\pi}{3}$$

따라서 부피는 $\frac{4\pi}{3}$이다.

예제 4 곡선 $y=\frac{2}{3}x^{\frac{3}{2}}$ $(0 \le x \le 8)$의 길이를 구하라.

① y'을 구한다.

```
[7] import sympy as sp
    x = sp.symbols('x')
    y = sp.Rational('2/3')*x**sp.Rational('3/2')
    yp = sp.diff(y,x)
    yp
```

$\sqrt{x}$

② $y' = \sqrt{x}$ 이므로 곡선의 길이 $\int_0^8 \sqrt{1+(\sqrt{x})^2}\,dx$를 구한다.

```
[8] sp.integrate(sp.sqrt(1+yp**2),(x,0,8))
```

$\frac{52}{3}$

따라서 곡선의 길이는 $\frac{52}{3}$이다.

실 · 습 · 문 · 제

1. 다음 영역의 넓이를 구하라.

(1) 포물선 $y=x^2-2x-1$과 직선 $y=x-1$로 둘러싸인 영역

(2) 두 곡선 $y=x^2+2x$, $y=-x^2+4$로 둘러싸인 영역

2. 다음 곡선을 x축을 중심으로 회전시킬 때 생기는 회전체의 겉넓이를 구하라.

(1) $y=\frac{x^3}{9}$ $(0 \le x \le 2)$

(2) $y=\sqrt{x+1}$ $(1 \le x \le 5)$

6 CHAPTER

지수함수와 로그함수의 미분과 적분

우리는 생활 속에서 지수함수와 로그함수를 쉽게 볼 수 있다. 또한 수많은 자연 현상은 무리수 e와 관련된 지수와 로그로 표현되는 함수들이다. 이에 따라 지수함수와 로그함수의 미분과 적분은 이러한 여러 가지 변화하는 현상을 이해하고 예측하는 데 활용된다.

이 장에서는 지수함수와 로그함수의 극한과 연속을 다루고, 지수함수와 로그함수의 미분과 적분 및 그 활용을 배운다.

6.1 지수함수와 로그함수의 극한

6.2 지수함수와 로그함수의 미분과 적분

6.3 프로그래밍 실습

6.1 지수함수와 로그함수의 극한

실수 a에 대하여 $a>0$일 때, 양의 정수 n에 대하여 $a^{-n}=\dfrac{1}{a^n}$이고 $a^0=1$로 정의하면, 거듭제곱은 지수가 정수인 경우까지 확장되며, 거듭제곱에서 성립하는 지수법칙은 정수 지수에서도 성립한다. 또 m, n이 양의 정수일 때, $a^{\frac{m}{n}}=\sqrt[n]{a^m}$으로 정의하면 지수는 유리수인 경우까지 확장되며, 유리수 지수일 때에도 지수법칙은 성립한다.

한편 무리수 $\sqrt{2}=1.41421356\cdots$에 한없이 가까워지는 유리수

$$1,\ 1.4,\ 1.41,\ 1.414,\ 1.4142,\ 1.41421,\ \cdots$$

을 각각 지수로 하는 다음 값은 일정한 수에 한없이 가까워진다는 사실이 알려져 있는 데, 이 수를 $3^{\sqrt{2}}$이라고 정의한다.

$$3^1,\ 3^{1.4},\ 3^{1.41},\ 3^{1.414},\ 3^{1.4142},\ 3^{1.41421},\ \cdots$$

이와 같은 방법으로 임의의 무리수 x에 대하여 3^x을 정의할 수 있다.

따라서 $a>0$일 때, 임의의 실수 x에 대하여 a^x을 정의할 수 있으며, 실수 지수일 때에도 지수법칙이 성립한다.

지수법칙

$a>0,\ b>0$이고 x, y가 실수일 때

① $a^xa^y=a^{x+y}$　　② $a^x\div a^y=a^{x-y}$

③ $(a^x)^y=a^{xy}$　　④ $(ab)^x=a^xb^x$

한편 $a>0$이고 $a\neq 1$일 때, 임의의 양수 N에 대하여 등식 $a^x=N$을 만족시키는 실수 x는 오직 하나 존재한다. 이때, x는 a를 밑으로 하는 N의 로그라고 하고, 기호로 $\log_a N$과 같이 나타내며, N은 $\log_a N$의 진수라고 한다.

이제 로그의 정의와 지수법칙을 이용하면 다음과 같은 로그의 성질을 얻는다.

로그의 성질

$a>0,\ a\neq 1,\ M>0,\ N>0$일 때

① $\log_a 1=0,\ \log_a a=1$　　② $\log_a MN=\log_a M+\log_a N$

③ $\log_a \dfrac{M}{N}=\log_a M-\log_a N$　　④ $\log_a M^k=k\log_a M$ (단, k는 실수)

참고 $a>0,\ a\neq 1,\ b>0,\ c>0,\ c\neq 1$일 때, 다음이 성립한다.

$$\log_a b=\frac{\log_c b}{\log_c a},\ a^{\log_a b}=b,\ b^{\log_a c}=c^{\log_a a},\ \log_{a^p} b^q=\frac{q}{p}\log_a b(\text{단, } p,\ q\text{는 실수})$$

실수 전체의 집합을 정의역으로 하는 함수 $y=a^x\,(a>0,\ a\neq 1)$을 a를 밑으로 하는 **지수함수**(exponential function) 라고 한다.

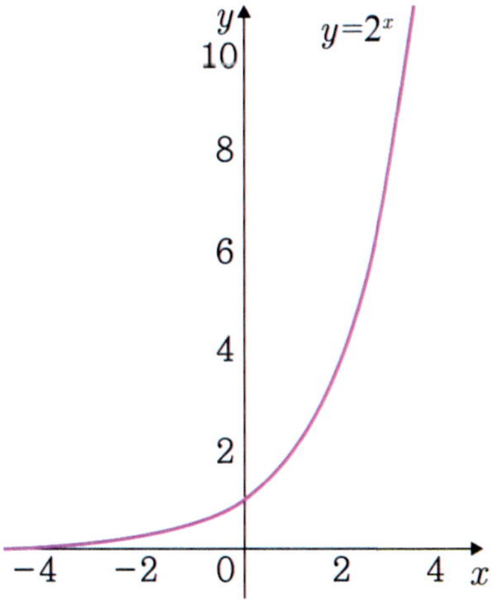

지수함수 $y=2^x$의 그래프에서 알 수 있듯이, 지수함수 $y=2^x$의 정의역은 실수 전체의 집합이고 치역은 양의 실수 전체의 집합이며, x의 값이 증가하면 y의 값도 증가한다. 한편 지수함수 $y=2^x$의 그래프는 점 $(0,\ 1)$을 지나고, x의 값이 한없이 작아지면 y의 값은 0에 한없이 가까워지므로 x축은 지수함수 $y=2^x$의 그래프의 점근선이다.

보기 $y=\left(\frac{1}{2}\right)^x=2^{-x}$이므로 지수함수 $y=\left(\frac{1}{2}\right)^x$의 그래프는 지수함수 $y=2^x$의 그래프를 y축에 대하여 대칭이동한 것이다.

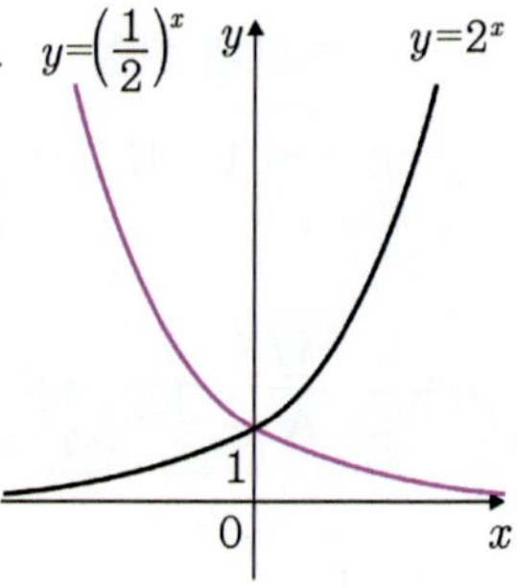

일반적으로 지수함수는 다음과 같은 성질을 가진다.

지수함수 $y=a^x\,(a>0,\ a\neq 1)$의 성질

① 정의역은 실수 전체의 집합이고, 치역은 양의 실수 전체의 집합이다.

② $a>1$일 때, x의 값이 증가하면 y의 값도 증가한다.

$0<a<1$일 때, x의 값이 증가하면 y의 값은 감소한다.

③ 그래프는 점 $(0,\ 1)$을 지나고, x축을 점근선으로 가진다.

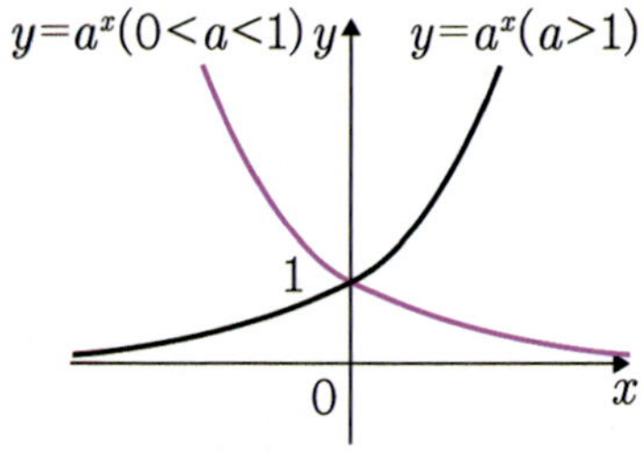

지수에 미지수를 포함하는 방정식 또는 부등식을 풀 때에는 다음을 이용한다.

지수방정식과 지수부등식의 풀이

① $a>0,\ a\neq 1$일 때, $a^{x_1}=a^{x_2} \Leftrightarrow x_1=x_2$

② $a>1$일 때, $a^{x_1}<a^{x_2} \Leftrightarrow x_1<x_2$

$0<a<1$일 때, $a^{x_1}<a^{x_2} \Leftrightarrow x_1>x_2$

보기 (1) 방정식 $4^{2x} = 2^{3x-1}$에서 $(2^2)^{2x} = 2^{3x-1}$, 즉 $2^{4x} = 2^{3x-1}$이므로 $4x = 3x-1$, 즉 $x = -1$이다.

(2) 부등식 $\left(\frac{1}{2}\right)^x \leq \left(\frac{1}{16}\right)^{x-1}$에서 $\left(\frac{1}{2}\right)^x \leq \left\{\left(\frac{1}{2}\right)^4\right\}^{x-1}$, 즉 $\left(\frac{1}{2}\right)^x \leq \left(\frac{1}{2}\right)^{4x-4}$ 이므로 $x \geq 4x-4$, 즉 $x \leq \frac{4}{3}$이다.

지수함수 $y = a^x\ (a > 0,\ a \neq 1)$은 실수 전체의 집합에서 양의 실수 전체의 집합으로의 일대일대응이므로 지수함수 $y = a^x$의 역함수가 존재한다.

$y = a^x$에서 로그의 정의로부터 $x = \log_a y$이므로 이 등식에서 x와 y를 서로 바꾸면 지수함수 $y = a^x$의 역함수

$$y = \log_a x\ (a > 0,\ a \neq 1)$$

을 얻는 데, 이 함수를 a를 밑으로 하는 **로그함수**(logarithm function)라고 한다.

로그함수 $y = \log_a x\ (a > 0,\ a \neq 1)$의 그래프는 지수함수 $y = a^x$의 그래프와 직선 $y = x$에 대하여 대칭이다.

일반적으로 로그함수는 다음과 같은 성질을 가진다.

로그함수 $y = \log_a x(a > 0,\ a \neq 1)$의 성질

① 정의역은 양의 실수 전체의 집합이고, 치역은 실수 전체의 집합이다.

② $a > 1$일 때, x의 값이 증가하면 y의 값도 증가한다.
$0 < a < 1$일 때, x의 값이 증가하면 y의 값은 감소한다.

③ 그래프는 점 $(1,\ 0)$을 지나고, y축을 점근선으로 가진다.

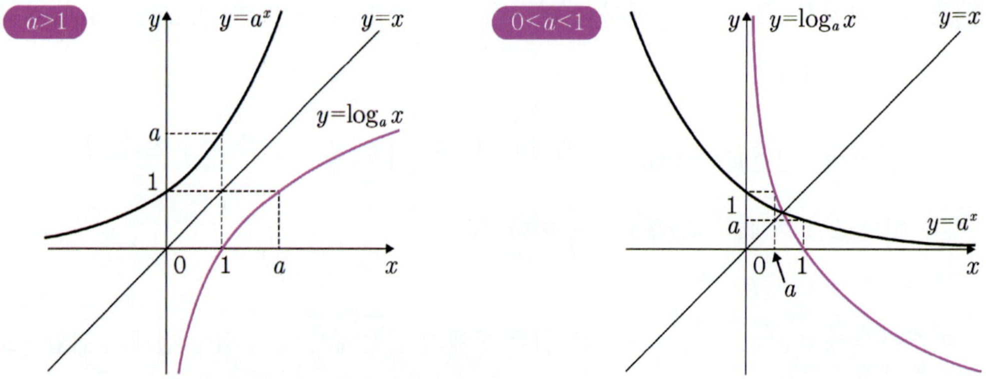

로그의 진수에 미지수를 포함하는 방정식 또는 부등식을 풀 때에는 다음을 이용한다.

로그방정식과 로그부등식

① $a>0,\ a\neq 1$이고 $x_1>0,\ x_2>0$일 때, $\log_a x_1=\log_a x_2 \iff x_1=x_2$

② $a>1$이고 $x_1>0,\ x_2>0$일 때, $\log_a x_1<\log_a x_2 \iff x_1<x_2$

$0<a<1$이고 $x_1>0,\ x_2>0$일 때, $\log_a x_1<\log_a x_2 \iff x_1>x_2$

보기 (1) 방정식 $\log_3(2x+1)=2$에서 $\log_3(2x+1)=\log_3 9$, 즉 $2x+1=9$이므로 $x=4$이다. 진수의 조건에서 $2x+1>0$, 즉 $x>-\frac{1}{2}$이므로 구하는 해는 $x=4$이다.

(2) 부등식 $\log_3 x>2$에서 $\log_3 x>\log_3 9$, 즉 $x>9$이다. 진수의 조건에서 $x>0$이므로 구하는 해는 $x>9$이다.

n이 한없이 커짐에 따라 $\left(1+\frac{1}{n}\right)^n$의 값은 일정한 수에 수렴하는 데, 그 극한값을 e로 나타낸다. 즉,

$$e=\lim_{n\to\infty}\left(1+\frac{1}{n}\right)^n$$

이다. 이때, e는 무리수이고 $e=2.71828182845\cdots$이다.

한편 $x = \frac{1}{n}$ 이라 하면 $n \to \infty$ 일 때 $x \to 0$ 이므로 e 는 다음과 같이 나타낼 수도 있다.

$$e = \lim_{x \to 0}(1+x)^{\frac{1}{x}}$$

e 를 밑으로 하는 로그 $\log_e x$ 를 **자연로그**(natural logarithm)라 하며, $\ln x$ 로 나타낸다. 이때, $\ln e = 1$ 이고, $\ln 1 = 0$ 이다.

실수 x 에 e 를 밑으로 하는 지수 e^x 을 대응시키는 지수함수 $y = e^x$ 과 로그함수 $y = \ln x$ 는 서로 역함수 관계에 있다. 그러므로 이 두함수의 그래프는 직선 $y = x$ 에 대하여 대칭이다.

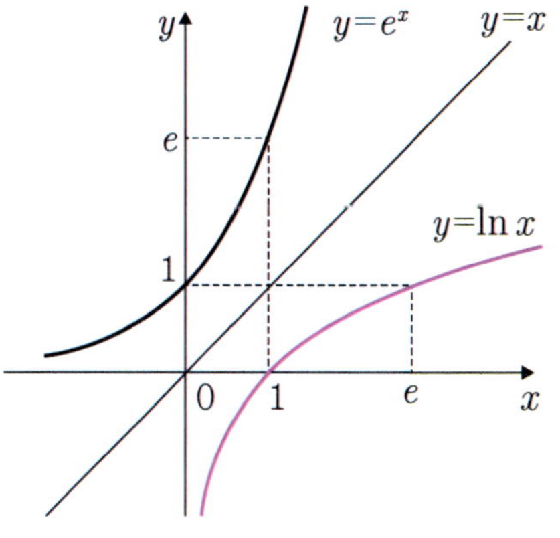

참고 미적분학에서는 $x > 0$ 일 때 $\ln x = \int_1^x \frac{1}{t}\,dt$ 와 같이 로그함수를 정의하기도 한다.

지수와 로그의 성질을 이용하면 다음을 얻을 수 있다.

지수와 로그

$a > 0, \quad a \neq 1$ 일 때 다음이 성립한다.

(1) $a^x = e^{x \ln a}$

(2) $\log_a x = \frac{\ln x}{\ln a}$ (단, $x > 0$)

보기 $x>0$일 때, $10^x = e^{x\ln 10}$, $\left(\frac{1}{3}\right)^x = e^{x\ln\frac{1}{3}} = e^{-x\ln 3}$, $\log_{10}x = \frac{\ln x}{\ln 10}$이다.

또한 $e^{\ln 3^2} = 3^2$, $e^{3\ln 5} = e^{\ln 5^2} = 5^2$, $\frac{\ln 3}{\ln 10} = \log_{10}3$이다.

이제 $\lim_{x\to 0}(1+x)^{\frac{1}{x}} = e$ 임을 이용하여 여러 가지 함수의 극한값을 구하여 보자.

보기 (1) $\lim_{x\to 0}(1+2x)^{\frac{1}{x}} = \lim_{x\to 0}\left\{(1+2x)^{\frac{1}{2x}}\right\}^2 = \lim_{t\to 0}\left\{(1+t)^{\frac{1}{t}}\right\}^2 = e^2$

(2) $\lim_{x\to 0}\frac{\ln(1+x)}{x} = \lim_{x\to 0}\ln(1+x)^{\frac{1}{x}} = \ln e = 1$

예제 1 다음 극한값을 구하라.

(1) $\lim_{x\to 0}(1+3x)^{\frac{1}{2x}}$　　(2) $\lim_{x\to 0}\frac{\ln(1+3x)}{x}$

풀이 (1) $\lim_{x\to 0}(1+3x)^{\frac{1}{2x}} = \lim_{x\to 0}\left\{(1+3x)^{\frac{1}{3x}}\right\}^{\frac{3x}{2x}} = \lim_{x\to 0}\left\{(1+3x)^{\frac{1}{3x}}\right\}^{\frac{3}{2}}$

$= e^{\frac{3}{2}}$

(2) $\lim_{x\to 0}\frac{\ln(1+3x)}{x} = \lim_{x\to 0}\ln\left\{(1+3x)^{\frac{1}{3x}}\right\}^3 = \ln e^3 = 3$ ■

예제 2 다음 극한값을 구하라.

(1) $\lim_{x\to\infty}\left(1+\frac{1}{x}\right)^x$　　(2) $\lim_{x\to\infty}\left(1+\frac{1}{x}\right)^{3x}$

(3) $\lim_{x\to\infty}\left(1+\frac{3}{x}\right)^x$　　(4) $\lim_{x\to\infty}\left(1+\frac{3}{x}\right)^{2x}$

풀이 (1) $\frac{1}{x}=t$로 놓으면 $x\to\infty$일 때 $t\to 0$이고, $\lim_{t\to 0}(1+t)^{\frac{1}{t}}=e$이므로 다음을 얻는다.

$$\lim_{x\to\infty}\left(1+\frac{1}{x}\right)^x=\lim_{t\to 0}(1+t)^{\frac{1}{t}}=e$$

(2) $\lim_{x\to\infty}\left(1+\frac{1}{x}\right)^{3x}=\lim_{x\to\infty}\left\{\left(1+\frac{1}{x}\right)^x\right\}^3=e^3$

(3) $\frac{x}{3}=t$라 하면, $\lim_{x\to\infty}\left(1+\frac{1}{x}\right)^x=e$이므로 다음을 얻는다.

$$\lim_{x\to\infty}\left(1+\frac{3}{x}\right)^x=\lim_{x\to\infty}\left\{\left(1+\frac{3}{x}\right)^{\frac{x}{3}}\right\}^3=\lim_{t\to\infty}\left\{\left(1+\frac{1}{t}\right)^t\right\}^3=e^3$$

(4) $\lim_{x\to\infty}\left(1+\frac{3}{x}\right)^{2x}=\lim_{x\to\infty}\left\{\left(1+\frac{3}{x}\right)^{\frac{x}{3}}\right\}^6=e^6$ ■

예제 3 다음 극한값을 구하라.

(1) $\lim_{x\to 0}\frac{x}{\ln(1+x)}$ (2) $\lim_{x\to 1}\frac{\log_3(1+x)}{x}$

풀이 (1) $\lim_{x\to 0}\frac{x}{\ln(1+x)}=\lim_{x\to 0}\frac{1}{\frac{1}{x}\ln(1+x)}=1$

(2) $\frac{\log_3(1+x)}{x}=\frac{1}{\ln 3}\cdot\frac{\ln(1+x)}{x}$이므로 다음을 얻는다.

$$\lim_{x\to 1}\frac{\log_3(1+x)}{x}=\lim_{x\to 1}\frac{1}{\ln 3}\frac{\ln(1+x)}{x}=\frac{1}{\ln 3}$$ ■

예제 4 다음 극한값을 구하라.

(1) $\lim_{x\to 0}\frac{e^x-1}{x}$ (2) $\lim_{x\to 0}\frac{a^x-1}{x}\ (a>0,\ a\neq 1)$

풀이 (1) $e^x-1=t$ 로 놓으면 $x=\ln(1+t)$이고 $x\to 0$이면 $t\to 0$이다.

$\lim_{x\to 0}\frac{\ln(1+x)}{x}=1$이므로 다음이 성립한다.

$$\lim_{x\to 0}\frac{e^x-1}{x}=\lim_{t\to 0}\frac{t}{\ln(1+t)}=\lim_{t\to 0}\frac{1}{\ln(1+t)^{\frac{1}{t}}}=\frac{1}{\ln e}=1$$

(2) $a^x - 1 = t$ 로 놓으면 $x = \log_a(1+t)$이고 $x \to 0$이면 $t \to 0$이다.

$\lim_{x\to 0}\frac{\ln(1+x)}{x} = 1$이므로 다음이 성립한다.

$$\lim_{x\to 0}\frac{a^x-1}{x} = \lim_{t\to 0}\frac{t}{\log_a(1+t)} = \lim_{t\to 0}\frac{t\ln a}{\ln(1+t)}$$

$$= \lim_{t\to 0}\frac{t}{\ln(1+t)} \cdot \ln a = 1 \cdot \ln a = \ln a$$ ■

예제 5 다음 극한값을 구하라.

(1) $\lim_{x\to 0}\frac{e^{2x}-1}{\ln(1+x)}$　　　(2) $\lim_{x\to\infty} x\{\ln(x+1) - \ln x\}$

풀이 (1) $\lim_{x\to 0}\frac{e^x-1}{x} = 1$이고 $\lim_{x\to 0}\frac{x}{\ln(1+x)} = 1$이므로 다음이 성립한다.

$$\lim_{x\to 0}\frac{e^{2x}-1}{\ln(1+x)} = \lim_{x\to 0}\left\{\frac{e^{2x}-1}{2x} \cdot \frac{x}{\ln(1+x)} \cdot 2\right\}$$

$$= 1 \cdot 1 \cdot 2 = 2$$

(2) $\lim_{x\to\infty}\left(1+\frac{1}{x}\right)^x = e$이므로 다음이 성립한다.

$$\lim_{x\to\infty} x\{\ln(x+1) - \ln x\} = \lim_{x\to\infty} x\ln\frac{x+1}{x}$$

$$= \lim_{x\to\infty} x\ln\left(1+\frac{1}{x}\right) = \lim_{x\to\infty}\ln\left(1+\frac{1}{x}\right)^x = 1$$ ■

연습문제 6.1

1. 다음 방정식과 부등식을 풀어라.

(1) $\left(\frac{1}{2}\right)^{-x+2} = 2^{2x}$

(2) $\left(\frac{1}{3}\right)^{x+1} > 27^{-2x-1}$

(3) $\log_3(x+14) = \log_3(2+x)^2$

(4) $\log_{\frac{1}{3}}(x-2) \geq \log_{\frac{1}{3}}(4-x)$

2. 다음 식을 간단히 하라.

(1) $2\ln(x+1) - \ln x$

(2) $\frac{1}{2}\ln(x-9) + \frac{1}{2}\ln x$

(3) $\ln(x-2) - \ln(x+2) + 2\ln x$

(4) $\ln(x^2-9) - 2\ln(x-3) - \ln(x+3)$

3. 다음 등식이 성립하는 이유를 설명하라.

$$\lim_{x\to 0}\ln\left(\frac{e^x-1}{x}\right) = 0$$

4. 다음 등식이 성립함을 보여라.(단 a는 1아닌 양수)

(1) $\lim_{x\to\infty}\left(1+\frac{a}{x}\right)^x = e^a$

(2) $\lim_{x\to 0}(1+ax)^{\frac{1}{x}} = e^a$

(3) $\lim_{x\to 0}\frac{\log_a(1+x)}{x} = \log_a e$

5. 다음 극한값을 구하라.

(1) $\lim_{x\to 0}\frac{e^{x+3}-e^3}{x}$

(2) $\lim_{x\to 0}\frac{4^x-2^x}{x}$

(3) $\lim_{x\to 0}\frac{1-e^x}{\ln(1+x)}$

(4) $\lim_{x\to 3}\{\ln|x^2-9| - \ln|x-3|\}$

6.2 지수함수와 로그함수의 미분과 적분

이 절에서는 지수함수와 로그함수의 미분과 적분, 그리고 그 활용에 대하여 알아보자.

먼저 극한 $\lim_{h\to 0}\frac{e^h-1}{h}=1$을 이용하여 지수함수 e^x의 도함수를 구해보자.

지수함수 $y=e^x$에서 도함수의 정의에 의하여

$$\frac{dy}{dx}=\lim_{h\to 0}\frac{e^{x+h}-e^x}{h}=\lim_{h\to 0}\frac{e^x(e^h-1)}{h}=e^x\lim_{h\to 0}\frac{e^h-1}{h}=e^x$$

이다. 따라서 $(e^x)'=e^x$이다.

한편 임의의 양수 a에 대하여 $a^x=e^{x\ln a}$이므로 합성함수의 미분법에 의하여 다음을 얻는다.

$$(a^x)'=\frac{d}{dx}(e^{x\ln a})=e^{x\ln a}\ln a=a^x\ln a$$

따라서 지수함수의 도함수로부터 다음 부정적분을 얻는다.

$$\int e^x\,dx=e^x+C,\quad \int a^x\,dx=\frac{a^x}{\ln a}+C\quad (\text{단, } a>0, a\neq 1)$$

지수함수의 도함수와 부정적분

① $(e^x)'=e^x$ $\qquad$ $\int e^x\,dx=e^x+C$

② $(a^x)'=a^x\ln a$ $\qquad$ $\int a^x\,dx=\frac{a^x}{\ln a}+C$ (단, $a>0, a\neq 1$)

보기 (1) 함수 $y=3e^x+5^x$에서 $\frac{dy}{dx}=3e^x+5^x\ln 5$이다.

(2) $\int(3^x+e^x)dx=\int 3^x\,dx+\int e^x dx=\frac{3^x}{\ln 3}+e^x+C$

(3) $\int_0^1 3^x\,dx=\left[\frac{3^x}{\ln 3}\right]_0^1=\frac{1}{\ln 3}(3^1-3^0)=\frac{2}{\ln 3}$

지수함수의 도함수를 용하면 다양한 형태의 지수함수를 미분과 적분할 수 있다.

예제 1 k가 $k \neq 0$ 인 임의의 실수일 때, 다음이 성립함을 보여라.

$$\int a^{kx}\,dx = \frac{a^{kx}}{k\ln a} + C \ (\text{단, } a>0,\ \ a\neq 1),\quad \int e^{kx}\,dx = \frac{e^{kx}}{k} + C$$

풀이 $(a^{kx})' = a^{kx} \cdot \ln a \cdot k$에서

$$\left(\frac{a^{kx}}{k\ln a}\right)' = \frac{1}{k\ln a}\cdot (a^{kx})' = \frac{1}{k\ln a}\cdot (a^{kx}\cdot \ln a \cdot k) = a^{kx}$$

이므로 부정적분의 정의에 의해 다음이 성립한다.

$$\int a^{kx}\,dx = \frac{a^{kx}}{k\ln a} + C$$

특히, $a = e$이면 $\int e^{kx}\,dx = \dfrac{e^{kx}}{k} + C$가 성립한다. ■

예제 2 다음을 구하라.

(1) $\dfrac{d}{dx}(e^{x^2+1})$

(2) $\dfrac{d}{dx}(3^{\sqrt{x}})$

(3) $\int 10^{2x}\,dx$

(4) $\int 2^{5x-1}\,dx$

(5) $\int \dfrac{8^x+1}{2^x+1}dx$

(6) $\int_0^1 (10^{3x}+10^{-3x})\,dx$

(7) $\int_0^1 (e^x - ex)dx$

(8) $\int_1^2 (x+2^x)\,dx$

풀이 (1) $\dfrac{d}{dx}(e^{x^2+1}) = e^{x^2+1}\cdot (x^2+1)' = 2x\,e^{x^2+1}$

(2) $\dfrac{d}{dx}(3^{\sqrt{x}}) = 3^{\sqrt{x}}\cdot \ln 3 \cdot (\sqrt{x})' = 3^{\sqrt{x}}\ln 3 \cdot \dfrac{1}{2\sqrt{x}}$

$$= \frac{3^{\sqrt{x}}}{2\sqrt{x}\,\ln 3}$$

(3) $\int 10^{2x}\,dx = \dfrac{10^{2x}}{2\ln 10} + C$

(4) $\int 2^{5x-1}\,dx = \frac{2^{5x-1}}{\ln 2}\cdot\frac{1}{5}+C=\frac{2^{5x-1}}{5\ln 2}+C$

(5) $\int \frac{8^x+1}{2^x+1}dx=\int\frac{(2^x+1)\{(2^x)^2-2^x+1\}}{2^x+1}dx=\int(4^x-2^x+1)dx$

$$=\frac{4^x}{\ln 4}-\frac{2^x}{\ln 2}+x+C$$

(6) $\int_0^1(10^{3x}+10^{-3x})\,dx=\left[\frac{10^{3x}}{3\ln 10}-\frac{10^{-3x}}{3\ln 10}\right]_0^1=\frac{10^3-10^{-3}}{3\ln 10}$

(7) $\int_0^1(e^x-ex)dx=\left[e^x-\frac{e}{2}x^2\right]_0^1=\left(e-\frac{e}{2}\right)-(e^0-0)=\frac{e}{2}-1$

(8) $\int_1^2(x+2^x)\,dx=\left[\frac{x^2}{2}+\frac{2^x}{\ln 2}\right]_1^2=\left(2+\frac{4}{\ln 2}\right)-\left(\frac{1}{2}+\frac{2}{\ln 2}\right)$

$$=\frac{3}{2}+\frac{2}{\ln 2}$$ ■

이제 극한 $\lim_{t\to 0}(1+t)^{\frac{1}{t}}=e$를 이용하여 로그함수 $\ln x$의 도함수를 구해보자.

로그함수 $y=\ln x$에서 도함수의 정의에 의하여

$$\frac{dy}{dx}=\lim_{h\to 0}\frac{\ln(x+h)-\ln x}{h}=\lim_{h\to 0}\frac{1}{h}\ln\frac{x+h}{x}$$

$$=\lim_{h\to 0}\frac{1}{x}\cdot\frac{x}{h}\ln\left(1+\frac{h}{x}\right)=\lim_{h\to 0}\frac{1}{x}\ln\left(1+\frac{h}{x}\right)^{\frac{x}{h}}$$

이다. 여기서 $\frac{h}{x}=t$라 하면 $h\to 0$일 때 $t\to 0$이므로

$$\frac{dy}{dx}=\lim_{h\to 0}\frac{1}{x}\ln\left(1+\frac{h}{x}\right)^{\frac{x}{h}}=\lim_{t\to 0}\frac{1}{x}\ln(1+t)^{\frac{1}{t}}=\frac{1}{x}\ln e=\frac{1}{x}$$

이다. 따라서 $(\ln x)'=\frac{1}{x}$이다.

한편 $a \neq 1$인 임의의 양수 a에 대하여 $\log_a x = \dfrac{\ln x}{\ln a}$ 이므로 다음이 성립한다.

$$(\log_a x)' = \frac{d}{dx}\left(\frac{\ln x}{\ln a}\right) = \frac{1}{\ln a} \cdot (\ln x)' = \frac{1}{\ln a} \cdot \frac{1}{x} = \frac{1}{x \ln a}$$

로그함수의 도함수

① $(\ln x)' = \dfrac{1}{x}$

② $(\log_a x)' = \dfrac{1}{x \ln a}$ (단, $a > 0, a \neq 1$)

보기 함수 $y = 3\ln x + \log_{10} x$를 미분하면 다음과 같다.

$$\frac{dy}{dx} = \frac{3}{x} + \frac{1}{x \ln 10}$$

합성함수 미분법을 이용하여 α가 임의의 실수일 때, x^α의 도함수를 구해보자.
$x^\alpha = e^{\alpha \ln x}$이므로 다음을 얻는다.

$$(x^\alpha)' = (e^{\alpha \ln x})' = e^{\alpha \ln x} \cdot (\alpha \ln x)' = x^\alpha \cdot \frac{\alpha}{x} = \alpha x^{\alpha - 1}$$

x^α의 도함수와 부정적분 (단, α는 실수, $x > 0$)

$$(x^\alpha)' = \alpha x^{\alpha - 1} \qquad \int x^\alpha dx = \frac{1}{\alpha + 1} x^{\alpha + 1} + C$$

보기 함수 $y = x^\pi + x^{\sqrt{2}}$을 미분하면 다음과 같다.

$$y' = \pi x^{\pi - 1} + \sqrt{2}\, x^{\sqrt{2} - 1}$$

함수 $y = x^\pi + x^{\sqrt{2}}$의 부정적분은 다음과 같다.

$$\int (x^\pi + x^{\sqrt{2}}) dx = \frac{1}{\pi + 1} x^{\pi + 1} + \frac{1}{\sqrt{2} + 1} x^{\sqrt{2} + 1} + C$$

예제 3 다음이 성립함을 보여라.

$$(\ln |x|)' = \frac{1}{x} \quad (\text{단 } x \neq 0)$$

풀이 $x > 0$이면 $|x| = x$이므로

$$(\ln |x|)' = (\ln x)' = \frac{1}{x}$$

$x < 0$이면 $|x| = -x$이므로 합성함수 미분법에 의하여

$$(\ln |x|)' = \ln(-x)' = \frac{1}{-x} \cdot (-x)' = \frac{1}{-x} \cdot (-1) = \frac{1}{x}$$

$$\therefore (\ln |x|)' = \frac{1}{x}$$

■

한편 함수 $y = \ln |f(x)|$에서 $u = f(x)$라 하면 $y = \ln|u|$이므로 합성함수의 미분법으로부터 다음을 얻는다.

$$\frac{dy}{dx} = \frac{dy}{du} \cdot \frac{du}{dx} = \frac{1}{u} \cdot f'(x) = \frac{f'(x)}{f(x)}$$

따라서 다음과 같은 부정적분을 얻는다.

$$\int \frac{f'(x)}{f(x)} dx = \ln |f(x)| + C$$

로그함수의 도함수와 부정적분

① $(\ln |x|)' = \dfrac{1}{x}$ $\qquad$ $\displaystyle\int \frac{1}{x} dx = \ln |x| + C$

② $(\ln |f(x)|)' = \dfrac{f'(x)}{f(x)}$ $\qquad$ $\displaystyle\int \frac{f'(x)}{f(x)} dx = \ln |f(x)| + C$

보기 (1) 함수 $y = \ln|x^2 - x|$를 미분하면 $\dfrac{dy}{dx} = \dfrac{(x^2-1)'}{x^2 - x} = \dfrac{2x-1}{x^2-x}$이다.

(2) $\displaystyle\int \frac{1}{2x+7} dx = \frac{1}{2}\int \frac{2}{2x+7} dx = \frac{1}{2}\int \frac{(2x+7)'}{2x+7} dx = \frac{1}{2}\ln|2x+7| + C$

예제 4 다음을 구하라.

(1) $\dfrac{d}{dx}\ln\left(x^3\cdot\sqrt{\dfrac{x-1}{x+1}}\right)$ (단, $x>1$)

(2) $\dfrac{d}{dx}\left(\dfrac{x^2\sin x}{\sqrt[3]{(x+1)^2}}\right)$

(3) $\dfrac{d}{dx}\left(x^{\sqrt{x}}\right)$ (단, $x>0$)

(4) $\displaystyle\int\frac{x}{x^2+1}\,dx$

(5) $\displaystyle\int\frac{x^2}{x^3+1}\,dx$

(6) $\displaystyle\int_0^2\frac{2x}{x^2-5}\,dx$

풀이 (1) $y=\ln\left(x^3\cdot\sqrt{\dfrac{x-1}{x+1}}\right)$이라 하면, 로그의 성질에 의하여

$y=3\ln x+\dfrac{1}{2}\ln(x-1)-\dfrac{1}{2}\ln(x+1)$이므로 다음이 성립한다.

$$\frac{dy}{dx}=\frac{3}{x}+\frac{1}{2(x-1)}-\frac{1}{2(x+1)}$$

(2) $y=\dfrac{5x^2}{\sqrt[3]{(x+1)^2}}$에서 양변의 절댓값에 자연로그를 취하면

$\ln|y|=\ln 5+2\ln|x|-\dfrac{2}{3}\ln|1+x|$이므로 음함수의 미분법에 의하여 다음을 얻는다.

$$\frac{y'}{y}=\frac{2}{x}-\frac{2}{3(1+x)}$$

$$\therefore\ y'=y\left\{\frac{2}{x}-\frac{2}{3(1+x)}\right\}=\frac{5x^2}{\sqrt[3]{(x+1)^2}}\left\{\frac{2}{x}-\frac{2}{3(1+x)}\right\}$$

(3) $y=x^{\sqrt{x}}$에서 양변의 절댓값에 자연로그를 취하면 $\ln y=x\sqrt{x}$이므로 음함수의 미분법에 의하여 다음을 얻는다.

$$\frac{y'}{y}=\sqrt{x}+\frac{x}{2\sqrt{x}}=\sqrt{x}+\frac{\sqrt{x}}{2}=\frac{3}{2}\sqrt{x}$$

$$\therefore\ y=x\sqrt{x}\left(\frac{3\sqrt{x}}{2}\right)=\frac{3}{2}x^2$$

(4) $\displaystyle\int\frac{x}{x^2+1}\,dx=\frac{1}{2}\int\frac{(x^2+1)'}{x^2+1}\,dx=\frac{1}{2}\ln|x^2+1|+C$

(5) $\displaystyle\int\frac{x^2}{x^3+1}\,dx=\frac{1}{3}\int\frac{(x^3+1)'}{x^3+1}\,dx=\frac{1}{3}\ln|x^3+1|+C$

(6) $\int_0^2 \frac{2x}{x^2-5}\,dx = \int_0^2 \frac{(x^2-5)'}{x^2-5}\,dx = \left[\ln|x^2-5|\right]_0^2$

$$= \ln|-1| - \ln|-5| = 0 - \ln 5 = -\ln 5$$ ■

이제 지수함수와 로그함수의 미분과 적분의 활용에 대하여 알아보자.

예제 5 곡선 $y = x\ln x + 2x$에 접하고 직선 $y = 3x + 3$과 평행한 직선의 방정식을 구하라.

풀이 구하려는 직선은 기울기가 3이고 곡선 $y = x\ln x + 2x$에 접한다.

$y = x\ln x + 2x$에서 $y' = \ln x + x \cdot \frac{1}{x} + 2 = \ln x + 3$이므로

$\ln x + 3 = 3$에서 $\ln x = 0$, 즉 $x = 1$이다.

이때, $y = 2$이므로 접점의 좌표는 $(1,2)$이고, 접선의 방정식은 다음과 같다.

$$y - 2 = 3(x-1) \text{ 즉, } y = 3x - 1$$ ■

예제 6 함수 $f(x) = xe^{\frac{x}{2}}$에 대하여 최솟값과 변곡점의 좌표를 각각 구하고, 그 그래프를 그려라.

풀이 $f'(x) = e^{\frac{x}{2}} + \frac{1}{2}xe^{\frac{x}{2}} = \frac{1}{2}e^{\frac{x}{2}}(x+2) = 0 \Leftrightarrow x = -2$

$$f''(x) = \frac{1}{4}e^{\frac{x}{2}}(x+2) + \frac{1}{2}e^{\frac{x}{2}} = \frac{1}{4}e^{\frac{x}{2}}(x+4) = 0 \Leftrightarrow x = -4$$

$f''(-2) > 0$이므로 $x = -2$에서 극소이다. 따라서 최솟값은 $f(-2) = -\frac{2}{e}$이다.

또한 $x < -4$이면 $f''(x) < 0$이고, $x > -4$이면 $f''(x) > 0$이다.

따라서 함수 $f(x)$는 구간 $(-\infty, -4)$에서 위로 볼록하고 구간 $(-4, \infty)$에서 아래로 볼록하며, 변곡점의 좌표는 $\left(-4, -\frac{4}{e^2}\right)$이다.

한편 $\lim_{x \to -\infty} xe^{\frac{x}{2}} = 0$이므로 직선 $y = 0$은 점근선이다.

따라서 함수 $f(x) = xe^{\frac{x}{2}}$의 그래프는 다음과 같다.

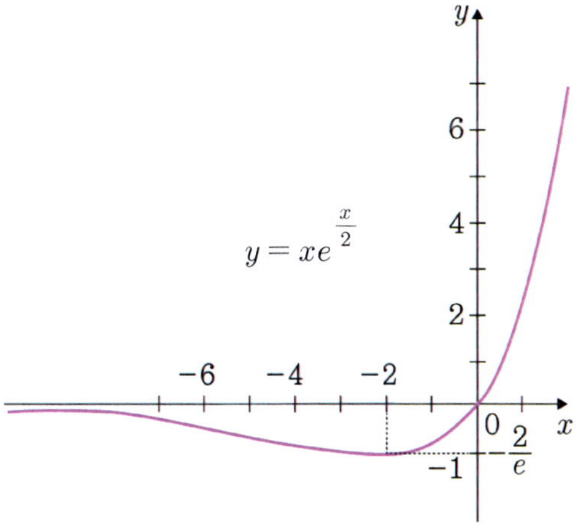

■

예제 7 곡선 $y = \ln x$와 원점에서 이 곡선에 그은 접선과 x축으로 둘러싸인 부분의 넓이 A를 구하라.

풀이 접점의 좌표를 $(a, a\ln a)$라 하자.

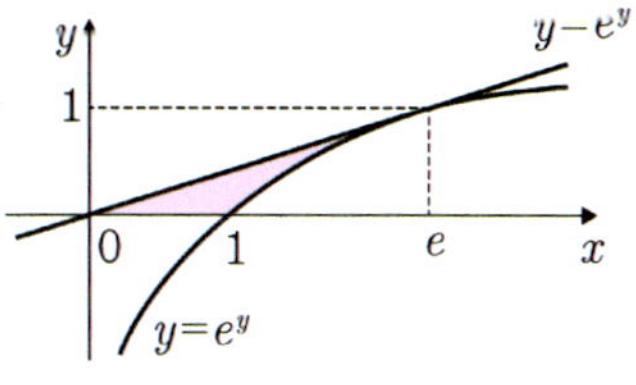

$y' = \dfrac{1}{x}$이므로 접선의 기울기는 $\dfrac{1}{a}$이고, 접선의 방정식은

$y = \dfrac{1}{a}(x-a) + \ln a$이다.

이 접선이 원점을 지나므로

$0 = \dfrac{1}{a}(0-a) + \ln a$, 즉 $a = e$이다. 따라서 접선의 방정식은 다음과 같다.

$$y = \frac{1}{e}x, \text{ 즉 } x = ey$$

이때, $y = \ln x$는 $x = e^y$이므로 구하는 넓이는 다음과 같다.

$$A = \int_0^1 (e^y - ey)dy = \left[e^y - \frac{1}{2}ey^2\right]_0^1 = \frac{1}{2}(e-2)$$

■

연습문제 6.2

1. 다음 함수를 미분하라.

(1) $y = e^{x^2}$

(2) $y = 3^{\sqrt{x}}$

(3) $y = 2^{-x^2}$

(4) $y = x e^{-3x}$

(5) $y = \ln(x^3 + 1)$

(6) $y = (\ln x)^2$

(7) $y = \ln(2 + \sqrt{x})$

(8) $y = \sqrt{\ln x}$

2. 다음에서 $\dfrac{dy}{dx}$를 구하라

(1) $e^x - e^y = e^{xy}$

(2) $y + \ln xy = 1$

3. 다음에서 $\dfrac{dy}{dx}$를 구하라

(1) $y = \dfrac{(2x+3)(3x+4)}{5x+6}$

(2) $y = \sqrt{\dfrac{x^2+1}{x^2-1}}$

(3) $y = x^x$ (단, $x > 0$)

(4) $y = (\ln x)^x$ (단, $x > 0$)

4. 다음을 구하라.

(1) 곡선 $y = e^{2x}$ 위의 점 $(2, e^4)$에서의 접선의 기울기

(2) 곡선 $y = 2\ln x$에 접하고 기울기가 2인 접선의 방정식

(3) 곡선 $y = e^x$에 대하여 원점에서 그은 접선의 방정식

5. 함수 $y = e^{-x^2}$의 극점과 변곡점의 좌표를 각각 구하고, 그 그래프를 그려라.

6. 다음 적분을 구하라.

(1) $\int \frac{e^x - e^{-x}}{2} dx$

(2) $\int \left(e^x - \frac{2}{x}\right) dx$

(3) $\int 2^x (2^x + 1) dx$

(4) $\int (2e^x - 3^x) dx$

(5) $\int_1^2 \frac{5x^4}{x^5 + 1} dx$

(6) $\int_0^e \frac{1}{x + e} dx$

7. 곡선 $y = e^{-x}$ 과 직선 $y = -x - 1$, 그리고 x 축 및 두 직선 $x = 0$, $x = 2$로 둘러싸인 영역의 넓이 A를 구하라.

6.3 프로그래밍 실습

파이썬을 사용하여 지수함수와 로그함수의 그래프를 그리고, 미분과 적분을 구해 보자.

예제 1 지수함수 $y = e^x$와 로그함수 $y = \ln x$의 그래프를 그려라.

① numpy에서 지수함수는 np.exp, 로그함수는 np.log를 이용한다.

```
[1]  import numpy as np
     import matplotlib.pyplot as plt
     x = np.linspace(-3,3,101)
     plt.plot(x,x,'k-.',label='$y=x$')
     x = np.linspace(-3,1,101)
     y = np.exp(x)
     plt.plot(x,y,label='$y=e^x$')
     x = np.linspace(0.1,3,101)
     y = np.log(x)
     plt.plot(x,y,label='$y=₩₩ln₩₩ x$')
     plt.gca().set_aspect('equal')
     plt.legend(loc='upper left')
     plt.xlabel('x')
     plt.ylabel('y')
     plt.show()
```

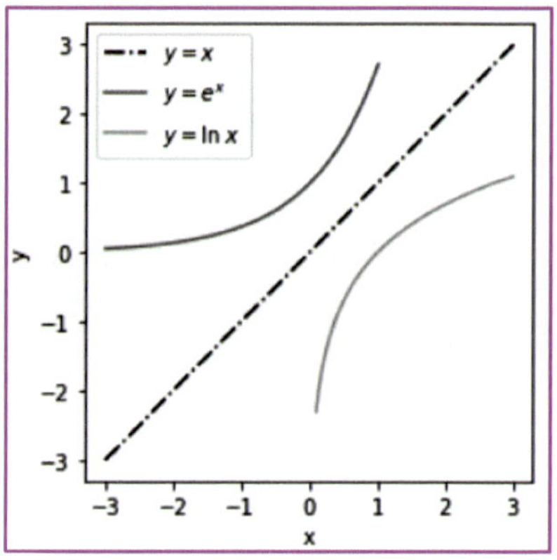

예제 2 극한값 $\lim_{n \to \infty}\left(1 + \frac{1}{n}\right)^n$을 구하라.

① sympy라이브러리의 극한값을 구하는 명령어 sp.limit를 이용한다.

```
[2]  import sympy as sp
     n = sp.symbols('n')
     a = (1+1/n)**n
     sp.limit(a,n,sp.oo)

     e
```

따라서 구하는 극한값은 e이다.

예제 3 방정식 $\log_3(2x+1)=2$를 풀어라.

① 모두 좌변으로 이항하고, sp.solve를 이용하여 방정식의 해를 구한다.

```
[3]  import sympy as sp
     x = sp.symbols('x')
     eq = sp.ln(2*x+1,3) - 2
     sol = sp.solve(eq,x)
     sol

     [4]
```

② 방정식의 해는 여러 개 있을 수 있으므로 결과는 python의 리스트로 표현된다. 첫 번째 해를 출력한다. 따라서 방정식의 해는 $x=4$이다.

```
[4]  sol[0]

     4
```

예제 4 $\frac{d}{dx}(e^{x^2+1})$을 구하라.

① sp.diff를 이용하여 도함수를 구한다.

```
[5]  import sympy as sp
     x = sp.symbols('x')
     y = sp.exp(x**2 + 1)
     sp.diff(y,x)
```

$2xe^{x^2+1}$

따라서 $\frac{d}{dx}(e^{x^2+1})=2xe^{x^2+1}$이다.

예제 5 곡선 $y = \ln x$와 원점에서 이 곡선에 그은 접선과 x축으로 둘러싸인 부분의 넓이를 구하라.

① y'을 구하고, $x=a$에서의 값을 구한다.

```
[6]  import sympy as sp
     x,a = sp.symbols('x a')
     y = sp.log(x)
     m = sp.diff(y,x).subs({x:a})
     m
```

$$\frac{1}{a}$$

따라서 곡선 $y = \ln x$ 위의 점 $(a, \ln a)$에서의 접선의 기울기는 $\frac{1}{a}$이다.

② 접선의 방정식을 구한다. 따라서 접선의 방정식은 $y = \frac{1}{a}(x-a) + \ln a$이다.

```
[7]  eq = m*(x-a) + y.subs({x:a})
     eq
```

$$\log(a) + \frac{-a+x}{a}$$

③ 접선은 원점을 지나므로 접선의 방정식에 $x=0$과 $y=0$을 대입하여 방정식을 푼다.

```
[8]  sol = sp.solve(eq.subs({x:0}),a)
     sol
```

```
[E]
```

```
[9]  sol[0]
```

$$e$$

④ 접선의 방정식은 eq의 식에 $a = e$를 대입하여 구한다.

```
[10] eq.subs({a:sol[0]})
```

$$\frac{x-e}{e}+1$$

따라서 구하는 접선의 방정식은 $y = \dfrac{x-e}{e} + 1 = \dfrac{x}{e}$이다.

⑤ 접선의 그래프를 그린다.

```
[11] import numpy as np
     import matplotlib.pyplot as plt
     x = np.linspace(0.1,np.exp(1.5),101)
     y = np.log(x)
     plt.plot(x,y,label='$y=₩₩ln₩₩ x$')
     x = np.linspace(0,np.exp(1.5),101)
     y = x/np.exp(1)
     plt.plot(x,y,label='$y=x / e$')
     x = np.linspace(0,1,101)
     y = np.zeros_like(x)
     plt.plot(x,y,label='$y=0$')
     plt.plot([np.exp(1)],[1],'o')
     plt.text(np.exp(1),1-0.3,'$(e,1)$')
     plt.legend(loc='lower right')
     plt.xlabel('x')
     plt.ylabel('y')
     plt.show()
```

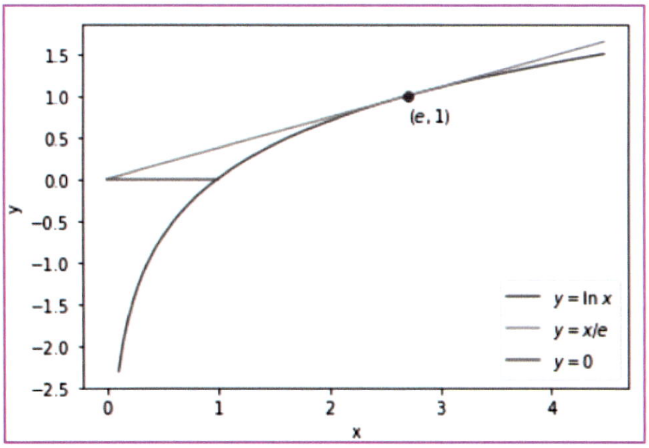

⑥ 넓이 $\int_0^1 \frac{x}{e}dx + \int_1^e \left(\frac{x}{e} - \ln x\right)dx$를 구한다.

```
[12] x = sp.symbols('x')
     y1 = x / sp.exp(1)
     y2 = sp.log(x)
     sp.integrate(y1,(x,0,1)) + sp.integrate(y1-y2,(x,1,sp.exp(1)))
```

$$-1 + \frac{e}{2}$$

따라서 구하는 넓이는 $-1 + \frac{e}{2}$이다.

실·습·문·제

1. 다음 방정식과 부등식을 풀어라.

(1) $\left(\frac{1}{2}\right)^{-x+2} = 2^{2x}$　　(2) $\log_3(x+14) = \log_3(2+x)^2$

2. 다음 함수를 미분하라.

(1) $y = xe^{-3x}$　　(2) $y = \sqrt{\ln x}$

삼각함수의 미분과 적분

CHAPTER 7

우리의 생활과 자연에는 주기적으로 변하는 현상이 많은데, 이러한 주기적인 현상을 나타내는 함수는 삼각함수이다. 삼각함수의 미분과 적분은 이러한 주기적인 변화를 설명하는 데 활용된다.

이 장에서는 삼각함수의 극한과 연속을 다루고, 삼각함수의 미분과 적분 및 그 활용을 배운다.

7.1 삼각함수의 극한
7.2 삼각함수의 미분과 적분
7.3 프로그래밍 실습

7.1 삼각함수의 극한

직각삼각형에서 정의된 삼각비는 실수 전체의 집합에서 정의되는 삼각함수로 확장된다.

반지름의 길이가 r인 원 O에서 길이가 r인 호 AB의 중심각의 크기 $\frac{180°}{\pi}$를 1라디안(radian)이라 하고, 이것을 단위로 각의 크기를 나타내는 방법을 호도법이라 한다. 일반적으로 시초선이 OX이고 동경이 OP인 ∠XOP의 크기 중 하나를 θ라 할 때, 동경 OP가 나타내는 일반각은 호도법으로 $2n\pi+\theta$ (단, n은 정수)로 나타낼 수 있다.

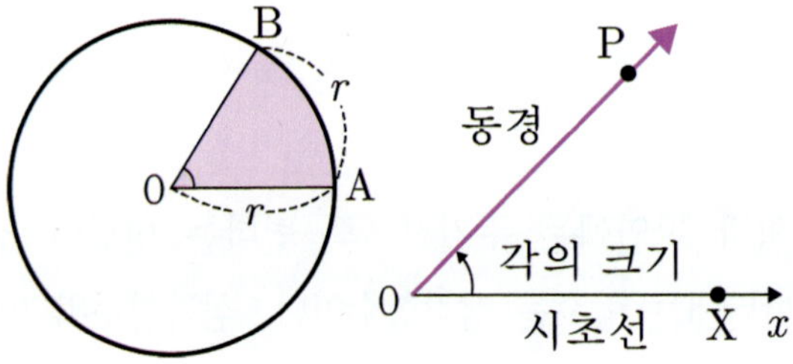

그림과 같이 좌표평면에서 반지름의 길이가 r인 원 O에 대하여 각의 크기 θ를 나타내는 동경이 원 O와 만나는 점을 $P(x, y)$라 하면, θ에 대한 삼각함수는 다음과 같이 정의된다.

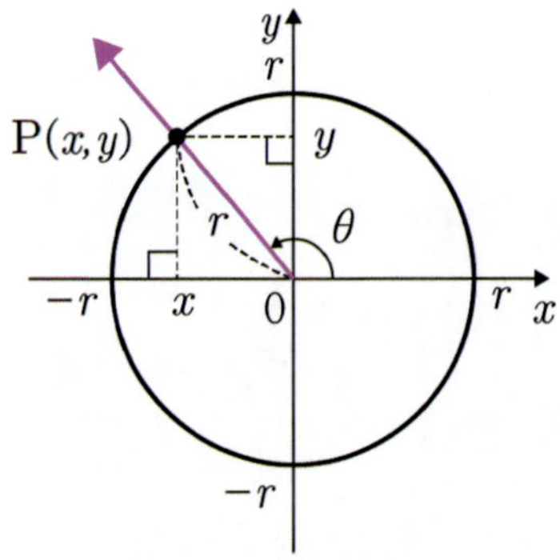

삼각함수의 정의

$\sin\theta = \dfrac{y}{r}$,	$\csc\theta = \dfrac{r}{y}$(단, $y \neq 0$)
$\cos\theta = \dfrac{x}{r}$,	$\sec\theta = \dfrac{r}{x}$(단, $x \neq 0$),
$\tan\theta = \dfrac{y}{x}$(단, $x \neq 0$),	$\cot\theta = \dfrac{x}{y}$(단, $y \neq 0$)

삼각함수의 그래프를 그릴 때에는 보통 독립변수를 θ 대신 x(라디안)를 사용하고, 종속변수는 y를 사용한다.

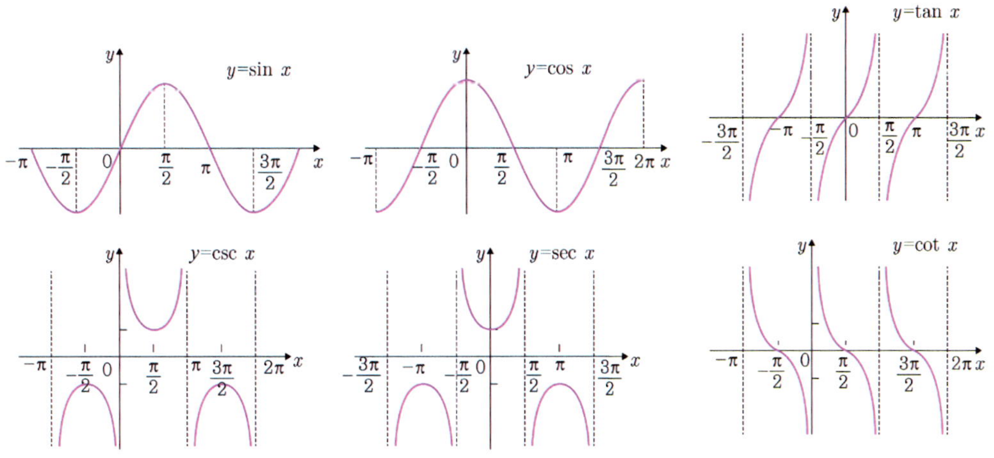

삼각함수의 그래프를 이용하면 삼각함수를 포함하는 방정식과 부등식을 풀 수 있다.

보기 (1) 방정식 $2\sin x - \sqrt{3} = 0$(단, $0 \leq x < 2\pi$)에서 $\sin x = \dfrac{\sqrt{3}}{2}$이므로

함수 $y = \sin x$의 그래프와 직선 $y = \dfrac{\sqrt{3}}{2}$의 교점의 x좌표가 구하는 해이다.

$0 \leq x < 2\pi$이므로 구하는 해는 $x = \dfrac{\pi}{3}$ 또는 $x = \dfrac{2}{3}\pi$이다.

(2) 부등식 $2\cos x - 1 < 0$ (단, $0 \leq x < 2\pi$)에서 $\cos x < \dfrac{1}{2}$이므로 함수 $y = \cos x$의 그래프가 직선 $y = \dfrac{1}{2}$보다 아래쪽에 있는 x의 값의 범위가 구하는 해이다.

$0 \leq x < 2\pi$이므로 구하는 해는 $\dfrac{\pi}{3} < x < \dfrac{5}{3}\pi$이다.

예제 1 다음 방정식 또는 부등식을 풀어라. (단, $0 \le x < 2\pi$)

(1) $2\cos x + \sqrt{3} = 0$　　　(2) $\tan x < \sqrt{3}$

풀이 (1) $2\cos x + \sqrt{3} = 0$에서 $\cos x = -\dfrac{\sqrt{3}}{2}$ 함수 $y = \cos x$의 그래프와 직선 $y = -\dfrac{\sqrt{3}}{2}$의 교점의 x좌표가 구하는 해이다.

$0 \le x < 2\pi$이므로 구하는 해는 $x = \dfrac{5}{6}\pi$ 또는 $x = \dfrac{7}{6}\pi$이다.

(2) $\tan x < \sqrt{3}$이므로 함수 $y = \tan x$의 그래프가 직선 $y = \sqrt{3}$보다 아래쪽에 있는 x의 값의 범위가 구하는 해이다.

$0 \le x < 2\pi$이므로 구하는 해는 $0 \le x < \dfrac{\pi}{3}$ 또는

$\dfrac{\pi}{2} < x \le \dfrac{4}{3}\pi$ 또는 $\dfrac{3}{2}\pi < x < 2\pi$이다. ■

삼각함수 사이의 관계와 여러 가지 삼각함수 공식을 소개하면 다음과 같다.

삼각함수 사이의 관계

$\dfrac{\sin x}{\cos x} = \tan x$,　$\dfrac{\cos x}{\sin x} = \cot x$

$\sin^2 x + \cos^2 x = 1$,　$1 + \tan^2 x = \sec^2 x$,

$1 + \cot^2 x = \csc^2 x$

[삼각함수 덧셈정리]

$\sin(x \pm y) = \sin x \cos y \pm \cos x \sin x$　　(복부호동순)

$\cos(x \pm y) = \cos x \cos y \mp \sin x \sin y$　　(복부호동순)

$\tan(x \pm y) = \dfrac{\tan x \pm \tan y}{1 \mp \tan x \tan y}$　　(복부호동순)

[배각 공식]

$$\sin 2x = 2\sin x \cos x$$

$$\cos 2x = \cos^2 x - \sin^2 x = 2\cos^2 x - 1 = 1 - 2\sin^2 x$$

$$\tan 2x = \frac{2\tan x}{1 - \tan^2 x}$$

[반각 공식]

$$\sin^2 \frac{x}{2} = \frac{1 - \cos x}{2}$$

$$\cos^2 \frac{x}{2} = \frac{1 + \cos x}{2}$$

[합 · 차를 곱으로 고치는 공식]

$$\sin x + \sin y = 2\sin\frac{x+y}{2}\cos\frac{x-y}{2}$$

$$\sin x - \sin y = 2\cos\frac{x+y}{2}\sin\frac{x-y}{2}$$

$$\cos x + \cos y = 2\cos\frac{x+y}{2}\cos\frac{x-y}{2}$$

$$\cos x - \cos y = -2\sin\frac{x+y}{2}\sin\frac{x-y}{2}$$

[곱을 합 · 차로 고치는 공식]

$$\sin x \sin y = -\frac{1}{2}\{\cos(x+y) - \cos(x-y)\}$$

$$\cos x \cos y = \frac{1}{2}\{\cos(x+y) + \cos(x-y)\}$$

$$\sin x \cos y = \frac{1}{2}\{\sin(x+y) + \sin(x-y)\}$$

이제 삼각함수의 극한에 대하여 알아보자.

정리 7.1 삼각함수의 극한

(1) $\lim_{x\to 0}\sin x = 0$　　(2) $\lim_{x\to 0}\cos x = 1$

(3) $\lim_{x\to 0}\dfrac{\sin x}{x} = 1$　　(4) $\lim_{x\to 0}\dfrac{1-\cos x}{x} = 0$

증명 $0 < x < \dfrac{\pi}{2}$인 경우, 다음과 같이 단위원의 일부를 생각하자.

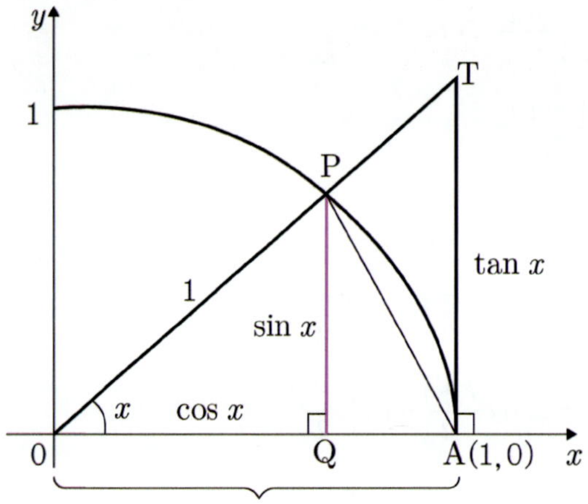

(1) $\overline{PQ} < \widehat{PA}$, 즉 $\sin x < x$이다.

$0 < |x| < \dfrac{\pi}{2}$일 때 $|\sin x| = \sin|x|$이므로 $0 \le |\sin x| \le |x|$이다.

함수의 극한의 성질에 의하여

$0 \le \lim_{x\to 0}|\sin x| \le \lim_{x\to 0}|x|$인데, $\lim_{x\to 0}|x| = 0$이므로 $\lim_{x\to 0}|\sin x| = 0$이다.

그런데 $-|\sin x| \le \sin x \le |\sin x|$이므로 $\lim_{x\to 0}\sin x = 0$이다.

(2) $\cos x = \sqrt{1-\sin^2 x}\left(단,\ 0 < |x| < \dfrac{\pi}{2}\right)$이고 함수 $\sqrt{x}$는 $x = 1$에서 연속이므로

다음이 성립한다.

$\lim_{x\to 0}\cos x = \lim_{x\to 0}\sqrt{1-\sin^2 x} = \sqrt{1-0^2} = 1$이다.

(3) (삼각형 OAP 넓이) ≤ (부채꼴 OAP 넓이) ≤ (삼각형 OAP 넓이)

이므로 $\dfrac{1}{2}\sin x \le \dfrac{1}{2}x \le \dfrac{1}{2}\tan x$, 즉 $\cos x \le \dfrac{\sin x}{x} \le 1$이다.

여기서 극한을 취하면 다음과 같다.

$$\lim_{x\to 0^+}\cos x \le \lim_{x\to 0^+}\frac{\sin x}{x} \le 1$$

그런데 $\lim_{x\to 0^+}\cos x = 1$ 이므로 $\lim_{x\to 0^+}\frac{\sin x}{x} = 1$이다.

한편 $x < 0$인 경우에는 $-x = y$로 치환하면 $y > 0$이고 다음이 성립한다.

$$\lim_{x\to 0^-}\frac{\sin x}{x} = \lim_{y\to 0^+}\frac{\sin(-y)}{-y} = \lim_{y\to 0^+}\frac{\sin y}{y} = 1$$

따라서 $\lim_{x\to 0^-}\frac{\sin x}{x} = 1 = \lim_{x\to 0^+}\frac{\sin x}{x}$ 이므로 $\lim_{x\to 0}\frac{\sin x}{x} = 1$이다.

(4) $\frac{1-\cos x}{x} = \frac{(1-\cos x)(1+\cos x)}{x(1+\cos x)} = \frac{\sin^2 x}{x(1+\cos x)} = x\cdot\left(\frac{\sin x}{x}\right)^2\cdot\frac{1}{1+\cos x}$

이므로 다음이 성립한다.

$$\lim_{x\to 0}\frac{1-\cos x}{x} = \lim_{x\to 0}x\cdot\lim_{x\to 0}\left(\frac{\sin x}{x}\right)^2\cdot\lim_{x\to 0}\frac{1}{1+\cos x}$$
$$= 0\cdot 1\cdot\frac{1}{2} = 0$$

■

보기 (1) $\lim_{x\to 0}\frac{x}{\sin x} = \lim_{x\to 0}\frac{1}{\frac{\sin x}{x}} = \frac{\lim_{x\to 0}1}{\lim_{x\to 0}\frac{\sin x}{x}} = \frac{1}{1} = 1$

(2) $\lim_{x\to 0}x\cot x = \lim_{x\to 0}\left(\frac{x}{\sin x}\cdot\cos x\right) = \lim_{x\to 0}\frac{x}{\sin x}\cdot\lim_{x\to 0}\cos x = 1\cdot 1 = 1$

예제 2 다음 극한을 구하라.

(1) $\lim_{x\to 0}\frac{\sin x(1-\cos x)}{x^2}$　　(2) $\lim_{x\to 0}\frac{\sin 2x}{x}$

(3) $\lim_{x\to 0}\frac{x}{\tan x}$　　(4) $\lim_{x\to 0}\frac{\ln(1+x)}{\tan x}$

풀이 (1) $\lim_{x\to 0}\frac{\sin x(1-\cos x)}{x^2} = \lim_{x\to 0}\left(\frac{\sin x}{x}\cdot\frac{1-\cos x}{x^2}\right)$

$$= \lim_{x\to 0}\frac{\sin x}{x}\cdot\lim_{x\to 0}\frac{(1-\cos x)}{x} = 1\cdot 0 = 0$$

(2) $\theta = 2x$로 놓으면 $x \to 0$일 때 $\theta \to 0$이고, 다음이 성립한다.

$$\lim_{x\to 0}\frac{\sin 2x}{x} = \lim_{\theta\to 0}\frac{\sin\theta}{\frac{1}{2}\theta} = 2\lim_{\theta\to 0}\frac{\sin\theta}{\theta} = 2\cdot 1 = 2$$

(3) $\displaystyle\lim_{x\to 0}\frac{x}{\tan x} = \lim_{x\to 0}\left(\frac{x}{\sin x}\cdot\cos x\right) = \lim_{x\to 0}\frac{x}{\sin x}\cdot\lim_{x\to 0}\cos x = 1$

(4) $\displaystyle\lim_{x\to 0}\frac{\ln(1+x)}{\tan x} = \lim_{x\to 0}\left(\frac{\ln(1+x)}{x}\cdot\frac{x}{\tan x}\right)$

$$= \lim_{x\to 0}\frac{\ln(1+x)}{x}\cdot\lim_{x\to 0}\frac{x}{\tan x}$$

$$= \lim_{x\to 0}\ln(1+x)^{\frac{1}{x}}\cdot 1 = \ln e = 1$$

예제 3 다음 극한값을 구하라.

(1) $\displaystyle\lim_{x\to 0} x\sin\frac{1}{x}$　　(2) $\displaystyle\lim_{x\to 0} x^2\sin\frac{1}{x}$

풀이 (1) $-1 \le \sin\frac{1}{x} \le 1$에서 $0 \le |x\sin\frac{1}{x}| \le |x|$이고 $\lim_{x\to 0}|x| = 0$이므로 극한의 성질에 의하여 $\lim_{x\to 0}|x\sin\frac{1}{x}| = 0$이다.

그런데 $-|x\sin\frac{1}{x}| \le x\sin\frac{1}{x} \le |x\sin\frac{1}{x}|$이므로 다음이 성립한다.

$$\lim_{x\to 0} x\sin\frac{1}{x} = 0$$

(2) $-x^2 \le x^2\sin\frac{1}{x} \le x^2$이고 $\lim_{x\to 0} x^2 = 0 = \lim_{x\to 0}(-x^2)$이므로 극한의 성질에 의하여 다음이 성립한다.

$$\lim_{x\to 0} x^2\sin\frac{1}{x} = 0$$

■

예제 4 함수 $f(x)=\begin{cases} x^2\sin\dfrac{1}{x}, & x\neq 0 \\ c, & x=0 \end{cases}$가 $x=0$에서 연속이 되도록 c의 값을 구하라.

풀이 함수 $f(x)$가 $x=0$에서 연속이 되려면 $\lim\limits_{x\to 0}f(x)=f(0)$이어야 한다.

$f(0)=c$이고, 위 예제에 의하여 $\lim\limits_{x\to 0}f(x)=\lim\limits_{x\to 0}x^2\sin\dfrac{1}{x}=0$이므로 $c=0$이다. ■

예제 5 다음 등식이 성립함을 보여라.

$$\lim_{x\to 0}\ln\left(\frac{\sin x}{x}\right)=0$$

풀이 $f(x)=\ln x$는 연속함수이고, $\lim\limits_{x\to 0}\dfrac{\sin x}{x}=1$이므로 $\dfrac{\sin x}{x}=t$라고 하면 $x\to 0$일 때 $t\to 1$이다. 따라서 다음이 성립한다.

$$\lim_{x\to 0}\ln\left(\frac{\sin x}{x}\right)=\lim_{x\to 0}f\left(\frac{\sin x}{x}\right)=\lim_{t\to 1}f(t)=f(1)=\ln 1=0$$ ■

예제 6 $\lim\limits_{x\to 0}\dfrac{ax\sin x+b}{1-\cos x}=1$을 만족시키는 두 상수 a,b를 구하라.

풀이 극한값이 존재하고, $x\to 0$일 때 (분모)$\to 0$이므로 분자도 0으로 수렴해야 한다.

따라서 $\lim\limits_{x\to 0}(ax\sin x+b)=0$에서 $b=0$이다. 이때, 다음이 성립한다.

$$\begin{aligned}\lim_{x\to 0}\frac{ax\sin x+b}{1-\cos x}&=\lim_{x\to 0}\frac{ax\sin x}{1-\cos x}=\lim_{x\to 0}\frac{ax\sin x(1+\cos x)}{1-\cos^2 x}\\&=\lim_{x\to 0}\left\{a\cdot\frac{x}{\sin x}\cdot(1+\cos x)\right\}=a\cdot 1\cdot 2=2a\end{aligned}$$

그러므로 $2a=1$, 즉 $a=\dfrac{1}{2}$이다.

따라서 $a=\dfrac{1}{2}, b=0$이다. ■

연습문제 7.1

1. 다음 방정식과 부등식을 풀어라.(단, $0 \le x \le 2\pi$)

(1) $\sin^2 x - 3\sin x + 2 = 0$　　(2) $-\frac{1}{2} \le \cos x \le \frac{1}{2}$

2. $\lim_{x\to 0} \frac{\tan x}{x} = 1$임을 보여라.

3. 다음 극한값을 구하라.

(1) $\lim_{x\to 0} \frac{\sin 5x}{2x}$　　(2) $\lim_{x\to 0} \frac{\tan 2x}{\sin 3x}$

(3) $\lim_{h\to 0} \frac{\sin^2 h}{h}$　　(4) $\lim_{h\to 0} \frac{h^2}{1-\cos h}$

(5) $\lim_{\theta\to 0} \frac{\theta}{\cos\left(\frac{\pi}{2} - \theta\right)}$　　(6) $\lim_{x\to 0} \frac{x}{\cos x}$

4. 다음 극한을 주어진 치환을 이용하여 구하라

(1) $\lim_{x\to -\infty} x\left(1 - \cos\frac{1}{x}\right),\quad t = \frac{1}{x}$　　(2) $\lim_{h\to \pi} \frac{\pi - h}{\sin h},\quad x = \pi - h$

5. 극한 $\lim_{x\to 0} \sin\frac{1}{x}$의 수렴 여부를 조사하라.

6. 중간값 정리를 이용하여 방정식 $\sin x + x + 1 = 0$은 열린 구간 $(-1,\ 0)$에서 적어도 하나의 실근을 가짐을 보여라.

7. $\lim_{x\to 0} \frac{x^2 + ax + b}{\sin x} = 1$을 만족시키는 두 상수 $a,\ b$를 구하라.

7.2 삼각함수의 미분과 적분

이 절에서는 삼각함수의 미분과 적분 그리고 그 활용에 대하여 알아보자. 먼저 함수 $y=\sin x$의 도함수를 구해보자.

$$\begin{aligned}\frac{dy}{dx}&=\lim_{h\to0}\frac{\sin(x+h)-\sin x}{h}\\&=\lim_{h\to0}\frac{(\sin x\cos h+\cos x\sin h)-\sin x}{h}\\&\quad(\because \sin(x+h)=\sin x\cos h+\cos x\sin h)\\&=\lim_{h\to0}\frac{\sin x(\cos h-1)+\cos x\sin h}{h}\\&=\lim_{h\to0}\left(\sin x\cdot\frac{\cos h-1}{h}\right)+\lim_{h\to0}\left(\cos x\cdot\frac{\sin h}{h}\right)\\&=\sin x\cdot\lim_{h\to0}\frac{\cos h-1}{h}+\cos x\cdot\lim_{h\to0}\frac{\sin h}{h}\\&=\sin x\cdot0+\cos x\cdot1\\&\quad\left(\because \lim_{h\to0}\frac{\cos h-1}{h}=0,\ \lim_{h\to0}\frac{\sin h}{h}=1\right)\\&=\cos x\end{aligned}$$

따라서 $(\sin x)'=\cos x$이다.

같은 방법으로 $(\cos x)'=-\sin x$임을 알 수 있다.

한편 $\tan x=\dfrac{\sin x}{\cos x}$이므로 몫의 미분법에 의하여

$$\begin{aligned}\frac{dy}{dx}=\left(\frac{\sin x}{\cos x}\right)'&=\frac{(\sin x)'\cos x-\sin x(\cos x)'}{\cos^2 x}\\&=\frac{\cos^2 x+\sin^2 x}{\cos^2 x}=\frac{1}{\cos^2 x}=\sec^2 x\end{aligned}$$

이다. 따라서 $(\tan x)'=\sec^2 x$이다.

다음은 기본적인 여섯 가지 삼각함수의 도함수와 부정적분이다.

삼각함수의 도함수와 부정적분

① $(\sin x)' = \cos x$	$\int \cos x dx = \sin x + C$
② $(\cos x)' = -\sin x$	$\int \sin x dx = -\cos x + C$
③ $(\tan x)' = \sec^2 x$	$\int \sec^2 x \ dx = \tan x + C$
④ $(\cot x)' = -\csc^2 x$	$\int \csc^2 x dx = -\cot x + C$
⑤ $(\sec x)' = \sec x \tan x$	$\int \sec x \tan x dx = \sec x + C$
⑥ $(\csc x)' = -\csc x \cot x$	$\int \csc x \cot x dx = -\csc x + C$

보기 (1) 함수 $y=(2x-1)\sin x$를 미분하면

$$\frac{dy}{dx} = (2x-1)'\sin x + (2x-1)(\sin x)' = 2\sin x + (2x-1)\cos x$$

(2) 함수 $y = x\cos x + \sec x$를 미분하면

$$\frac{dy}{dx} = (x)'\cos x + x(\cos x)' + (\sec x)'$$

$$= \cos x - x\sin x + \sec x \tan x$$

(3) $$\int (2\sin x + 3\cos x)\, dx = 2\int \sin x\, dx + 3\int \cos x\, dx$$

$$= -2\cos x + 3\sin x + C$$

여러 가지 형태의 삼각함수를 미분과 적분할 때에는 기본적인 삼각함수의 도함수와 부정적분, 그리고 여러 가지 미분법과 적분법을 이용한다.

예제 1 다음을 구하라.

(1) $\dfrac{d}{dx}\sin(\cos x)$

(2) $\dfrac{d}{dx}\left(\dfrac{\sin x}{1+\cos x}\right)$

(3) $\dfrac{d}{dx}\sin^3(9x+1)$

(4) $\displaystyle\int \frac{\sin^2 x}{1+\cos x}\,dx$

(5) $\displaystyle\int \frac{1}{1-\sin^2 x}\,dx$

(6) $\displaystyle\int_0^{\frac{\pi}{2}} \sin^2\frac{x}{2}\,dx$

풀이 (1) 합성함수의 미분법에 의하여

$$\frac{d}{dx}\sin(\cos x) = \cos(\cos x)\cdot(\cos x)' = \cos(\cos x)(-\sin x)$$

$$= -\sin x\cos(\cos x)$$

(2) 몫의 미분법에 의하여

$$\frac{d}{dx}\left(\frac{\sin x}{1+\cos x}\right) = \frac{(\sin x)'\cdot(1+\cos x) - \sin x\cdot(1+\cos x)'}{(1+\cos x)^2}$$

$$= \frac{\cos x\cdot(1+\cos x) - \sin x\cdot(-\sin x)}{(1+\cos x)^2}$$

$$= \frac{\cos x+1}{(1+\cos x)^2} = \frac{1}{\cos x+1}$$

(3) 합성함수의 미분법에 의하여

$$\frac{d}{dx}\sin^3(9x+1) = 3\sin^2(9x+1)\cdot\{\sin(9x+1)\}'$$

$$= 3\sin^2(9x+1)\cdot\cos(9x+1)\cdot(9x+1)'$$

$$= 27\sin^2(9x+1)\cdot\cos(9x+1)$$

(4) $\displaystyle\int \frac{\sin^2 x}{1+\cos x}\,dx = \int \frac{1-\cos^2 x}{1+\cos x}dx = \int (1-\cos x)dx = x - \sin x + C$

(5) $\displaystyle\int \frac{1}{1-\sin^2 x}\,dx = \int \frac{1}{\cos^2 x}dx = \int \sec^2 x\,dx = \tan x + C$

(6) $\displaystyle\int_0^{\frac{\pi}{2}} \sin^2\frac{x}{2}\,dx = \int_0^{\frac{\pi}{2}} \frac{1-\cos x}{2}\,dx = \left[\frac{1}{2}x - \frac{1}{2}\sin x\right]_0^{\frac{\pi}{2}} = \frac{\pi}{4} - \frac{1}{2}$ ■

예제 2 다음을 구하라.

(1) $\dfrac{d}{dx}\sec(2x+1)$ (2) $\dfrac{d}{dx}\left(\tan x+\dfrac{1}{3}\tan^3 x\right)$

(2) $\dfrac{d}{dx}\sqrt{\cot x}$ (4) $\displaystyle\int \sec x(\tan x-\sec x)\,dx$

(5) $\displaystyle\int (\tan x+\cot x)^2\,dx$ (6) $\displaystyle\int_0^{\frac{\pi}{4}} \tan^2 x\,dx$

풀이 (1) $\dfrac{d}{dx}\sec(2x+1)=\sec(2x+1)\tan(2x+1)\cdot(2x+1)'$

$$=2\sec(2x+1)\tan(2x+1)$$

(2) $\dfrac{d}{dx}\left(\tan x+\dfrac{1}{3}\tan^3 x\right)=\sec^2 x+\dfrac{1}{3}\cdot 3\cdot\tan^2 x\cdot\sec^2 x$

$$=\sec^2 x(1+\tan^2 x)=\sec^4 x$$

(3) $\dfrac{d}{dx}(\sqrt{x})=\dfrac{1}{2\sqrt{x}}$ 이므로

$$\frac{d}{dx}\sqrt{\cot x}=\frac{(\cot x)'}{2\sqrt{\cot x}}=\frac{-\csc^2 x}{2\sqrt{\cot x}}$$

(4) $(\sec x)'=\sec x\tan x$, $(\tan x)'=\sec^2 x$ 이므로

$$\int \sec x(\tan x-\sec x)\,dx=\int \sec x\tan x\,dx-\int \sec^2 x\,dx$$

$$=\sec x-\tan x+C$$

(5) $(\tan x+\cot x)^2=\tan^2 x+\cot^2 x+2\tan x\cot x=\sec^2 x+\csc^2 x$ 이므로

$$\int (\tan x+\cot x)^2\,dx=\int (\sec^2 x+\csc^2 x)\,dx$$

(6) $1+\tan^2 x=\sec^2 x$ 이므로

$$\int_0^{\frac{\pi}{4}}\tan^2 x\,dx=\int_0^{\frac{\pi}{4}}(\sec^2 x-1)dx=[\tan x-x]_0^{\frac{\pi}{4}}$$

$$=\tan\frac{\pi}{4}-\frac{\pi}{4}=1-\frac{\pi}{4}$$

■

예제 3 다음이 성립함을 보여라.

(1) $\int \tan x\, dx = -\ln|\cos x| + C$

(2) $\int \sec x\, dx = \ln|\sec x + \tan x| + C$

(3) $\int \frac{\sin 2x}{1+\sin^2 x}\, dx = \ln(1+\sin^2 x) + C$

(4) $\int_{-\frac{\pi}{2}}^{\frac{\pi}{2}} \frac{4\cos\theta}{3+2\sin\theta} d\theta = 2\ln 5$

풀이 (1) $\int \tan x\, dx = \int \frac{\sin x}{\cos x}\, dx = -\int \frac{-\sin x}{\cos x}\, dx = -\ln|\cos x| + C$

(2) $\frac{(\sec x + \tan x)'}{\sec x + \tan x} = \frac{\sec x \tan x + \sec^2 x}{\sec x + \tan x} = \sec x$이므로

$$\int \sec x\, dx = \int \frac{(\sec x + \tan x)'}{\sec x + \tan x} dx = \ln|\sec x + \tan x| + C$$

(3) $(1+\sin^2 x)' = 2\sin x \cos x = \sin 2x$이므로

$$\int \frac{(1+\sin^2 x)'}{1+\sin^2 x}\, dx = \ln(1+\sin^2 x) + C$$

(4) $$2\int_{-\frac{\pi}{2}}^{\frac{\pi}{2}} \frac{2\cos\theta}{3+2\sin\theta} d\theta = 2\int_{-\frac{\pi}{2}}^{\frac{\pi}{2}} \frac{(3+2\sin\theta)'}{3+2\sin\theta} d\theta$$

$$= 2\left[\ln|3+2\sin\theta|\right]_{-\frac{\pi}{2}}^{\frac{\pi}{2}} = 2\{\ln(3+2) - \ln 1\} = 2\ln 5$$ ■

예제 4 함수 $y = \csc x$에 대하여 y''을 구하라.

풀이 $y' = \frac{dy}{dx} = -\csc x \cot x$이므로 다음이 성립한다.

$$y'' = \frac{d}{dx}(-\csc x \cot x) = (-\csc x)' \cdot \cot x + \csc x \cdot (\cot x)'$$

$$= \csc x \cot^2 x - \csc^3 x$$ ■

이제 삼각함수의 미분과 적분의 활용에 대하여 알아보자.

예제 5 곡선 $y=\sin 2x$ 위의 점 $\left(\frac{\pi}{2},\ 0\right)$에서의 접선과 법선의 방정식을 각각 구하라.

풀이 $\frac{dy}{dx}=2\cos 2x$이므로 점 $\left(\frac{\pi}{2},\ 0\right)$에서 접선의 기울기는

$\cos\left(2\cdot\frac{\pi}{2}\right)\cdot 2=-2$이다.

따라서 접선의 방정식은 $y-0=-2\left(x-\frac{\pi}{2}\right)$, 즉 $y=-2x+\pi$이다.

또한 법선의 기울기는 $\frac{1}{2}$이므로 법선의 방정식은 다음과 같다.

$$y-0=\frac{1}{2}\left(x-\frac{\pi}{2}\right),\ 즉\ y=\frac{1}{2}x-\frac{\pi}{4}$$ ■

예제 6 함수 $f(x)=2x-\tan x\left(단,\ -\frac{\pi}{2}<x<\frac{\pi}{2}\right)$의 극값을 모두 구하라.

풀이 $f(x)=2x-\tan x$에서

$$f'(x)=2-\sec^2 x,\ f''(x)\equiv-2\sec^2 x\tan x$$

이다. 따라서 $f'(x)=2-\sec^2 x=0$에서

$\sec^2 x=2$, 즉 $\cos x=\pm\frac{1}{\sqrt{2}}$ $\quad\therefore\ x=\pm\frac{\pi}{4}$

이때, $f''(\frac{\pi}{4})<0$이고 $f''(-\frac{\pi}{4})>0$이므로

$x=\frac{\pi}{4}$에서 극대이고 극댓값은 $f\left(\frac{\pi}{4}\right)=\frac{\pi}{2}-1$,

$x=2$에서 극소이고 극솟값은 $f'\left(-\frac{\pi}{4}\right)=1-\frac{\pi}{2}$이다. ■

예제 7 다음을 구하라.

(1) 닫힌 구간 $[0,\ 2\pi]$에서 곡선 $f(x)=\sin x$와 x축으로 둘러싸인 영역의 넓이 A

(2) 닫힌 구간 $[0,\ \pi]$에서 두 곡선 $f(x)=\sin x$, $g(x)=\cos x$와 두 직선 $x=0$, $x=\pi$로 둘러싸인 영역의 넓이 A

풀이 (1)
$$\begin{aligned} A &= \int_0^{2\pi} |\sin x|\, dx \\ &= \int_0^{\pi} \sin x\, dx + \int_{\pi}^{2\pi} (-\sin x)\, dx \\ &= [-\cos x]_0^{\pi} + [\cos x]_{\pi}^{2\pi} \\ &= 2+2-4 \end{aligned}$$

(2) 닫힌 구간 $[0,\ \pi]$에서 $\sin x=\cos x$이면 $x=\frac{\pi}{4}$이므로 구하는 영역의 넓이 A는 다음과 같다.

$$\begin{aligned} A &= \int_0^{\pi} |\sin x - \cos x|\, dx \\ &= \int_0^{\frac{\pi}{4}} -(\sin x-\cos x)\, dx + \int_{\frac{\pi}{4}}^{\pi} (\sin x - \cos x)\, dx \\ &= [\cos x + \sin x]_0^{\frac{\pi}{4}} + [-\cos x - \sin x]_{\frac{\pi}{4}}^{\pi} \\ &= \left(\frac{\sqrt{2}}{2}+\frac{\sqrt{2}}{2}-1\right)+\left(1+\frac{\sqrt{2}}{2}+\frac{\sqrt{2}}{2}\right) \\ &= 2\sqrt{2} \end{aligned}$$

■

예제 8 함수 $y=\cos x$에 대하여 $0 \le x \le \pi$에서의 곡선의 길이 L을 정적분으로 나타내라.

풀이 함수 $y=\cos x$에서 $y'=-\sin x$는 닫힌 구간 $[0,\ \pi]$에서 연속이므로 곡선의 길이 L을 정적분으로 나타내면 다음과 같다.

$$L=\int_0^{\pi} \sqrt{1+(-\sin x)^2}\, dx$$

■

연습문제 7.2

1. 다음 도함수 공식을 유도하라.

(1) $(\cos x)' = -\sin x$ (2) $(\sec x)' = \sec x \tan x$

2. 다음 함수를 미분하라.

(1) $f(x) = \dfrac{\sin x}{x}$ (2) $f(x) = x^2 \cos x$

(3) $f(x) = \cos(\sin x)$ (4) $f(x) = \tan(1 + x^2)$

(5) $y = \ln(\sin x)$ (6) $y = \cos(\ln x)$

(7) $y = x \cos y$ (8) $y = x^{\sin x}$ (단, $x > 0$)

3. 함수 $f(x) = 3\sin 2x$에 대하여 닫힌 구간 $[0, \pi]$에서 $f'(c) = 0$이 되는 c의 값을 모두 구하라.

4. 다음 각 함수의 극값을 모두 구하라. (단, $0 \leq x \leq 2\pi$)

(1) $f(x) = \sqrt{3}\sin x + \cos x$ (2) $f(x) = 2\cos x + \sin 2x$

5. 다음 적분을 구하라

(1) $\displaystyle\int \left(\sin\frac{x}{2} - \cos\frac{x}{2}\right)^2 dx$ (2) $\displaystyle\int \frac{1}{1 - \cos^2 x} dx$

(3) $\displaystyle\int \cot x \, dx$ (4) $\displaystyle\int \csc x \, dx$

(5) $\displaystyle\int_0^{\frac{\pi}{2}} (e^{2x} - \cos x) \, dx$ (6) $\displaystyle\int_0^{\pi} |\cos x| \, dx$

6. 닫힌 구간 $\left[0, \dfrac{\pi}{2}\right]$에서 두 곡선 $y = \sin 2x$, $y = \cos 2x$ 와 두 직선 $x = 0$, $x = \dfrac{\pi}{2}$로 둘러싸인 영역의 넓이 A를 구하라.

7.3 프로그래밍 실습

파이썬을 사용하여 삼각함수의 그래프를 그리고, 미분과 적분을 구해보자.

예제 1 다음 삼각함수의 그래프를 그려라.

(1) $y = \sin x \ (-\pi \leq x \leq 2\pi)$ (2) $y = \sec x \left(-\frac{3\pi}{2} \leq x \leq \frac{3\pi}{2}\right)$

① $y = \sin x \ (-\pi \leq x \leq 2\pi)$

```
[1] import numpy as np
    import matplotlib.pyplot as plt
    x = np.linspace(-np.pi,2*np.pi,101)
    y = np.sin(x)
    plt.plot(x,y)
    plt.xlabel('x')
    plt.ylabel('y')
    plt.title('$y=₩₩sin x$')
    plt.show()
```

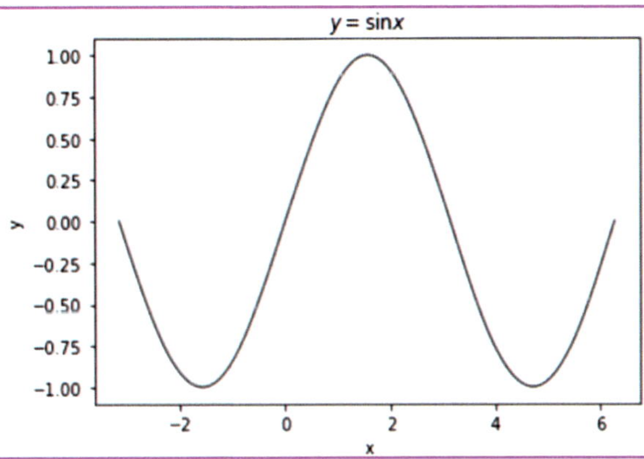

② $y = \sec x \left(-\frac{3\pi}{2} \leq x \leq \frac{3\pi}{2}\right)$

```
[5] x = np.linspace(-3/2*np.pi+0.01,-1/2*np.pi-0.01,101)
    y = 1/np.cos(x)
    plt.plot(x,y)
    x = np.linspace(-1/2*np.pi+0.01,1/2*np.pi-0.01,101)
    y = 1/np.cos(x)
    plt.plot(x,y)
    x = np.linspace(1/2*np.pi+0.01,3/2*np.pi-0.01,101)
    y = 1/np.cos(x)
    plt.plot(x,y)
    plt.ylim((-4,4))
    plt.xlabel('x')
    plt.ylabel('y')
    plt.title('$y=₩₩sec x$')
    plt.show()
```

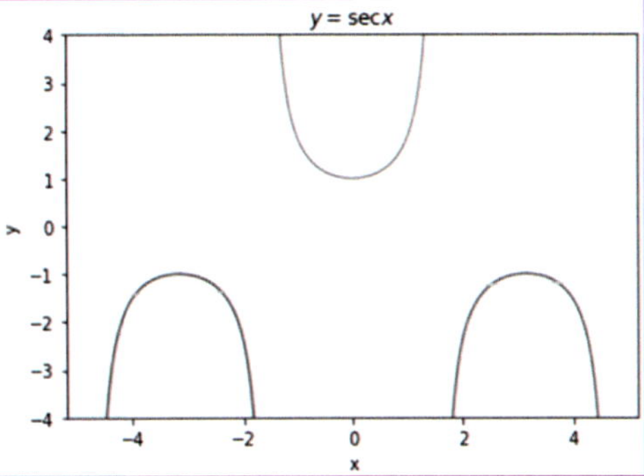

예제 2 방정식 $2\sin x - \sqrt{3} = 0$ (단, $0 \le x < 2\pi$)을 풀어라.

① sympy의 solve를 이용하여 해를 구한다. 따라서 $x = \frac{\pi}{3}$ 또는 $x = \frac{2\pi}{3}$ 이다.

```
[7]  import sympy as sp
     x = sp.symbols('x')
     eq = 2*sp.sin(x)-sp.sqrt(3)
     sol = sp.solve(eq,x)
     sol

     [pi/3, 2*pi/3]
```

```
[8]  sol[0]
```

$$\frac{\pi}{3}$$

```
[9]  sol[1]
```

$$\frac{2\pi}{3}$$

예제 3 극한값 $\lim_{x \to 0} \frac{\sin x}{x}$ 를 구하라.

① sp.limit를 이용하여 극한값을 구한다. 따라서 극한값은 1이다.

```
[10] import sympy as sp
     x = sp.symbols('x')
     sp.limit(sp.sin(x)/x, x, 0)

     1
```

예제 4 $\frac{d}{dx} \sin(\cos x)$를 구하라.

① sp.diff를 이용하여 미분한다. 따라서 $\frac{d}{dx} \sin(\cos x) = -\sin x \cos(\cos x)$이다.

```
[11] import sympy as sp
     x = sp.symbols('x')
     sp.diff(sp.sin(sp.cos(x)))
```

$$-\sin(x)\cos(\cos(x))$$

예제 5 부정적분 $\int \frac{1}{1-\sin^2 x}\,dx$ 를 구하라.

① sp.integrate를 이용하여 적분을 구한다.

```
[12] import sympy as sp
     x = sp.symbols('x')
     iy = sp.integrate(1/(1-sp.sin(x)**2),x)
     iy
```

$$-\frac{2\tan\left(\frac{x}{2}\right)}{\tan^2\left(\frac{x}{2}\right)-1}$$

② sp.simplify를 이용하여 복잡한 함수를 간단하게 만든다.

```
[13] sp.simplify(iy)
```

$$\tan(x)$$

따라서 $\int \frac{1}{1-\sin^2 x}\,dx = -\frac{2\tan\frac{x}{2}}{\tan^2\frac{x}{2}-1} = \tan x$이다.

예제 6 함수 $y=\csc x$에 대하여 y''을 구하라.

① sp.diff를 이용하여 2계도함수를 구한다. 따라서 $y''=\left(2\cot^2 x+1\right)\csc x$이다.

```
[14] import sympy as sp
     x = sp.symbols('x')
     iy = sp.diff(sp.csc(x),(x,2))
     iy
```

$$\left(2\cot^2(x)+1\right)\csc(x)$$

실 · 습 · 문 · 제

1. 극한값 $\lim_{h \to 0} \frac{h^2}{1-\cos h}$을 구하라.

2. 다음 함수를 미분하라.

(1) $f(x) = \sec x \ \tan x$ (2) $f(x) = \frac{\sec x}{1+\tan x}$

3. 다음 부정적분과 정적분을 구하라.

(1) $\int \left(\sin \frac{x}{2} - \cos \frac{x}{2}\right)^2 dx$ (2) $\int_0^{\pi/2} \frac{\cos x}{5+2\sin x} dx$

8

CHAPTER

여러 가지 적분법

생활과 자연 현상을 나타내는 함수들은 대부분 매우 복잡하며, 여러 문제 상황을 해결하기 위해서는 복잡한 함수들을 적분할 필요가 있다. 여러 가지 적분법은 복잡한 함수들의 적분을 가능하게 해 준다.

이 장에서는 치환적분법과 부분적분법을 다루고, 이를 이용하여 여러 가지 함수의 적분을 계산한다. 또한 삼각함수에 관한 여러 등식을 이용하여 복잡한 삼각함수를 적분하는 방법을 다루고, 부분분수 분해를 이용하여 분수함수를 적분하는 방법을 배운다.

8.1 치환적분법
8.2 부분적분법
8.3 복잡한 삼각함수의 적분방법
8.4 분수함수의 적분방법
8.5 프로그래밍 실습

8.1 치환적분법

기본형의 부정적분은 도함수 공식으로부터 쉽게 구할 수 있지만, 피적분함수가 복잡하면 부정적분을 쉽게 알 수 없는 경우가 많다. 이 절에서는 $\int x\sin(x^2)\,dx$, $\int x^2e^{x^3}\,dx$ 등과 같이 기본형이 아닌 경우를 기본형으로 바꾸는 치환적분법을 소개한다.

부정적분 $\int f(x)dx$에서 함수 $f(x)$가 미분가능한 함수 $h(x)$와 어떤 함수 g에 대하여

$$f(x) = g(h(x))h'(x)$$

라고 하자. $h(x) = t$로 치환하면 $h'(x)dx = dt$이므로

$$\int f(x)dx = \int g(h(x))h'(x)dx = \int g(t)dt$$

인데, 여기서 $g(t)$의 한 부정적분을 $G(t)$라 하면 다음이 성립한다.

$$\int f(x)dx = \int g(t)dt = G(t) + C = G(h(x)) + C$$

따라서 미적분학의 기본정리에 의하여 다음이 성립한다.

$$\int_a^b f(x)dx = \int_{h(a)}^{h(b)} g(h(x))dx = G(h(b)) - G(h(a))$$

함수 f가 닫힌 구간 $[a, b]$에서 연속이고 $f(x) = g(h(x))h'(x)$를 만족하는 함수 g도 연속일 때, 다음 치환적분법을 얻는다.

치환적분법

$$\int f(x)dx = \int g(h(x))h'(x)dx = \int g(t)dt,$$

$$\int_a^b f(x)dx = \int_a^b g(h(x))h'(x)dx = \int_{h(a)}^{h(b)} g(t)dt$$

보기 (1) $I=\int(1+x^2)^5 2xdx$에서 $1+x^2=t$라 하면 $2xdx=dt$이므로

$$I=\int t^5 dt=\frac{t^6}{6}+C=\frac{(1+x^2)^6}{6}+C$$

(2) $I=\int x^3\cos(x^4+2)dx$에서 $x^4+2=t$라 하면 $x^3dx=\frac{1}{4}dt$이므로

$$I=\int \cos t\frac{dt}{4}=\frac{1}{4}\int \cos t\,dt=\frac{1}{4}\sin t+C=\frac{1}{4}\sin(x^4+2)+C$$

예제 1 다음 적분을 구하라.

(1) $\int x6^{x^2}dx$

(2) $\int xe^{-x^2}dx$

(3) $\int\frac{(\ln x)^2}{x}dx$

(4) $\int x^2e^{x^3}dx$

풀이 (1) $x^2=t$라 하면 $xdx=\frac{1}{2}dt$이므로

$$\int x6^{x^2}dx=\frac{1}{2}\int 6^t\,dt=\frac{1}{2}\cdot\frac{6^t}{\ln 6}+C=\frac{6^{x^2}}{2\ln 6}+C.$$

(2) $x^2=t$라 하면 $xdx=\frac{1}{2}dt$이므로

$$\int xe^{-x^2}dx=\frac{1}{2}\int e^{-t}dt=-\frac{1}{2}e^{-t}+C=-\frac{1}{2}e^{-x^2}+C$$

$$=\frac{1}{2}\cdot\frac{6^t}{\ln 6}+C.$$

(3) $\ln x=t$라 하면 $\frac{1}{x}dx=dt$이므로

$$\int\frac{(\ln x)^2}{x}dx=\int t^2dt=\frac{1}{3}t^3+C=\frac{1}{3}(\ln x)^3+C.$$

(4) $x^3=t$라 하면 $x^2dx=\frac{1}{3}dt$이므로

$$\int x^2e^{x^3}dx=\frac{1}{3}\int e^tdt=\frac{1}{3}e^t+C=\frac{1}{3}e^{x^3}+C.$$ ■

예제 2 다음 적분을 구하라.

(1) $I=\int_0^4 \sqrt{2x+1}\,dx$

(2) $I=\int_0^1 x\sqrt{x^2+1}\,dx$

(3) $I=\int \frac{x}{\sqrt[3]{x+1}}dx$

(4) $I=\int \frac{x^2}{\sqrt{1+x^3}}dx$

풀이 (1) $\sqrt{2x+1}=t$라 하면 $dx=tdt$이다.

또한 $x=0$일 때 $t=1$이고 $x=4$일 때 $t=3$이다.

$$\therefore\ I=\int_1^3 t\cdot t\,dt=\int_1^3 t^2\,dt=\frac{1}{3}\left[t^3\right]_1^3=\frac{1}{3}(27-1)=\frac{26}{3}$$

(2) $\sqrt[3]{x+1}=t$라 하면 $x+1=t^3$, 즉 $x=t^3-1$이고 $dx=3t^2\,dt$이다.

$$\therefore\ I=\int \frac{t^3-1}{t}\cdot 3t^2dt=3\int t(t^3-1)dt=3\int (t^4-t)\,dt$$

$$=3\left(\frac{t^5}{5}-\frac{t^2}{2}\right)+C=\frac{3}{5}(x+1)^{\frac{5}{3}}-\frac{3}{2}(x+1)^{\frac{2}{3}}+C$$

(3) $\sqrt{x^2+1}=t$라 하면 $xdx=tdt$이다.

또한 $x=0$일 때 $t=1$이고 $x=1$일 때 $t=\sqrt{2}$이다.

$$\therefore\ I=\int_1^{\sqrt{2}} t\cdot t\,dt=\int_1^{\sqrt{2}} t^2\,dt=\frac{1}{3}\left[t^3\right]_1^{\sqrt{2}}=\frac{1}{3}(2\sqrt{2}-1)$$

(4) $\sqrt{1+x^3}=t$라 하면 $1+x^3=t^2$이고 $3x^2dx=2tdt$이므로 $x^2dx=\frac{2}{3}tdt$이다.

$$\therefore\ I=\frac{2}{3}\int \frac{t}{t}\,dt=\frac{2}{3}t+C=\frac{2}{3}\sqrt{1+x^3}+C$$ ■

예제 3 다음 적분을 구하라.

(1) $I=\int_0^{\sqrt{\frac{\pi}{2}}} x\cos x^2\,dx$

(2) $I=\int (1+\cos x)^3\sin x\,dx$

(3) $I=\int \frac{1+\cos x}{x+\sin x}\,dx$

(4) $I=\int \frac{1}{\cos^2(1+\tan x)}\,dx$

풀이 (1) $x^2=t$라 하면 $xdx=\frac{dt}{2}$이다. 또 $x=0$일 때 $t=0$이고 $x=\sqrt{\frac{\pi}{2}}$일 때 $t=\frac{\pi}{2}$이다.

$$\therefore\ I=\int_0^{\frac{\pi}{2}}\cos t\cdot\frac{1}{2}dt=\frac{1}{2}[\sin t]_0^{\frac{\pi}{2}}=\frac{1}{2}$$

(2) $1+\cos x=t$라 하면 $\sin x dx=-dt$이다.

$$\therefore\ I=\int t^3(-dt)=-\frac{1}{4}t^4+C=-\frac{1}{4}(1+\cos x)^4+C$$

(3) $x+\sin x=t$라 하면 $(1+\cos x)dx=dt$이다.

$$\therefore\ I=\int\frac{1}{t}\,dt=\ln|t|+C=\ln|x+\sin x|+C$$

(4) $\frac{1}{\cos^2 x}=\sec^2 x$이므로 $\tan x=t$라 하면 $\sec^2 x dx=dt$이다.

$$\therefore\ I=\int\frac{1}{(1+t)}\,dt=\ln|1+t|+C=\ln|1+\tan x|+C$$

■

예제 4 다음 적분을 구하라.

(1) $\int\frac{2x+1}{x^2+x+1}\,dx$ (2) $\int\frac{\cos(\ln x)}{x}\,dx$

(3) $\int 5^x\ln 5\,dx$ (4) $\int\frac{2^x\ln 2}{2^x+3}\,dx$

풀이 (1) $x^2+x+1=t$라 하면 $(2x+1)dx=dt$이다.

$$\therefore\ \int\frac{2x+1}{x^2+x+1}\,dx=\int\frac{1}{t}\,dt=\ln|t|+C=\ln|x^2+x+1|+C$$

(2) $\ln x=t$라 하면 $\frac{1}{x}dx=dt$이다.

$$\therefore\ \int\frac{\cos(\ln x)}{x}\,dx=\int\cos t\,dt=\sin t+C=\sin(\ln x)+C$$

(3) $5^x=t$라 하면 $5^x\ln 5\,dx=dt$ 이다.

$$\therefore\ \int 5^x\ln 5\,dx=\int 1\,dt=t+C=5^x+C$$

(4) $2^x=t$라 하면 $2^x\ln 2\,dx=dt$ 이다.

$$\therefore\ \int\frac{2^x\ln 2}{2^x+3}\,dx=\int\frac{1}{t+3}\,dt=\ln|t+3|+C=\ln(2^x+3)+C$$

■

예제 5 다음 적분을 구하라.

(1) $\int \frac{x^3}{\sqrt{1-x^2}}\, dx$ (2) $\int \sin^3 x\, dx$

풀이 (1) $\sqrt{1-x^2}=t$라 하면 $x^2=1-t^2$, $xdx=-tdt$이다.

$$\therefore\ I=\int \frac{x^3}{\sqrt{1-x^2}}\, dx=\int \frac{x^2}{\sqrt{1-x^2}}\, x\, dx$$

$$=\int \frac{1-t^2}{t}\cdot(-t)dt$$

$$=\int (t^2-1)dt=\frac{1}{3}t^3-t+C$$

$$=\frac{1}{3}(1-x^2)\sqrt{1-x^2}-\sqrt{1-x^2}+C$$

(2) $\sin^3 x=\sin x^2 x\cdot\sin x=(1-\cos^2 x)\sin x$ 이므로 $\cos x=t$라 하면 $\sin x\, dx=-dt$이다.

$$\therefore\ \int \sin^3 x\, dx=\int (1-t^2)(-dt)=\int (t^2-1)dt$$

$$=\frac{1}{3}t^3-t+C$$

$$=\frac{1}{3}\cos^3 x-\cos x+C$$

■

연습문제 8.1

1. 주어진 치환을 이용하여 다음 부정적분을 구하라.

(1) $\int 2x(x^2+4)^{\frac{3}{2}}\,dx$; $t=x^2+4$

(2) $\int \frac{2x^7+1}{(x^8+4x-1)^2}\,dx$; $t=x^8+4x-1$

2. 다음 부정적분을 구하라.

(1) $\int (x+1)\cos(x^2+2x)\,dx$

(2) $\int (5x^4+1)(x^5+x)^{100}\,dx$

(3) $\int \frac{x+1}{\sqrt{x^2+2x+3}}\,dx$

(4) $\int \frac{1}{2+2\sqrt{x}}dx$

3. 다음 부정적분을 구하라.

(1) $\int \frac{1}{x\ln x}\,dx$

(2) $\int xe^{x^2}dx$

(3) $\int x^3\sin(x^4)\,dx$

(4) $\int \frac{e^x}{1-e^x}dx$

(5) $\int \frac{1}{2x+5}\,dx$

(6) $\int \sin(x+4)\,dx$

4. 다음 정적분을 구하라.

(1) $\int_{-1}^{1}\sqrt{x+2}\,dx$

(2) $\int_{2}^{4}(x+1)(x^2+2x+1)^{\frac{5}{4}}\,dx$

(3) $\int_{0}^{\frac{\pi}{6}}\sin(3x+\pi)\,dx$

(4) $\int_{1}^{2}\frac{2x}{1+x^2}\,dx$

5. 부정적분 $\int \sin x\cos x\,dx$를 치환적분법으로 구하라.

8.2 부분적분법

이제 $\int x\sin x\,dx$, $\int \ln x\,dx$ 등과 같이 피적분함수가 치환적분이 가능하지 않고 기본형도 아닌 경우에 곱의 미분법에서 유도되는 부분적분법을 소개한다.

미분가능한 두 함수 g, h에 대하여 $\dfrac{d}{dx}\{g(x)h(x)\} = g'(x)h(x)+g(x)h'(x)$이므로

$$g(x)h(x)=\int g'(x)h(x)dx + \int g(x)h'(x)dx$$

$$\text{즉, } \int g'(x)h(x)dx = f(x)g(x) - \int g(x)h'(x)dx$$

이 성립하는데, 이와 같은 적분방법을 부분적분법이라 한다.

부분적분법

$$\int g'(x)h(x)dx = f(x)g(x) - \int g(x)h'(x)dx\,,$$

$$\int_a^b g'(x)h(x)\,dx = [g(x)h(x)]_a^b - \int_a^b g(x)h'(x)dx$$

참고 정적분의 부분적분법을 다음과 같이 적고, 어떤 함수를 u'으로 나머지 함수를 v로 정한다.

$$\int_a^b u'v = [uv]_a^b - \int_a^b uv'$$

주어진 피적분함수에 대하여 부분적분법을 적용하는 방법은 다음과 같다.

① 피적분함수에 $\ln x$가 있는 경우, $v = \ln x$로 정하고, 나머지를 u'으로 정한다.

② 미분하면 차수가 줄어드는 함수를 v으로 나머지를 u'으로 정한다.

③ 미분하면 차수가 줄어드는 함수가 없을 경우, 어느 하나를 v로 선택한다.

보기 (1) $\int x\sin x\,dx$ 에서 $u'=\sin x$, $v=x$라 하면 $u=-\cos x$, $v'=1$이므로

$$\int x\sin x\,dx=(-\cos x)x-\int(-\cos x)\cdot 1dx=-x\cos x+\sin x+C.$$

(2) $\int_1^e \ln x\,dx$에서 $u'=1$, $v=\ln x$라 하면 $u=x$, $v'=\frac{1}{x}$이므로

$$\int_1^e \ln x\,dx=[x\ln x]_1^e-\int_1^e x\cdot\frac{1}{x}dx=e-\int_1^e dx=1.$$

예제 1 다음 정적분을 구하라.

(1) $\int_1^e x\ln x\,dx$ (2) $\int_0^1 xe^x dx$

풀이 (1) $u'=x$, $v=\ln x$라 하면 $u=\frac{x^2}{2}$, $v'=\frac{1}{x}$이므로

$$\int_1^e x\ln x\,dx=\left[\frac{x^2}{2}\cdot\ln x\right]_1^e-\int_1^e\frac{x^2}{2}\cdot\frac{1}{x}dx$$

$$=\frac{e^2}{2}-\frac{1}{2}\int_1^e xdx$$

$$=\frac{e^2}{2}-\frac{1}{4}[x^2]_1^e$$

$$=\frac{e^2}{2}-\frac{1}{4}(e^2-1)=\frac{1}{4}(e^2+1).$$

(2) $u'=e^x$, $v=x$라 하면 $u=e^x$, $v'=1$이므로

$$\int_0^1 xe^x dx=[e^x\cdot x]_0^1-\int_0^1 e^x dx=e-[e^x]_0^1=1.$$ ■

이제 부분적분법을 두 번 이상 적용하는 적분에 대하여 알아보자.

보기 정적분 $I=\int_1^e (\ln x)^2\,dx$에서 $u'=1,\ v=(\ln x)^2$이라 하면

$$\begin{aligned} I &= \left[x(\ln x)^2\right]_1^e - \int_1^e x\cdot\frac{2\ln x}{x}\,dx \\ &= e-2\int_1^e \ln x\,dx \\ &= e-2\left[x\ln x - x\right]_1^e \\ &= e-2(e-e+1)=e-2. \end{aligned}$$

예제 2 다음 부정적분을 구하라.

(1) $I=\int x^2 e^x\,dx$ (2) $I=\int x^3\sin x\,dx$

풀이 (1) $u'=e^x,\ v=x^2$이라 하면 $I=x^2e^x-2\int xe^x\,dx$이다.

이제 $\int xe^x dx$에서 $u'=e^x,\ v=x$라 하면

$$\int xe^x dx = xe^x-\int e^x dx = xe^x-e^x+C$$

이므로 다음을 얻는다.

$$I= x^2e^x-2xe^x+2e^x+C$$

(2) $u'=\sin x,\ v=x^3$이라 하면 $I=-x^3\cos x+\int 3x^2\cos x\,dx$이다.

이제 $\int x^2\cos x\,dx$에서 $u'=\cos x,\ v=x^2$이라 하면

$$\int x^2\cos x\,dx = x^2\sin x-\int 2x\sin x\,dx$$

이므로 $\int x\sin x\,dx=-x\cos x+\sin x+C$에 의하여 다음을 얻는다.

$$I=-x^3\cos x+3x^2\sin,x+6x\cos x-6\sin x+C$$ ■

예제 3 부정적분 $I=\int e^x \sin x\, dx$를 구하라.

풀이 $u' = e^x, v = \sin x$라 하면 $u = e^x,\ v' = \cos x$이므로

$$I = e^x \sin x - \int e^x \cos x dx \qquad \cdots\cdots ①$$

$\int e^x \cos x\, dx$에서 $u' = e^x, v = \cos x$라 하면 $u = e^x,\ v' = -\sin x$이므로

$$\int e^x \cos x dx = e^x \cos x - \int e^x (-\sin x) dx = e^x \cos x + I \qquad \cdots\cdots ②$$

②를 ①에 대입하면 $I = e^x \sin x - (e^x \cos x + I)$이므로 다음을 얻는다.

$$I = \frac{e^x (\sin x - \cos x)}{2} + C$$

■

예제 4 다음 부정적분을 구하라.

(1) $I = \int x^3 e^{x^2} dx$ (2) $I = \int x^3 \sec^2 (x^2) dx$

풀이 (1) $x^2 - t$라 하면 $xdx = \frac{1}{2}dt$이므로

$$I = \int x^3 e^{x^2} dx = \int x^2 e^{x^2} cdotxdx = \frac{1}{2}\int te^t dt.$$

여기서 $\int te^t dt = e^t \cdot t - e^t + C$ 이므로 다음을 얻는다.

$$I = \frac{1}{2}(te^t - e^t) + C = \frac{1}{2}e^t (t-1) + C$$
$$= \frac{1}{2}e^{x^2}(x^2 - 1) + C$$

(2) $x^2 = t$라 하면 $xdx = \frac{1}{2}dt$이므로

$$I = \int x^3 \sec^2 (x^2) dx = \int x^2 \sec^2 (x^2) x dx = \frac{1}{2}\int t \cdot \sec^2 t\ dt.$$

이제 $u' = \sec^2 t,\ v = t$라 하면 $u = \tan t,\ v' = 1$이고,

$\int \tan x\ dx = -\ln |\cos x| + C$이므로 다음을 얻는다.

$$I = \frac{1}{2}\left(t \tan t - \int \tan t\, dt\right)$$
$$= \frac{1}{2}(t \tan t + \ln|\cos t|) + C = \frac{1}{2}x^2 \tan x^2 + \frac{1}{2}\ln|\cos x^2| + C$$

■

연습문제 8.2

1. 다음 부정적분을 구하라.

(1) $\int x\cos 5x\, dx$ (2) $\int x^2 \cos x\, dx$

(3) $\int (x+2)e^x\, dx$ (4) $\int x^2 e^{3x}\, dx$

(5) $\int 2x^3 \cos x^2\, dx$ (6) $\int x^2 \ln x\, dx$

(7) $\int x\sec^2 x dx$ (8) $\int x\csc^2 x dx$

2. 다음 정적분을 구하라.

(1) $\int_1^3 \ln(x^3)\, dx$ (2) $\int_0^1 xe^x dx$

(3) $\int_0^{\frac{\pi}{2}} e^x \cos x\, dx$ (4) $\int_0^{\frac{\pi}{4}} \sec^3 x\, dx$

3. 부정적분 $\int \sin x\cos x\, dx$를 부분적분법으로 구하라.

4. 곡선 $y=f(x)$위의 점 (x, y)에서의 접선의 기울기가 $x\ln x$이다. 이 곡선이 점 $(1,1)$을 지날 때, $f(x)$를 구하라.

5. $f(x)=\int x^2 \ln x dx$에 대하여 $f(1)=0$일 때, $f(e)$의 값을 구하라.

8.3 복잡한 삼각함수의 적분방법

삼각함수에 대한 여러 가지 공식과 치환적분법을 이용하여 부정적분

$$\int \sin^m x \cos^n x dx, \ \int \tan^m x \sec^n x dx, \ \int \sin ax \cos bx \, dx$$

을 구하는 방법과 삼각함수 치환을 이용하는 적분방법에 대하여 알아보자.

$\int \sin^m \cos^n x dx$의 적분

삼각함수의 공식에 의하여 다른 삼각함수로 바꿀 수 있다. 예를 들면,

$$I = \int \sin^3 x \cos^2 x dx$$

에서 $\cos x = t$로 치환하면 $-\sin x \cdot dx = dt$이므로

$$I = \int \sin^2 x \cos^2 x (-dt) = -\int (1-t^2) t^2 dt = \int (t^4 - t^2) dt$$

가 되어 적분할 수 있는 기본형이 된다.

부정적분 $\int \sin^m \cos^n x dx$에서는 $\cos x$의 차수가 홀수이면 $\sin x = t$로 치환하고, $\sin x$의 차수가 홀수이면 $\cos x = t$로 치환한다.

예제 1 다음 부정적분을 구하라.

(1) $I = \int \sin^4 x \cos^3 x dx$ (2) $I = \int \sin^3 x dx$

풀이 (1) $\cos x$의 차수가 홀수이므로 $\sin x = t$라 하면 $\cos x \, dx = dt$이다.

$$I = \int t^4 \cos^2 x \, dt = \int t^4 (1-t^2) dt = \int (t^4 - t^6) dt$$

$$= \frac{t^5}{5} - \frac{t^7}{7} + C = \frac{\sin^5 x}{5} - \frac{\sin^7 x}{7} + C$$

(2) $\sin x$의 차수가 홀수이므로 $\cos x = t$라 하면 $-\sin x\,dx = dt$이다.

$$I = \int \sin^2 x(-dt) = -\int (1-t^2)dt = \int (t^2-1)dt$$

$$= \frac{t^3}{3} - t + C = \frac{\cos^3 x}{3} - \cos x + C$$ ■

예제 2 부정적분 $I = \int \sin^2 x \cos^4 x\,dx$를 구하라.

풀이 차수가 모두 짝수이므로 삼각함수의 공식을 이용하여 차수를 줄인다.

$$I = \int \left(\frac{1-\cos 2x}{2}\right)\left(\frac{1+\cos 2x}{2}\right)^2 dx$$

$$= \frac{1}{8}\int (1+\cos 2x - \cos^2 2x - \cos^3 2x)dx$$

$$= \frac{1}{8}\int \left\{1+\cos 2x - \frac{1}{2}(1+\cos 4x) - (1-\sin^2 2x)\cos 2x\right\}dx$$

$$= \frac{1}{8}\int \left(\frac{1}{2} - \frac{1}{2}\cos 4x + \sin^2 2x\cos 2x\right)dx$$

$$= \frac{1}{8}\left(\frac{1}{2}\int 1dx - \frac{1}{2}\int \cos 4x\,dx + \int \sin^2 2x\cos 2x\,dx\right)$$

$$= \frac{1}{8}\left(\frac{1}{2}x - \frac{1}{8}\sin 4x + I_1\right)$$

한편 $I_1 = \int \sin^2 2x\cos 2x\,dx$에서 $\sin 2x = t$라 하면 $2\cos 2x\,dx = dt$이므로

$$I_1 = \frac{1}{2}\int t^2 dt = \frac{t^3}{6} + C_1 = \frac{\sin^3 2x}{6} + C_1.$$

$$\therefore\ I = \frac{1}{8}\left(\frac{1}{2}x - \frac{1}{8}\sin 4x + \frac{1}{6}\sin^3 2x\right) + C$$ ■

$\int \tan^m x \sec^n x\,dx$의 적분

$\tan x = t$로 치환하면 $\sec^2 x\,dx = dt$, $\sec x = t$로 치환하면 $\sec x\tan x\,dx = dt$이다.

따라서 $\sec x$의 차수가 짝수이면 $\tan x = t$로 치환하고, $\tan x$의 차수가 홀수이면 $\sec x = t$로 치환한다.

예제 3 다음 부정적분을 구하라.

(1) $I=\int \tan^6 x\sec^4 x dx$ (2) $I=\int \sec^8 x dx$

풀이 (1) $\sec x$의 차수가 짝수이므로 $\tan x = t$라 하면 $\sec^2 x\, dx = dt$이다.

$$\therefore\ I=\int t^6(1+t^2)dt=\int (t^6+t^8)dt$$

$$=\frac{t^7}{7}+\frac{t^9}{9}+C=\frac{\tan^7 x}{7}+\frac{\tan^9 x}{9}+C$$

(2) $\sec x$의 차수가 짝수이므로 $\tan x = t$라 하면 $\sec^2 x dx = dt$이다.

$$\therefore I=\int (1+t^2)^3 dt=\int (t^6+3t^4+3t^2+1)dt$$

$$=\frac{t^7}{7}+\frac{3}{5}t^5+t^3+t+C$$

$$=\frac{\tan^7 x}{7}+\frac{3}{5}\tan^5 x+\tan^3 x+\tan x+C$$

■

예제 4 부정적분 $I=\int \tan^3 x\sec^{\frac{1}{2}} x dx$를 구하라.

풀이 $\tan x$의 차수가 홀수이므로 $\sec x = t$라 하면 $\sec x\tan x\, dx = dt$이다.

$$\therefore I=\int (t^2-1)t^{-\frac{1}{2}}dt=\int \left(t^{\frac{3}{2}}-t^{-\frac{1}{2}}\right)dt$$

$$=\frac{t^{\frac{3}{2}+1}}{\frac{3}{2}+1}-\frac{t^{-\frac{1}{2}+1}}{-\frac{1}{2}+1}=\frac{2}{5}\sec^{\frac{5}{2}} x-2\sec^{\frac{1}{2}} x+C$$

■

이제 $\int \sec^n x\,dx$와 같은 형태의 적분을 알아보자.

예제 5 $I_n = \int \sec^n x\,dx$ 일 때, 다음이 성립함을 보여라.

$$I_n = \frac{1}{n-1}\tan x \sec^{n-2}x + \frac{n-2}{n-1} I_{n-2} \quad (\text{단}, \ n \geq 2)$$

풀이 $I_n = \int \sec^{n-2}x \cdot \sec^2 x\,dx$이므로 $u' = \sec^2 x$, $v = \sec^{n-2}x$라 하면

$u = \tan x$, $v' = (n-2)\sec^{n-3}x \cdot \sec x \tan x$이다.

따라서 부분적분법에 의하여 다음을 얻는다.

$$\begin{aligned}
\therefore\ I_n &= \tan x \sec^{n-2}x - \int \tan x \cdot (n-2)\sec^{n-3}x \sec x \tan x\,dx \\
&= \tan x \sec^{n-2}x - (n-2)\int \sec^{n-2}x \tan^2 x\,dx \\
&= \tan x \sec^{n-2}x - (n-2)\int \sec^{n-2}x(\sec^2 x - 1)\,dx \\
&= \tan x \sec^{n-2}x - (n-2)\left[\int \sec^n x\,dx - \int \sec^{n-2}x\,dx\right] \\
&= \tan x \sec^{n-2}x - (n-2)I_n + (n-2)I_{n-2}.
\end{aligned}$$

$$\therefore\ I_n = \frac{1}{n-1}\tan x \sec^{n-2}x + \frac{n-2}{n-1} I_{n-2} \ (\text{단}, \ n \geq 2)$$ ■

보기 $I_1 = \int \sec x\,dx = \int \frac{\sec x(\sec x + \tan x)}{\sec x + \tan x}\,dx = \ln|\sec x + \tan x| + C_1$

이므로 다음을 얻는다.

$$\begin{aligned}
I_3 = \int \sec^3 x\,dx &= \frac{1}{2}\tan x \sec x + \frac{1}{2} I_1 \\
&= \frac{1}{2}\tan x \sec x + \frac{1}{2}\ln|\sec x + \tan x| + C
\end{aligned}$$

$\int \sin ax \cos bx\,dx$의 적분

삼각함수의 곱을 합 또는 차로 고치는 공식을 이용하여 기본형으로 바꾸어 계산한다.

예제 6 다음 부정적분을 구하라.

(1) $\int \sin 3x \cos 2x\,dx$ (2) $\int \sin 5x \sin 3x\,dx$

풀이 (1) $\sin 3x \cos 2x = \frac{1}{2}(\sin 5x + \sin x)$이므로

$$\int \sin 3x \cos 2x \, dx = \frac{1}{2}\left(-\frac{1}{5}\cos 5x - \cos x\right) + C$$

$$= -\frac{1}{10}\cos 5x - \frac{1}{2}\cos x + C.$$

(2) $\sin 5x \sin 3x = -\frac{1}{2}(\cos 8x - \cos 2x)$이므로

$$\int \sin 5x \sin 3x \, dx = -\frac{1}{2}\left(\frac{1}{8}\sin 8x - \frac{1}{2}\sin 2x\right) + C$$

$$= -\frac{1}{16}\sin 8x + \frac{1}{4}\sin 2x + C.$$

■

$\sqrt{a^2 - x^2}$, $\sqrt{a^2 + x^2}$, $\sqrt{x^2 - a^2}$ (단, a는 양의 실수)을 포함한 경우

다음과 같이 삼각함수 치환을 이용한다.

① $\sqrt{a^2 - x^2}$을 포함한 경우: $x = a\sin t$ $\left(단, -\frac{\pi}{2} < t < \frac{\pi}{2}\right)$로 치환하면

$$dx = a\cos t \, dt, \ \sqrt{a^2 - x^2} = a\sqrt{1 - \sin^2 t} = a\cos t.$$

② $\sqrt{a^2 + x^2}$을 포함한 경우: $x = a\tan t$ $\left(단, -\frac{\pi}{2} < t < \frac{\pi}{2}\right)$로 치환하면

$$dx = a\sec^2 t \, dt, \ \sqrt{a^2 + x^2} = a\sqrt{1 + \tan^2 t} = a\sec t.$$

③ $\sqrt{x^2 - a^2}$을 포함한 경우: $x = a\sec t$ $\left(단, 0 < t < \frac{\pi}{2}\right)$로 치환하면

$$dx = a\sec t \tan t \, dt, \ \sqrt{x^2 - a^2} = a\sqrt{\sec^2 t - 1} = a\tan t.$$

예제 7 다음 부정적분을 구하라.

(1) $I=\int_0^1 \sqrt{4-x^2}\,dx$　　(2) $I=\int_0^3 \frac{1}{\sqrt{9+x^2}}\,dx$

(3) $I=\int_{\sqrt{2}}^2 \frac{\sqrt{x^2-9}}{x}\,dx$　　(4) $I=\int x\sqrt{x^2-9}\,dx$

풀이 (1) $x=2\sin t\left(\text{단}, -\frac{\pi}{2}<t<\frac{\pi}{2}\right)$라 하면 $dx=2\cos t\,dt$, $\sqrt{4-x^2}=2\cos t$이다.

또한 $x=0$일 때 $t=0$이고 $x=1$일 때 $t=\frac{\pi}{6}$이므로

$$I=4\int_0^{\frac{\pi}{6}}\cos^2 t\,dt=4\int_0^{\frac{\pi}{6}}\frac{1+\cos 2t}{2}\,dt=2\left[t+\frac{\sin 2t}{2}\right]_0^{\frac{\pi}{6}}=\frac{\pi}{3}+\frac{\sqrt{3}}{2}.$$

(2) $x=3\tan t\left(\text{단}, -\frac{\pi}{2}<t<\frac{\pi}{2}\right)$라 하면

$dx=3\sec^2 t\,dt$, $\sqrt{9+x^2}=3\sqrt{1+\tan^2 t}=3\sec t$이다.

또한 $x=0$일 때 $t=0$이고 $x=3$일 때 $t=\frac{\pi}{4}$이다.

$\int \sec x\,dx=\ln|\sec x+\tan x|+C$이므로

$$I=\int_0^{\frac{\pi}{4}}\frac{3\sec^2 t}{3\sec t}dt=\int_0^{\frac{\pi}{4}}\sec t\,dt=[\ln|\sec t+\tan t|]_0^{\frac{\pi}{4}}=\ln(\sqrt{2}+1).$$

(3) $x=3\sec t\left(\text{단}, 0<t<\frac{\pi}{2}\right)$라 하면 $dx=3\sec t\tan t\,dt$,

$\sqrt{x^2-9}=3\tan t$ 이다. 또한 $x=\sqrt{2}$일 때 $t=\frac{\pi}{4}$이고 $x=2$일 때 $t=\frac{\pi}{3}$이다.

$$I=\int_{\frac{\pi}{4}}^{\frac{\pi}{3}}\tan^2 t\,dt=\int_{\frac{\pi}{4}}^{\frac{\pi}{3}}(\sec^2 t-1)dt=[\tan t-t]_{\frac{\pi}{4}}^{\frac{\pi}{3}}=\sqrt{3}-1-\frac{\pi}{12}$$

(6) $\sqrt{x^2-9}=t$라 하면 $x^2=t^2+9$, $xdx=tdt$이므로 치환적분법에 의하여

$$I=\int t^2\,dt=\frac{1}{3}t^3+C=\frac{1}{3}(\sqrt{x^2-9})^3+C.$$ ■

연습문제 8.3

1. 다음 부정적분을 구하라.

(1) $\int \sin^3 x \cos^4 x dx$ (2) $\int \sin^5 x \cos^3 x dx$

(3) $\int \tan^3 x \sec^6 x dx$ (4) $\int \cos^3 2x dx$

(5) $\int \sin^2 2x dx$ (6) $\int \cos 4x \cos 6x \, dx$

2. (1) $\int \tan^5 x dx$를 구하라.

(2) $I_n = \int \tan^n x dx$ 일 때, 다음을 증명하라.

$$I_n = \frac{1}{n-1}\tan^{n-1}x - I_{n-2} \text{ (단, } n \geq 2\text{)}$$

3. (1) 다음이 성립함을 보여라.

$$I_n = \int_0^{\frac{\pi}{2}} \sin^n x dx = \begin{cases} \dfrac{2 \cdot 4 \cdot \cdots \cdot (n-3) \cdot (n-1)}{1 \cdot 3 \cdot \cdots \cdot (n-2) \cdot n} & (n\text{이 홀수}) \\[2ex] \dfrac{1 \cdot 3 \cdot \cdots \cdot (n-3) \cdot (n-1)}{2 \cdot 4 \cdot \cdots \cdot (n-2) \cdot n} \cdot \dfrac{\pi}{2} & (n\text{이 짝수}) \end{cases}$$

(2) $\int_0^{\frac{\pi}{2}} \cos^n x dx = \int_0^{\frac{\pi}{2}} \sin^n x dx$가 성립함을 보여라.

(3) $\int_0^{\frac{\pi}{10}} \cos^8 5x \, dx$를 구하라.

4. 정적분 $\int_0^{\frac{3}{2}} \sqrt{9-x^2} \, dx$ 를 구하라.

8.4 분수함수의 적분 방법

분수함수는 부분분수로 분해하면 간단한 함수로 바꾸어 적분할 수 있다.

보기 $\dfrac{1}{x^2-5x+6}=\dfrac{1}{x-3}-\dfrac{1}{x-2}$ 이므로 다음이 성립한다.

$$\int\frac{1}{x^2-5x+6}dx=\int\left(\frac{1}{x-3}-\frac{1}{x-2}\right)dx=\ln|x-3|-\ln|x-2|+C$$

분수함수의 적분 $\int\dfrac{g(x)}{f(x)}dx$ (단, $f(x)$, $g(x)$는 다항식)에서 분자의 차수가 분모의 차수보다 크면 다음과 같이 바꿀 수 있다.

$$\frac{g(x)}{f(x)}=q(x)+\frac{r(x)}{f(x)}\ (\text{단, } (r(x)\text{의 차수})<(f(x)\text{의 차수}))$$

실수계수를 갖는 다항식은 모두 실수계수를 갖는 일차식 또는 이차식의 곱으로 인수분해 된다.

한편 $g(x)$가 4차 이하인 다항식일 때, 다음과 같이 부분분수로 분해할 수 있다.

$$\frac{g(x)}{(x-1)(x+1)^2(x^2+1)}=\frac{a}{x-1}+\frac{b}{x+1}+\frac{c}{(x+1)^2}+\frac{dx+e}{x^2+1}\ (\text{단, } a,\ b,\ c,\ d,\ e\text{는 상수})$$

일반적으로 분자의 차수가 분모보다 작은 분수함수는 다음과 같이 나타낼 수 있다.

$$\frac{a_1}{(x-\alpha)}+\frac{a_2}{(x-\alpha)^2}+\cdots+\frac{a_n}{(x-\alpha)^n}$$
$$+\frac{b_1x+c_1}{(x^2+bx+c)}+\frac{b_2x+c_2}{(x^2+bx+c)^2}+\cdots+\frac{b_mx+c_m}{(x^2+bx+c)^m}+\cdots$$

예제 1 분수함수를 부분분수로 분해하여 다음 적분을 구하라.

(1) $I=\displaystyle\int\frac{x}{x^2-3x+2}dx$ (2) $I=\displaystyle\int\frac{x-4}{x^2+x-2}dx$

풀이 (1) $\frac{x}{x^2-3x+2}=\frac{a}{x-1}+\frac{b}{x-2}$라고 놓으면

$x=a(x-2)+b(x-1)$에서 $a=-1,\ b=2$이므로 다음을 얻는다.

$$I=\int \frac{x}{(x-1)(x-2)}dx=-\int \frac{1}{x-1}dx+2\int \frac{1}{x-2}dx$$
$$=-\ln|x-1|+2\ln|x-2|+C$$

(2) $\frac{x-4}{x^2+x-2}=\frac{2}{x+2}-\frac{1}{x-1}$이므로 다음을 얻는다.

$$I=\int\left(\frac{2}{x+2}-\frac{1}{x-1}\right)dx=2\int \frac{1}{x+2}dx-\int \frac{1}{x-1}dx$$
$$=2\ln|x+2|-\ln|x-1|+C$$

■

예제 2 $I=\int \frac{\cos x}{\sin^2 x+4\sin x-5}dx$를 구하라.

풀이 $\sin x=t$라 하면 $\cos x\,dx=dt$이고 $\sin^2 x+4\sin x-5=t^2+4t-5$이므로

$I=\int \frac{1}{t^2+4t-5}dt$이다. $\frac{1}{t^2+4t-5}=\frac{a}{t-1}+\frac{b}{t+5}$라고 놓으면

$1=a(t+5)+b(t-1)$에서 $a=\frac{1}{6},\ b=-\frac{1}{6}$이다.

$$\therefore\ I=\int \frac{1}{t^2+4t-5}dt=\frac{1}{6}\int\left(\frac{1}{t-1}-\frac{1}{t+5}\right)dt$$
$$=\frac{1}{6}(\ln|t-1|-\ln|t+5|)+C=\frac{1}{6}\ln\left|\frac{t-1}{t+5}\right|+C$$
$$=\frac{1}{6}\ln\left|\frac{\sin x-1}{\sin x+5}\right|+C$$

■

예제 3 다음 적분을 구하라.

(1) $I=\int \frac{3x^2-4x+1}{(x-2)(x^2+1)}dx$ (2) $I=\int \frac{2x^3-4x^2-8}{(x^2-x)(x^2+4)}dx$

풀이 (1) $\dfrac{3x^2-4x+1}{(x-2)(x^2+1)}=\dfrac{a}{x-2}+\dfrac{bx+c}{x^2+1}$라고 놓으면 $a=1$, $b=2$, $c=0$이므로 다음이 성립한다.

$$I=\int\frac{1}{x-2}dx+\int\frac{2x}{x^2+1}dx=\ln|x-2|+\ln(x^2+1)+C$$

(2) $\dfrac{2x^3-4x-8}{(x^2-x)(x^2+4)}==\dfrac{a}{x}+\dfrac{b}{x-1}+\dfrac{cx+d}{x^2+4}$라고 놓으면

$a=2$, $b=-2$, $c=2$, $d=0$이므로 다음이 성립한다.

$$I=2\int\frac{1}{x}dx-2\int\frac{1}{x-1}dx+\int\frac{2x}{x^2+4}dx$$
$$=2\ln|x|-2\ln|x-1|+\ln(x^2+4)+C$$ ■

예제 4 다음 적분을 구하라.

(1) $I=\displaystyle\int\frac{3x^4+3x^3-5x^2+2x-6}{x^2+x-2}dx$ (2) $I=\displaystyle\int\frac{8}{x(x^2+2)^2}dx$

풀이 (1) $\dfrac{3x^4+3x^3-5x^2+2x-6}{x^2+x-2}=3x^2+1+\dfrac{2}{x+2}-\dfrac{1}{x-1}$이므로 다음이 성립한다.

$$I=\int(3x^2+1)dx+2\int\frac{1}{x+2}dx-\int\frac{1}{x-1}dx$$
$$=x^3+x+2\ln|x+2|-\ln|x-1|+C$$

(2) $\dfrac{8}{x(x^2+2)^2}=\dfrac{2}{x}+\dfrac{-2x}{x^2+2}+\dfrac{-4x}{(x^2+2)^2}$이므로 다음이 성립한다.

$$I=\int\frac{2}{x}dx-\int\frac{2x}{x^2+2}dx-\int\frac{4x}{(x^2+2)^2}dx$$
$$=2\ln|x|-\ln(x^2+2)+\frac{2}{x^2+2}+C$$
$$=\frac{2}{x^2+2}+\ln\frac{x^2}{x^2+2}+C$$ ■

연습문제 8.4

1. a가 실수일 때, $I=\int \frac{1}{a^2-x^2}dx$를 구하라.

2. 다음 부정적분을 구하라.

(1) $\int \frac{1}{(x-1)^7}dx$

(2) $\int \frac{x}{(x+1)(x+2)}dx$

(3) $\int \frac{4x+1}{x(x+1)}dx$

(4) $\int \frac{3x-1}{x^2+x-6}dx$

3. 다음 부정적분을 구하라.

(1) $\int \frac{x^2-3x-1}{x(x+1)^2}dx$

(2) $\int \frac{x+4}{(x+1)^2}dx$

(3) $\int \frac{5x^2-2x-9}{(x-1)(x+2)(x-3)}dx$

(4) $\int \frac{3x^2-13x-2}{(x+2)(x-4)^2}dx$

4. 다음 정적분을 구하여라.

(1) $\int_1^2 \frac{x^2+2x+3}{x+1}dx$

(2) $\int_2^3 \frac{1}{x^3+x}dx$

(3) $\int_2^4 \frac{3}{x^2+x-2}dx$

(4) $\int_2^3 \frac{1}{x^3-x}dx$

8.5 프로그래밍 실습

파이썬을 사용하여 여러 가지 적분법을 이용한 적분을 구해보자.

예제 1 $x^2 = t$로 치환하여 부정적분 $\int x\sin(x^2)dx$를 구하라.

① sp.Integral은 적분을 구하지 않고, 적분기호로 나타내준다.

```
[1]  import sympy as sp
     x = sp.symbols('x')
     i = sp.Integral(x*sp.sin(x**2),x)
     i
```

$$\int x\sin\left(x^2\right)dx$$

② 치환하기 위해 transform을 사용한다.

```
[2]  t = sp.symbols('t')
     isub = i.transform(x**2,t)
     isub
```

$$\int \frac{\sin(t)}{2}dt$$

③ sp.Integral로 표현된 적분을 계산하려면 doit()을 사용한다.

```
[3]  yt = isub.doit()
     yt
```

$$-\frac{\cos(t)}{2}$$

④ t를 x^2으로 바꾼다. 따라서 $\int x\sin(x^2)dx = -\frac{\cos x^2}{2} + C$ 이다.

```
[4]  yt.subs({t:x**2})
```

$$-\frac{\cos\left(x^2\right)}{2}$$

예제 2 $\tan x + 1 = t$로 치환하여 부정적분 $\int \frac{1}{\cos^2 x(\tan x + 1)} dx$를 구하라.

① sp.Integral은 적분기호로 나타내준다.

```
[5] import sympy as sp
    x = sp.symbols('x')
    i = sp.Integral(1/sp.cos(x)**2 / (1+sp.tan(x)),x)
    i
```

$$\int \frac{1}{(\tan(x)+1)\cos^2(x)}\,dx$$

② 위 결과를 transform()을 이용하여 치환한다. 이때, 결과는 $\int \frac{1}{t} dt$이다.

```
[6] t = sp.symbols('t')
    isub = i.transform(sp.tan(x)+1,t)
    isub
```

$$\int \frac{1}{t}\,dt$$

③ 부정적분을 구한다.

```
[7] yt = isub.doit()
    yt
```

$$\log(t)$$

④ doit()을 이용하여 부정적분을 구하고, 다시 t를 $\tan x + 1$로 바꾼다.

```
[8] yt.subs({t:sp.tan(x)+1})
```

$$\log(\tan(x)+1)$$

따라서 구하는 부정적분은 $\ln(\tan x + 1) + C$ 이다.

예제 3 sp.integrate를 이용하여 다음 부정적분을 구하라.

(1) $\int e^x \sin x\, dx$ (2) $\int \dfrac{\cos x}{\sin^2 x + 4\sin x - 5} dx$

(1) $\int e^x \sin x\, dx = \dfrac{e^x}{2}(\sin x - \cos x) + C$

```
[9]  import sympy as sp
     x = sp.symbols('x')
     i = sp.integrate(sp.exp(x)*sp.sin(x),x)
     i
```

$$\frac{e^x \sin(x)}{2} - \frac{e^x \cos(x)}{2}$$

(2) $\int \dfrac{\cos x}{\sin^2 x + 4\sin x - 5} dx = \dfrac{\ln(\sin x - 1)}{6} - \dfrac{\ln(\sin x + 5)}{6} + C$

```
[11] import sympy as sp
     x = sp.symbols('x')
     i = sp.integrate(sp.cos(x)/(sp.sin(x)**2+4*sp.sin(x)-5),x)
     i
```

$$\frac{\log(\sin(x) - 1)}{6} - \frac{\log(\sin(x) + 5)}{6}$$

실·습·문·제

1. $1 - e^x = t$로 치환하여 부정적분 $\int \dfrac{e^x}{1-e^x} dx$를 구하라.

2. 다음 부정적분을 구하라.

(1) $\int x \cos 5x\, dx$ (2) $\int x^2 e^{3x}\, dx$

9

CHAPTER

무한급수와 테일러급수

현대수학의 핵심인 무한과 극한의 수학적 개념은 수열과 급수의 극한의 개념으로 발전하여 정적분의 정의를 엄밀하게 해주었다. 또한 함수의 극한 개념으로 발전되어 미분의 정의를 엄밀하게 해주었다. 테일러급수를 이용하면 삼각함수, 지수함수, 로그함수 등 여러 가지 함수를 다항함수로 접근시킬 수 있으며, 여러 가지 값을 계산할 수 있게 해주었다.

이 장에서는 수열과 급수의 수렴에 대하여 다루고, 여러 가지 수렴판정법을 배운다. 또 수열의 무한급수를 일반화한 개념인 멱급수의 수렴성과 미분, 적분에 대하여 공부하며, 미분과 적분을 이용한 테일러급수를 소개한다.

9.1 수열과 급수
9.2 여러 가지 급수의 수렴판정법
9.3 멱급수
9.4 테일러급수
9.5 프로그래밍 실습

9.1 수열과 급수

어떤 규칙에 따라 수들을 나열한 수열 $\{a_n\}$은 정의역이 자연수 전체의 집합인 함수 $a : \mathbb{N} \rightarrow \mathbb{R}$ 로 생각할 수 있다.

예를 들어, 수열 $\{a_n\} = \left\{\frac{n+1}{n}\right\}$의 각 항은 다음과 같다.

$$a_1 = 2,\ a_2 = \frac{3}{2},\ a_3 = \frac{4}{3},\ \cdots,\ a_n = \frac{n+1}{n},\ \cdots$$

만일, n이 한없이 커질 때 a_n이 어떤 수 L에 한없이 가까워지면 수열 $\{a_n\}$은 **수렴**(converge)한다고 한다. 이때, L을 수열 $\{a_n\}$의 **극한값**(또는 **극한**)이라 하며, $\lim_{n\to\infty} a_n = L$로 나타낸다.

한편 수열이 극한값을 가지지 않으면 **발산**(diverge)한다고 한다.

보기 수열 $\left\{\frac{1}{n}\right\}$과 수열 $\{2\}$는 모두 수렴하고, 그 극한값은 각각 0과 2이다.

즉, $\lim_{n\to\infty} \frac{1}{n} = 0$, $\lim_{n\to\infty} 2 = 2$이다.

그러나 수열 $\{(-1)^n\}$과 $\{n^2\}$은 모두 발산한다.

함수에서와 마찬가지로, 두 수열 $\{a_n\}$, $\{b_n\}$에 대하여 다음의 수열을 만들 수 있다.

$$\{a_n + b_n\},\ \{a_n - b_n\},\ \{a_n \cdot b_n\},\ \left\{\frac{a_n}{b_n}\right\}\ (\text{단, } b_n \neq 0)$$

이러한 수열들의 극한을 구할 때 이용할 수 있는 두 가지 정리를 증명 없이 소개한다.

정리 9.1 수열의 극한에 대한 성질

두 수열 $\{a_n\}$, $\{b_n\}$과 임의의 실수 c에 대하여 $\lim_{n\to\infty} a_n = A$이고 $\lim_{n\to\infty} b_n = B$이면

다음이 성립한다.

① $\lim_{n\to\infty} c = c$

② $\lim_{n\to\infty} ca_n = cA$

③ $\lim_{n\to\infty} (a_n \pm b_n) = A \pm B$(단, 복부호 동순)

④ $\lim_{n\to\infty} a_n b_n = AB$

⑤ $\lim_{n\to\infty} \dfrac{a_n}{b_n} = \dfrac{A}{B}$ (단, $B \neq 0$)

예제 1 다음 수열의 극한값을 구하라.

(1) $\left\{\dfrac{n^2+3n-1}{5n^2+1}\right\}$

(2) $\left\{\dfrac{n^2-1}{1+2+\cdots+n}\right\}$

풀이 (1) $\lim_{n\to\infty} \dfrac{1}{n} = 0$이므로 다음을 얻는다.

$$\lim_{n\to\infty} \frac{n^2+3n-1}{5n^2+1} = \lim_{n\to\infty} \frac{1+\dfrac{3}{n}-\dfrac{1}{n^2}}{5+\dfrac{1}{n^2}} = \frac{\lim_{n\to\infty} 1 + \lim_{n\to\infty} \dfrac{3}{n} - \lim_{n\to\infty} \dfrac{1}{n^2}}{\lim_{n\to\infty} 5 + \lim_{n\to\infty} \dfrac{1}{n^2}}$$

$$= \frac{1+3\cdot 0 - 0\cdot 0}{5+0\cdot 0} = \frac{1}{5}$$

(2) $1+2+3+\cdots+n = \dfrac{n(n+1)}{2}$이므로

$$\lim_{n\to\infty} \frac{n^2-1}{1+2+\cdots+n} = \lim_{n\to\infty} \frac{2n^2-2}{n^2+n} = \lim_{n\to\infty} \frac{2-\dfrac{2}{n^2}}{1+\dfrac{1}{n}}$$

$$= \frac{\lim_{n\to\infty} 2 - \lim_{n\to\infty} \dfrac{2}{n^2}}{\lim_{n\to\infty} 1 + \lim_{n\to\infty} \dfrac{1}{n}} = \frac{2-0\cdot 0}{1+0} = 2.$$

■

정리 9.2 수열의 극한에 대한 성질

모든 자연수 n에 대해 $a_n \le b_n \le c_n$이고 $\lim_{n\to\infty} a_n = \lim_{n\to\infty} c_n = L$이면 $\lim_{n\to\infty} b_n = L$이다.

참고 $|b_n| \le a_n$이고 $\lim_{n\to\infty} a_n = 0$이면, $\lim_{n\to\infty} b_n = 0$이다.

보기 수열 $\left\{\frac{\sin n}{n^2}\right\}$에서 모든 n에 대하여 $-1 \le \sin n \le 1$이므로

$\frac{-1}{n^2} \le \frac{\sin n}{n^2} \le \frac{1}{n^2}$ 이다.

그런데 $\lim_{n\to\infty} \frac{-1}{n^2} = 0 = \lim_{n\to\infty} \frac{1}{n^2}$이므로 다음을 얻는다.

$$\lim_{n\to\infty} \frac{\sin n}{n^2} = 0$$

예제 2 다음을 보여라.

(1) $\lim_{n\to\infty} \sqrt{4+\left(\frac{1}{n}\right)^2} = 2$　　　(2) $\lim_{n\to\infty} \frac{(-1)^n + n}{n} = 1$

풀이 (1) $2 \le \sqrt{4+\left(\frac{1}{n}\right)^2} \le \sqrt{4+4\left(\frac{1}{n}\right)+\left(\frac{1}{n}\right)^2} = 2 + \frac{1}{n}$이다.

그런데 $\lim_{n\to\infty} 2 = \lim_{n\to\infty}\left(2+\frac{1}{n}\right) = 2$이므로 다음이 성립한다.

$$\lim_{n\to\infty} \sqrt{4+\left(\frac{1}{n}\right)^2} = 2$$

(2) $\left|\frac{(-1)^n}{n}\right| \le \frac{1}{n}$이고 $\lim_{n\to\infty} \frac{1}{n} = 0$이므로 $\lim_{n\to\infty} \frac{(-1)^n}{n} = 0$이다.

따라서 다음이 성립한다.

$$\lim_{n\to\infty} \frac{(-1)^n + n}{n} = \lim_{n\to\infty} \frac{(-1)^n}{n} + \lim_{n\to\infty} \frac{n}{n} = 0 + 1 = 1$$ ■

이제 급수의 수렴과 발산에 대하여 알아보자.

정의 9.3 급수의 수렴과 발산

(1) 수열 $\{a_n\}$의 각 항의 합

$$a_1 + a_2 + a_3 + \cdots + a_n + \cdots = \sum_{n=1}^{\infty} a_n$$

을 **무한급수**(infinite series) 또는 간단히 **급수**(series)라 한다.

(2) $S_n = \sum_{k=1}^{n} a_k$를 급수 $\sum_{n=1}^{\infty} a_n$의 제n항까지의 **부분합**(partial sum)이라 한다.

수열 $\{S_n\}$을 급수 $\sum_{n=1}^{\infty} a_n$의 부분합의 수열이라 한다.

(3) $\lim_{n\to\infty} S_n = S$가 존재할 때, 급수 $\sum_{n=1}^{\infty} a_n$은 S로 수렴한다고 한다.

이때, S를 급수 $\sum_{n=1}^{\infty} a_n$의 합(sum)이라 하고, $\sum_{n=1}^{\infty} a_n = S$로 나타낸다.

만일 $\lim_{n\to\infty} S_n$이 존재하지 않으면 급수 $\sum_{n=1}^{\infty} a_n$은 발산한다고 한다.

예제 3 다음 급수의 수렴 여부를 조사하라.

(1) $\displaystyle\sum_{n=1}^{\infty} \frac{1+(-1)^{n+1}}{2}$ (2) $\displaystyle\sum_{n=2}^{\infty} \frac{1}{n^2-1}$

풀이 (1) 주어진 급수의 부분합의 수열 $\{S_n\}$은 다음과 같다.

$$1,\ 1,\ 2,\ 2,\ 3,\ 3,\ 4,\ 4,\ \cdots$$

이 수열은 발산하므로 주어진 급수는 발산한다.

(2) $\dfrac{1}{n^2-1} = \dfrac{1}{2}\left(\dfrac{1}{n-1} - \dfrac{1}{n+1}\right)$이므로 주어진 급수의 부분합은

$$\begin{aligned} S_n &= \frac{1}{2}\left(1-\frac{1}{3}\right) + \frac{1}{2}\left(\frac{1}{2}-\frac{1}{4}\right) + \cdots + \frac{1}{2}\left(\frac{1}{n-1}-\frac{1}{n+1}\right) \\ &= \frac{1}{2}\left(1+\frac{1}{2}-\frac{1}{n}-\frac{1}{n+1}\right) = \frac{3n^2+n-1}{4n(n+1)} \end{aligned}$$

이다. 이때, $\lim_{n\to\infty} S_n = \dfrac{3}{4}$이므로 주어진 급수는 수렴하고, 그 합은

$\displaystyle\sum_{n=2}^{\infty} \frac{1}{n^2-1} = \frac{3}{4}$이다. ■

예제 4 급수 $\sum_{n=1}^{\infty}\left(\frac{3}{4}\right)^n$의 수렴 여부를 조사하고, 수렴하면 그 합을 구하라.

풀이 $S_n = \frac{3}{4}+\left(\frac{3}{4}\right)^2+\left(\frac{3}{4}\right)^3 \cdots +\left(\frac{3}{4}\right)^n$이므로

$$\frac{3}{4}S_n = \left(\frac{3}{4}\right)^2+\left(\frac{3}{4}\right)^3 \cdots +\left(\frac{3}{4}\right)^n+\left(\frac{3}{4}\right)^{n+1}$$

이다. 따라서 다음이 성립한다.

$$S_n - \frac{3}{4}S_n = \frac{3}{4}-\left(\frac{3}{4}\right)^{n+1}, \text{ 즉 } \frac{1}{4}S_n = \frac{3}{4}\left\{1-\left(\frac{3}{4}\right)^n\right\}$$

$$\therefore\ S_n = 3\left\{1-\left(\frac{3}{4}\right)^n\right\}$$

그런데 $\lim_{n\to\infty}\left(\frac{3}{4}\right)^n = 0$이므로 $\lim_{n\to\infty} S_n = 3$이다.

따라서 주어진 급수는 수렴하고, 그 합은 $\sum_{n=1}^{\infty}\left(\frac{3}{4}\right)^n = 3$이다. ■

무한등비급수의 수렴과 발산

무한등비급수 $\sum_{n=1}^{\infty} ar^{n-1}$ (단, $a \neq 0$)에서

$|r| < 1$이면 $\frac{a}{1-r}$로 수렴하고, $|r| \geq 1$이면 발산한다.

보기 (1) $\sum_{n=0}^{\infty}\frac{5}{2^n} = 5\cdot 1+5\cdot\frac{1}{2}+5\cdot\frac{1}{4}+\cdots$은 초항이 $a=5$, 공비가 $r=\frac{1}{2}$인 무한등비급수이다. 따라서 이 급수는 수렴하고, 그 합은 $\frac{5}{1-\frac{1}{2}} = 10$이다.

(2) $\sum_{n=0}^{\infty}\left(\frac{5}{2}\right)^n = 1+\frac{5}{2}+\frac{25}{4}+\cdots$는 공비가 $r=\frac{5}{2}>1$인 무한등비급수이므로 이 급수는 발산한다.

예제 5 다음 급수의 수렴 여부를 조사하고, 수렴하면 그 합을 구하라.

(1) $\sum_{n=1}^{\infty}\left(\frac{1}{3}\right)^n$　　(2) $\sum_{n=0}^{\infty}\frac{8}{10^{n+1}}$

풀이 (1) $\sum_{n=1}^{\infty}\left(\frac{1}{3}\right)^n$은 초항이 $a=\frac{1}{3}$, 공비가 $r=\frac{1}{3}$인 무한등비급수이다.

따라서 이 급수는 수렴하고, 그 합은 다음과 같다.

$$\sum_{n=1}^{\infty}\left(\frac{1}{3}\right)^n=\frac{\frac{1}{3}}{1-\frac{1}{3}}=\frac{1}{2}$$

(2) $\sum_{n=0}^{\infty}\frac{8}{10^{n+1}}$은 초항이 $a=\frac{8}{10}$, 공비가 $r=\frac{1}{10}$인 무한등비급수이다.

따라서 이 급수는 수렴하고, 그 합은 다음과 같다.

$$\sum_{n=0}^{\infty}\frac{8}{10^{n+1}}=\frac{\frac{8}{10}}{1-\frac{1}{10}}=\frac{8}{9}$$

■

한편 급수 $\sum_{n=1}^{\infty}a_n$이 수렴하면, $\lim_{n\to\infty}a_n=0$이다.

따라서 $\lim_{n\to\infty}a_n\neq 0$이면 급수 $\sum_{n=1}^{\infty}a_n$은 발산함을 알 수 있다.

보기 급수 $\sum_{n=1}^{\infty}\frac{n^3}{3n^3+2n^2}$에서

$$\lim_{n\to\infty}\frac{n^3}{3n^3+2n^2}=\lim_{n\to\infty}\frac{1}{3+\frac{2}{n}}=\frac{1}{3}\neq 0\text{이다.}$$

따라서 이 급수는 발산한다.

한편 $\lim_{n\to\infty}a_n=0$이지만, 급수 $\sum_{n=1}^{\infty}a_n$은 수렴하지 않는 경우도 있다.

예제 6 조화급수 $\sum_{n=1}^{\infty} \frac{1}{n}$은 발산함을 보여라.

풀이 $\sum_{n=1}^{\infty} \frac{1}{n} = 1 + \frac{1}{2} + \frac{1}{3} + \cdots + \frac{1}{n} + \cdots$ 에서

$$\frac{1}{3} + \frac{1}{4} > \frac{2}{4} = \frac{1}{2},$$
$$\frac{1}{5} + \frac{1}{6} + \frac{1}{7} + \frac{1}{8} > \frac{4}{8} = \frac{1}{2},$$
$$\frac{1}{9} + \frac{1}{10} + \cdots + \frac{1}{16} > \frac{8}{16} = \frac{1}{2},$$
$$\vdots$$

이므로 다음을 얻는다.

$$1 + \frac{1}{2} + \frac{1}{3} + \cdots + \frac{1}{n} + \cdots \geq 1 + \frac{1}{2} + \frac{1}{2} + \frac{1}{2} + \cdots = \infty$$

따라서 조화급수 $\sum_{n=1}^{\infty} \frac{1}{n}$은 발산한다. ■

수열의 극한에 대한 성질과 마찬가지로, 다음은 수렴하는 급수의 상수배, 수렴하는 급수들의 합 또는 차가 수렴함을 보여주며, 급수의 합을 구할 때 자주 이용되는 정리이다.

정리 9.4 급수의 수렴에 관한 성질

두 급수 $\sum_{n=1}^{\infty} a_n$, $\sum_{n=1}^{\infty} b_n$이 수렴하고 c가 임의의 실수일 때, 다음이 성립한다.

① $\sum_{n=1}^{\infty} ca_n = c\sum_{n=1}^{\infty} a_n$

② $\sum_{n=1}^{\infty} (a_n \pm b_n) = \sum_{n=1}^{\infty} a_n \pm \sum_{n=1}^{\infty} b_n$

예제 7 다음 급수의 수렴 여부를 조사하고, 수렴하면 그 합을 구하라.

(1) $\sum_{n=0}^{\infty}(4^{2-n}-5\cdot 3^{1-n})$

(2) $\frac{1}{2}+\frac{1}{4}+\frac{1}{6}+\cdots$

풀이 (1) $\sum_{n=0}^{\infty}(4^{2-n}-5\cdot 3^{1-n})=\sum_{n=0}^{\infty}\left\{4^2\left(\frac{1}{4}\right)^n-5\cdot 3\left(\frac{1}{3}\right)^n\right\}$

$$=4^2\sum_{n=0}^{\infty}\left(\frac{1}{4}\right)^n-5\cdot 3\sum_{n=0}^{\infty}\left(\frac{1}{3}\right)^n$$

$$=4^2\cdot\frac{1}{1-\frac{1}{4}}-15\cdot\frac{1}{1-\frac{1}{3}}$$

$$=-\frac{7}{6}$$

(2) 주어진 급수를 변형하면 다음과 같다.

$$\frac{1}{2}+\frac{1}{4}+\frac{1}{6}+\cdots=\frac{1}{2}\left(1+\frac{1}{2}+\frac{1}{3}+\cdots\right)$$

그런데 $\sum_{n=1}^{\infty}\frac{1}{n}=\infty$ 이므로 주어진 급수도 발산한다. ■

연습문제 9.1

1. 다음 수열의 수렴 여부를 조사하고. 수렴하면 그 극한값을 구하라.

(1) $\left\{1+\dfrac{1}{n}\right\}$　　(2) $\left\{\dfrac{n}{n+1}\right\}$

(3) $\left\{1+\left(\dfrac{-1}{n}\right)^n\right\}$　　(4) $\{1\}$

2. 다음 수열의 수렴 여부를 조사하고, 수렴하면 그 극한값을 구하라

(1) $1,\ \dfrac{4}{3},\ \dfrac{9}{5},\ \dfrac{16}{7},\ \cdots$　　(2) $\dfrac{1^2+1}{1},\ \dfrac{2^2+1}{1+2},\ \dfrac{3^2+1}{1+2+3},\ \cdots$

(3) $\{3+(-1)^n\}$　　(4) $\{\sqrt{n^2-1}-n\}$

(5) $\{\sqrt{n+1}-\sqrt{n-1}\}$　　(6) $\left\{\dfrac{\sqrt{n}}{n+1}\right\}$

(7) $\left\{(-1)^n\dfrac{1}{n!}\right\}$　　(8) $\left\{\dfrac{1}{n}\sin\dfrac{n\pi}{2}\right\}$

3. 다음 급수의 수렴 여부를 조사하고, 수렴하면 그 합을 구하라.

(1) $\displaystyle\sum_{n=1}^{\infty}\frac{n^3}{n^2+1}$　　(2) $\displaystyle\sum_{n=3}^{\infty}\frac{5}{n-2}$

(3) $\displaystyle\sum_{n=1}^{\infty}\frac{1}{n(n+1)}$　　(4) $\displaystyle\sum_{n=1}^{\infty}\frac{1}{1+2+\cdots+n}$

(5) $\displaystyle\sum_{n=1}^{\infty}\frac{2}{4n^2-1}$　　(6) $\displaystyle\sum_{n=1}^{\infty}\frac{1}{2^n}$

(7) $\displaystyle\sum_{n=1}^{\infty}\frac{5^n-1}{7^n}$　　(8) $\displaystyle\sum_{n=1}^{\infty}2^{4n}9^{(1-n)}$

4. 무한등비급수를 이용하여 순환소수 $0.\dot{0}\dot{7}$을 분수로 나타내라.

9.2 여러 가지 급수의 수렴판정법

급수의 수렴 여부를 수렴의 정의를 이용하여 조사하기에는 어려움이 많다. 이 절에서는 여러 가지 급수의 수렴판정법에 대하여 알아보자.

각 항이 0 또는 양수인 양항급수의 수렴 여부를 판정하는 판정법을 알아보자.

정리 9.5 비교판정법(comparison test)

두 양항급수 $\sum_{n=1}^{\infty} a_n$, $\sum_{n=1}^{\infty} b_n$에서 모든 자연수 n에 대해 $a_n \le b_n$일 때, 다음이 성립한다.

① $\sum_{n=1}^{\infty} b_n$이 수렴하면 $\sum_{n=1}^{\infty} a_n$도 수렴한다.

② $\sum_{n=1}^{\infty} a_n$이 발산하면 $\sum_{n=1}^{\infty} b_n$도 발산한다.

비교판정법을 이용하기 위해서는 이미 수렴 또는 발산이 알려진 급수와 비교한다.

예제 1 다음 급수의 수렴 여부를 조사하라.

(1) $\sum_{n=1}^{\infty} \frac{1}{n!}$　　　(2) $\sum_{n=1}^{\infty} \frac{2n+1}{7n^2-n}$

풀이 (1) $\frac{1}{n!} \le \frac{1}{2^{n-1}}$이고, $\sum_{n=1}^{\infty} \frac{1}{2^{n-1}}$이 수렴하므로 비교판정법에 의하여 $\sum_{n=1}^{\infty} \frac{1}{n!}$은 수렴한다.

(2) $\frac{2n+1}{7n^2-n} > \frac{2n+1}{7n^2} > \frac{2n}{7n^2} = \frac{2}{7} \cdot \frac{1}{n}$이고, $\sum_{n=1}^{\infty} \frac{1}{n}$은 발산하므로 비교판정법에 의하여 $\sum_{n=1}^{\infty} \frac{2n+1}{7n^2-n}$은 발산한다. ■

다음 그림에서 보듯이 조화급수 $\sum_{n=1}^{\infty}\frac{1}{n}$의 부분합 S_n은 곡선 $y=\frac{1}{x}$과 x축 및 두 직선 $x=1$, $x=n+1$로 둘러싸인 넓이보다 크다.

$$S_n > \int_1^{n+1}\frac{1}{x}\,dx = \ln(n+1)$$

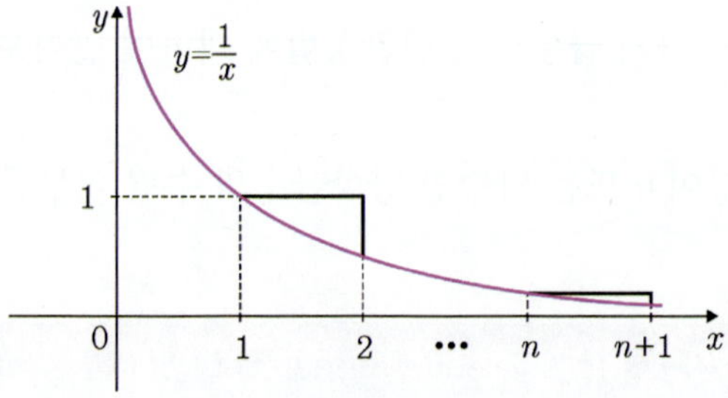

여기서 $\lim_{n\to\infty}\ln(n+1)=\infty$이므로 급수 $\sum_{n=1}^{\infty}\frac{1}{n}$은 발산함을 알 수 있다.

이와 같이 급수의 수렴 여부를 적분을 이용하여 판정하는 방법에 대하여 알아보자.

정리 9.6 적분판정법(integral test)

양항급수 $\sum_{n=1}^{\infty}a_n$에서 함수 $f(x)$가 $f(n)=a_n$이고 어떤 자연수 n_0에 대하여 구간 $[n_0, \infty)$에서 양이고 연속인 감소함수라고 할 때, 다음이 성립한다.

① $\int_{n_0}^{\infty}f(x)\,dx$가 수렴하면 $\sum_{n=1}^{\infty}a_n$도 수렴한다.

② $\int_{n_0}^{\infty}f(x)\,dx$가 발산하면 $\sum_{n=1}^{\infty}a_n$도 발산한다.

보기 양항급수 $\sum_{n=1}^{\infty}\frac{1}{n+2}$에서 $f(x)=\frac{1}{x+2}$이라 하면 $f(n)=\frac{1}{n+2}$이다.

구간 $[1,\infty)$에서 $f(x)>0$이고 $f(x)$는 연속인 감소함수이다. 그런데

$$\int_1^{\infty}\frac{1}{x+2}\,dx=\lim_{t\to\infty}\int_1^{t}\frac{1}{x+2}\,dx=\lim_{t\to\infty}\{\ln(t+2)-\ln 3\}=\infty$$

이므로 적분판정법에 의하여 $\sum_{n=1}^{\infty}\frac{1}{n+2}$은 발산한다.

예제 2 적분판정법을 이용하여 다음 급수의 수렴 여부를 조사하라.

(1) $\sum_{n=1}^{\infty} \frac{2n}{n^2+1}$　　(2) $\sum_{n=1}^{\infty} \frac{n}{e^n}$

풀이 (1) 양항급수 $\sum_{n=1}^{\infty} \frac{2n}{n^2+1}$에서 $f(x) = \frac{2x}{x^2+1}$라 하면 $f(n) = \frac{2n}{n^2+1}$이다.

구간 $[1, \infty)$에서 $f(x) > 0$이고 $f(x)$는 연속인 감소함수이다. 그런데

$$\int_1^{\infty} \frac{2x}{x^2+1}\,dx = \lim_{t\to\infty}\int_1^t \frac{2x}{x^2+1}\,dx = \lim_{t\to\infty}\{\ln(t^2+1) - \ln 2\} = \infty$$

이므로 적분판정법에 의하여 $\sum_{n=1}^{\infty} \frac{2n}{n^2+1}$은 발산한다.

(2) 양항급수 $\sum_{n=1}^{\infty} \frac{n}{e^n}$에서 $f(x) = \frac{x}{e^x}$라 하면 $f(n) = \frac{n}{e^n}$이다.

구간 $[1, \infty)$에서 $f(x) > 0$이고 $f(x)$는 연속인 감소함수이다.

그런데 $\lim_{t\to\infty}\frac{1}{e^t} = 0$, $\lim_{t\to\infty}\frac{t}{e^t} = 0$이므로 다음을 얻는다.

$$\int_1^{\infty} \frac{x}{e^x}\,dx = \lim_{t\to\infty}\int_1^t \frac{x}{e^x}\,dx = \lim_{t\to\infty}\left(-\frac{t}{e^t} - \frac{1}{e^t} + \frac{2}{e}\right) = \frac{2}{e} < \infty$$

따라서 적분판정법에 의하여 $\sum_{n=1}^{\infty} \frac{n}{e^n}$은 수렴한다. ■

이상적분 $\int_1^{\infty} \frac{1}{x^p}\,dx$는 $p > 1$일 때 수렴하고 $0 < p < 1$일 때 발산한다. 이상적분 $\int_1^{\infty} \frac{1}{x^p}\,dx$의 수렴성과 적분판정법에 의하여 다음 p-급수 판정법을 얻는다.

정리 9.7 p-급수 판정법(p-series test)

p-급수 $\sum_{n=1}^{\infty} \frac{1}{n^p} = 1 + \frac{1}{2^p} + \frac{1}{3^p} + \cdots + \frac{1}{n^p} + \cdots$ 에 대하여 다음이 성립한다.

① $p > 1$이면 $\sum_{n=1}^{\infty} \frac{1}{n^p}$은 수렴한다.

② $0 < p \le 1$이면 $\sum_{n=1}^{\infty} \frac{1}{n^p}$은 발산한다.

보기 p-급수 판정법에 의하여 $\sum_{n=1}^{\infty}\frac{1}{\sqrt{n}}$과 $\sum_{n=1}^{\infty}\frac{1}{n}$은 모두 발산하고, $\sum_{n=1}^{\infty}\frac{1}{n\sqrt{n}}$과 $\sum_{n=1}^{\infty}\frac{1}{n^2}$은 모두 수렴한다.

예제 3 다음 급수의 수렴 여부를 조사하라.

(1) $\sum_{n=1}^{\infty}\frac{n}{5n^2-2}$　　　(2) $\sum_{n=1}^{\infty}\frac{n^2}{n^4+1}$

풀이 (1) $\frac{n}{5n^2-2} > \frac{n}{5n^2} = \frac{1}{5}\cdot\frac{1}{n}$이고, p-급수 판정법에 의하여 $\sum_{n=1}^{\infty}\frac{1}{n}$이 발산하므로 비교판정법에 의하여 주어진 급수는 발산한다.

(2) $\frac{n^2}{n^4+1} < \frac{1}{n^2}$이고, p-급수 판정법에 의하여 $\sum_{n=1}^{\infty}\frac{1}{n^2}$이 수렴하므로 비교판정법에 의하여 주어진 급수는 수렴한다. ■

정리 9.8 극한비교판정법과 제곱근판정법

두 양항급수 $\sum_{n=1}^{\infty}a_n$, $\sum_{n=1}^{\infty}b_n$에 대하여 다음이 성립한다.

(1) 극한비교판정법:

극한 $\lim_{n\to\infty}\frac{a_n}{b_n}$이 존재하고 0이 아니면

$\sum_{n=1}^{\infty}a_n$과 $\sum_{n=1}^{\infty}b_n$은 모두 수렴하거나 또는 모두 발산한다.

(2) 제곱근판정법:

$\lim_{n\to\infty}\sqrt[n]{a_n} = L$이라 할 때, 다음이 성립한다.

① $L < 1$ 이면 $\sum_{n=1}^{\infty}a_n$은 수렴한다.　　② $L > 1$이면 $\sum_{n=1}^{\infty}a_n$은 발산한다.

③ $L = 1$ 이면 $\sum_{n=1}^{\infty}a_n$의 수렴 여부는 알 수 없다.

보기 (1) 급수 $\sum_{n=1}^{\infty}\frac{1}{2n+1}$에서 $\lim_{n\to\infty}\frac{\frac{1}{2n+1}}{\frac{1}{n}}=\frac{1}{2}\neq 0$이다.

그런데 $\sum_{n=1}^{\infty}\frac{1}{n}$이 발산하므로 극한비교판정법에 의하여 $\sum_{n=1}^{\infty}\frac{1}{2n+1}$도 발산한다.

(2) 급수 $\sum_{n=1}^{\infty}\left(\frac{n}{2n+1}\right)^n$에서

$$L=\lim_{n\to\infty}\sqrt[n]{\left(\frac{n}{2n+1}\right)^n}=\lim_{n\to\infty}\frac{n}{2n+1}=\frac{1}{2}<1$$

이므로 제곱근판정법에 의하여 $\sum_{n=1}^{\infty}\left(\frac{n}{2n+1}\right)^n$은 수렴한다.

예제 4 다음 급수의 수렴 여부를 조사하라.

(1) $\sum_{n-1}^{\infty}\frac{n-1}{n^3+1}$ (2) $\sum_{n=1}^{\infty}\left(\frac{2n+4}{5n+1}\right)^n$

풀이 (1) $a_n=\frac{n-1}{n^3+1}$일 때, $b_n=\frac{1}{n^2}$이라 하면

$$\lim_{n\to\infty}\frac{a_n}{b_n}=\lim_{n\to\infty}\frac{n^3-n^2}{n^3+1}=1$$

이다. $\sum_{n=1}^{\infty}\frac{1}{n^2}$이 p-급수 판정법에 의하여 수렴하므로 극한비교판정법에 의하여 주어진 급수는 수렴한다.

(2) $\lim_{n\to\infty}\sqrt[n]{\left(\frac{2n+4}{5n+1}\right)^n}=\lim_{n\to\infty}\frac{2n+4}{5n+1}=\frac{2}{5}<1$이다.

따라서 제곱근판정법에 의하여 주어진 급수는 수렴한다. ■

이제 양의 항과 음의 항이 교대로 나타나는 급수의 수렴판정법에 대하여 알아보자.

정리 9.9 교대급수판정법(alternating series test)

모든 자연수 n에 대하여 $a_n > 0$일 때, 무한급수

$$a_1 - a_2 + a_3 - \cdots + (-1)^{n+1}a_n + \cdots = \sum_{n=1}^{\infty}(-1)^{n+1}a_n$$

을 교대급수(alternating series)라 하며, 다음 두 조건을 만족하면 이 급수는 수렴한다.

① $a_n \geq a_{n+1}$ (단, $n = 1,\ 2,\ \cdots$) ② $\lim_{n\to\infty} a_n = 0$

보기 모든 자연수 n에 대하여 $\frac{1}{n+1} < \frac{1}{n}$이고 $\lim_{n\to\infty}\frac{1}{n} = 0$이다.

따라서 교대급수판정법에 의하여 $\sum_{n=1}^{\infty}\frac{(-1)^{n+1}}{n}$은 수렴한다.

예제 5 교대급수 $\sum_{n=1}^{\infty}(-1)^{n+1}\frac{1}{2^n}$의 수렴 여부를 조사하라.

풀이 $a_n = \frac{1}{2^n}$은 모든 자연수 n에 대하여 $a_n \geq a_{n+1}$이고 $\lim_{n\to\infty} a_n = 0$이다.

따라서 교대급수판정법에 의하여 주어진 급수는 수렴한다. ■

교대급수 $\sum_{n=1}^{\infty}(-1)^{n+1}a_n$이 수렴할 때, 다음이 성립한다.

$$S_2 < S_4 < S_6 < \cdots < S < \cdots < S_5 < S_3 < S_1$$

따라서 n이 짝수이면

$$0 \leq S - S_n \leq S_{n+1} - S_n = a_{n+1},$$

이고, n이 홀수이면

$$-a_{n+1} = S_{n+1} - S_n \leq S - S_n \leq 0$$

이다. 그러므로 모든 자연수 n에 대하여 다음이 성립한다.

$$|S-S_n| < a_{n+1}$$

따라서 $\sum_{n=1}^{\infty}(-1)^{n+1}a_n$ 의 근삿값을 S_n라 하면 오차의 한계는 a_{n+1}이다.

교대급수에서의 오차의 한계

교대급수 $\sum_{n=1}^{\infty}(-1)^{n+1}a_n$ 이 S에 수렴할 때, 다음이 성립한다.

$$|S-S_n| \le a_{n+1}$$

예제 6 오차의 한계가 10^{-10}이 되도록 $\sum_{n=1}^{\infty}\frac{(-1)^{n+1}}{n^4}$의 근삿값을 S_n으로 구할 때, n의 최솟값을 구하라.

풀이 $|S-S_n| \le a_{n+1} = \frac{1}{(n+1)^4}$이므로 $\frac{1}{(n+1)^4} \le 10^{-10}$을 만족하는 자연수 n의 최솟값을 찾아야 한다. 그런데

$$\frac{1}{(n+1)^4} \le 10^{-10},\quad (n+1)^4 \ge 10^{10},\ (n+1)^2 \ge 10^5$$

에서 $n \ge 316$이므로 구하는 최솟값은 316이다. ■

이제 양의 항과 음의 항이 불규칙적으로 나타나는 급수에 대하여 알아보자.

정의 9.10 절대수렴과 조건수렴

① $\sum_{n=1}^{\infty}|a_n|$이 수렴하면 $\sum_{n=1}^{\infty}a_n$은 **절대수렴**(absolute convergence)한다고 한다.

② $\sum_{n=1}^{\infty}|a_n|$은 발산하지만 $\sum_{n=1}^{\infty}a_n$이 수렴하면 $\sum_{n=1}^{\infty}a_n$은 **조건수렴**(conditional convergence)한다고 한다.

참고 $-|a_n| \le a_n \le |a_n|$이므로 비교판정법에 의하여 $\sum_{n=1}^{\infty}a_n$이 절대수렴하면 $\sum_{n=1}^{\infty}a_n$도 수렴한다.

예제 7 다음 급수의 절대수렴 여부를 조사하라.

(1) $\sum_{n=1}^{\infty} \frac{(-1)^{n+1}}{\sqrt{n}}$　　(2) $\sum_{n=1}^{\infty} (-1)^n \frac{4n}{n^3+4}$

풀이 (1) $\sum_{n=1}^{\infty} \left| \frac{(-1)^{n+1}}{\sqrt{n}} \right| = \sum_{n=1}^{\infty} \frac{1}{\sqrt{n}}$은 p-급수판정법에 의하여 발산한다.

그러나 모든 자연수 n에 대하여

$$\frac{1}{\sqrt{n+1}} < \frac{1}{\sqrt{n}}, \quad \lim_{n\to\infty} \frac{1}{\sqrt{n}} = 0$$

이므로 교대급수판정법에 의하여 $\sum_{n=1}^{\infty} \frac{(-1)^{n+1}}{\sqrt{n}}$은 수렴한다.

따라서 주어진 급수는 조건수렴한다.

(2) 모든 자연수 n에 대하여 $\left| (-1)^n \frac{4n}{n^3+4} \right| \le \frac{4n}{n^3+4} \le \frac{4n}{n^3} = \frac{4}{n^2}$ 이고, $\sum_{n=1}^{\infty} \frac{1}{n^2}$

은 수렴하므로 비교판정법에 의하여 $\sum_{n=1}^{\infty} \left| (-1)^n \frac{4n-1}{n^3+4} \right|$는 수렴한다.

따라서 주어진 급수는 절대수렴한다. ■

마지막으로 일반적인 급수에 대한 수렴 여부를 판정하는 비판정법을 소개한다.

정리 9.11 비판정법(ratio test)

급수 $\sum_{n=1}^{\infty} a_n$ (단, $a_n \neq 0$)에서

$$\lim_{n\to\infty} \left| \frac{a_{n+1}}{a_n} \right| = R$$

이라 할 때, 다음이 성립한다.

① $R<1$이면 $\sum_{n=1}^{\infty} a_n$은 절대수렴한다.

② $R>1$이면 $\sum_{n=1}^{\infty} a_n$은 발산한다.

③ $R=1$이면 $\sum_{n=1}^{\infty} a_n$의 수렴 여부는 알 수 없다.

참고 $\sum_{n=1}^{\infty}\frac{1}{n}$과 $\sum_{n=1}^{\infty}\frac{1}{n^2}$은 모두 $R=1$이지만 $\sum_{n=1}^{\infty}\frac{1}{n}$은 발산하고 $\sum_{n=1}^{\infty}\frac{1}{n^2}$은 수렴한다.

따라서 $R=1$인 경우에는 다른 방법으로 수렴 여부를 판정해야 한다.

보기 (1) 급수 $\sum_{n=1}^{\infty}(-1)^{n+1}\frac{2^n}{n!}$에서

$$R=\lim_{n\to\infty}\left|\frac{a_{n+1}}{a_n}\right|=\lim_{n\to\infty}\frac{2^{n+1}}{(n+1)!}\cdot\frac{n!}{2^n}=\lim_{n\to\infty}\frac{2}{n+1}=0$$

이므로 비판정법에 의하여 이 급수는 절대수렴한다.

(2) 급수 $\sum_{n=1}^{\infty}\frac{3^n}{n+5}$ 에서

$$R=\lim_{n\to\infty}\frac{a_{n+1}}{a_n}=\lim_{n\to\infty}\frac{3^{n+1}}{3^n}\cdot\frac{n+5}{n+6}=3>1$$

이므로 비판정법에 의하여 이 급수는 발산한다.

예제 8 급수 $\sum_{n=1}^{\infty}\frac{n^n}{n!}$의 수렴 여부를 조사하라.

풀이 $R=\lim_{n\to\infty}\frac{a_{n+1}}{a_n}=\lim_{n\to\infty}\frac{(n+1)^{n+1}}{(n+1)!}\cdot\frac{n!}{n^n}=\lim_{n\to\infty}\left(1+\frac{1}{n}\right)^n=e>1$

이므로 비판정법에 의하여 이 급수는 발산한다. ■

연습문제 9.2

1. 비교판정법을 이용하여 다음 급수의 수렴 여부를 조사하라.

(1) $\sum_{n=1}^{\infty} \frac{1}{3^n - 1}$ (2) $\sum_{n=1}^{\infty} \frac{3}{2+n}$

2. 적분판정법을 이용하여 다음 급수의 수렴 여부를 조사하라.

(1) $\sum_{n=2}^{\infty} \frac{n}{n^2 - 1}$ (2) $\sum_{n=1}^{\infty} ne^{-n^2}$

3. p-급수 판정법과 비교판정법을 이용하여 다음 급수의 수렴 여부를 조사하라.

(1) $\sum_{n=1}^{\infty} \frac{1}{n^n}$ (2) $\sum_{n=1}^{\infty} \frac{1}{1+n^4}$

(3) $\sum_{n=1}^{\infty} \frac{1}{\sqrt{3n-1}}$ (4) $\sum_{n=1}^{\infty} \frac{1}{\sqrt[3]{8n-1}}$

4. 극한비교판정법 또는 제곱근판정법을 이용하여 다음 급수의 수렴 여부를 조사하라.

(1) $\sum_{n=1}^{\infty} \frac{\sqrt{n}}{n^2+1}$ (2) $\sum_{n=1}^{\infty} \frac{2n}{n^2+1}$

(3) $\sum_{n=1}^{\infty} \frac{1}{(\ln n)^n}$ (4) $\sum_{n=1}^{\infty} 5^n e^{-n}$

5. 급수 $\sum_{n=1}^{\infty} \frac{(-1)^{n+1}}{n^3}$의 근삿값으로 S_{10}을 택할 때, 오차의 한계를 구하라.

6. 다음 급수의 조건수렴 또는 절대수렴 여부를 조사하라.

(1) $\sum_{n=1}^{\infty} \frac{(-1)^n}{\sqrt[3]{n}}$ (2) $\sum_{n=1}^{\infty} \frac{(-1)^n}{3^n+2}$

9.3 멱급수

이 절에서는 멱급수를 정의하고 멱급수의 수렴 여부를 조사하며, 멱급수로 주어진 함수의 미분과 적분을 다룬다.

정리 9.12 멱급수의 정의

실수 c_n (단, $n=0,\ 1,\ 2,\ \cdots$)과 실수 a에 대하여 무한급수

$$\sum_{n=0}^{\infty} c_n(x-a)^n = c_0 + c_1(x-a) + c_2(x-a)^2 + \cdots + c_n(x-a)^n + \cdots$$

을 중심이 a인 **멱급수**(power series)라고 한다.

보기 (1) $\sum_{n=0}^{\infty} x^n = 1 + x + x^2 + x^3 + \cdots$ 은 중심이 0인 멱급수이다.

(2) $\sum_{n=0}^{\infty} (-1)^n(x+1)^n = 1-(x+1)+(x+1)^2-(x+1)^3+\cdots$은 중심이 -1인 멱급수이다.

급수의 수렴 여부를 조사하는 방법을 이용하면 다음과 같이 멱급수의 수렴 여부를 조사할 수 있다.

정리 9.13

멱급수 $\sum_{n=0}^{\infty} c_n(x-a)^n$에 대하여

$$\lim_{n\to\infty}\left|\frac{c_{n+1}}{c_n}\right| = l$$

이라 하고, $R=\dfrac{1}{l}$이라 하자 (단, $l=0$이면 $R=\infty$, $l=\infty$이면 $R=0$이다).

① $|x-a| < R$이면 이 멱급수는 절대수렴한다.

② $|x-a| > R$이면 이 멱급수는 발산한다.

③ $|x-a| = R$이면 이 멱급수의 수렴 여부는 알 수 없다.

위 정리에서 R을 멱급수의 **수렴반경**(radius of convergence)이라 하고, 수렴하는 모든 x의 값의 집합을 **수렴구간**이라 한다.

증명 멱급수 $\sum_{n=0}^{\infty} c_n(x-a)^n$에서 급수의 비판정법을 이용하면 다음이 성립한다.

$$\lim_{n\to\infty}\left|\frac{c_{n+1}(x-a)^{n+1}}{c_n(x-a)^n}\right| = \lim_{n\to\infty}\left|\frac{c_{n+1}}{c_n}\right| |x-a|$$

$$= l\,|x-a| = \begin{cases} <1, & (\text{절대수렴}) \\ >1, & (\text{발산}) \end{cases}$$

따라서 이 멱급수는 $|x-a| < R$이면 절대수렴하고, $|x-a| > R$이면 발산한다.

③의 경우는 다음 보기에서 확인할 수 있다. ■

보기 멱급수 $\sum_{n=1}^{\infty}\frac{1}{n}x^n = x + \frac{x^2}{2} + \frac{x^3}{3} + \frac{x^4}{4} + \cdots + \frac{x^n}{n} + \cdots$ 에서 $c_n = \frac{1}{n}$이라 하면

$$l = \lim_{n\to\infty}\left|\frac{c_{n+1}}{c_n}\right| = \lim_{n\to\infty}\left|\frac{\frac{1}{n+1}}{\frac{1}{n}}\right| = \lim_{n\to\infty}\frac{n}{n+1} = 1$$

이므로 수렴반경은 $R = \frac{1}{l} = 1$이다.

따라서 $|x| < 1$이면 주어진 멱급수는 절대수렴하고, $|x| > 1$이면 발산한다.

이제 $|x| = R = 1$, 즉 $x = 1$ 또는 $x = -1$인 경우를 생각해보자.

(i) $x = -1$이면 이 멱급수는

$$\sum_{n=1}^{\infty}\frac{1}{n}(-1)^n = -1 + \frac{1}{2} - \frac{1}{3} + \cdots$$

이고, 교대급수판정법에 의하여 수렴한다.

(ii) $x = 1$이면 이 멱급수는

$$\sum_{n=1}^{\infty}\frac{1}{n}(1)^n = 1 + \frac{1}{2} + \frac{1}{3} + \cdots$$

이고, 조화급수이므로 발산한다.

그러므로 멱급수 $\sum_{n=1}^{\infty}\frac{1}{n}x^n$의 수렴구간은 $[-1, 1)$이다.

예제 1 다음 멱급수의 수렴반경과 수렴구간을 각각 구하라.

(1) $\sum_{n=0}^{\infty} \frac{n}{3^n} x^n$ (2) $\sum_{n=0}^{\infty} \frac{(2x)^n}{n!}$

풀이 (1) $c_n = \frac{n}{3^n}$이라 하면 $l = \lim_{n\to\infty} \left| \frac{c_{n+1}}{c_n} \right| = \lim_{n\to\infty} \left| \frac{3n}{n+1} \right| = \frac{1}{3}$이므로 수렴반경은 $R = 3$ 이다.

(i) $x = -3$이면 이 멱급수는 $\sum_{n=1}^{\infty} \frac{n}{3^n}(-3)^n = \sum_{n=1}^{\infty} n(-1)^n$이므로 발산한다.

(ii) $x = 3$이면 이 멱급수는 $\sum_{n=1}^{\infty} \frac{n}{3^n}(3)^n = \sum_{n=1}^{\infty} n$이므로 발산한다.

그러므로 주어진 멱급수의 수렴구간은 $(-3, 3)$이다.

(2) $c_n = \frac{2^n}{n!}$이라 하면 $l = \lim_{n\to\infty} \left| \frac{c_{n+1}}{c_n} \right| = \lim_{n\to\infty} \left| \frac{2}{n+1} \right| = 0 < 1$이므로 수렴반경은 $R = \infty$이다. 그러므로 주어진 멱급수는 모든 실수 x에 대하여 절대수렴한다.

그러므로 주어진 멱급수의 수렴구간은 $(-\infty, \infty)$이다. ■

예제 2 다음 멱급수의 수렴반경과 수렴구간을 각각 구하라.

(1) $\sum_{n=0}^{\infty} \left(\frac{x-2}{2} \right)^n$ (2) $\sum_{n=0}^{\infty} \frac{(-1)^{n+1}(x-1)^{n+1}}{n+1}$

풀이 (1) $c_n = \frac{1}{2^n}$이라 하면 $l = \lim_{n\to\infty} \left| \frac{c_{n+1}}{c_n} \right| = \frac{1}{2}$이므로 수렴반지름은 $R = 2$이다.

이제 $|x-2| = 2$, 즉 $x = 0$ 또는 $x = 4$인 경우를 생각해 보자.

(i) $x = 0$이면 이 멱급수는 $\sum_{n=0}^{\infty} (-1)^n$이므로 발산한다.

(ii) $x = 4$이면 이 멱급수는 $\sum_{n=0}^{\infty} (1)^n$이므로 발산한다.

그러므로 주어진 멱급수의 수렴구간은 $(0, 4)$이다.

(2) $c_n = \frac{(-1)^{n+1}}{n+1}$이라 하면 $l = \lim_{n\to\infty} \left| \frac{c_{n+1}}{c_n} \right| = 1$이므로 수렴반경은 $R = 1$이다.

이제 $|x-1| = 1$, 즉 $x = 0$ 또는 $x = 2$인 경우를 생각해 보자.

(i) $x=0$이면 이 멱급수는 $\sum_{n=0}^{\infty} \frac{1}{n+1}$이므로 발산한다.

(ii) $x=2$이면 이 멱급수는 $\sum_{n=0}^{\infty} \frac{(-1)^{n+1}}{n+1}$이므로 수렴한다.

그러므로 주어진 멱급수의 수렴구간은 $(0, 2]$이다. ■

멱급수 $\sum_{n=1}^{\infty} a_n(x-c)^n$, $|x-c| < R_1$과 멱급수 $\sum_{n=1}^{\infty} b_n(x-c)^n$, $|x-c| < R_2$에 대하여 k가 임의의 실수일 때, 다음이 성립한다.

① $k\sum_{n=1}^{\infty} a_n(x-c)^n = \sum_{n=1}^{\infty} (ka_n)(x-c)^n$, $|x-c| < R_1$

② $\sum_{n=1}^{\infty} a_n(x-c)^n \pm \sum_{n=1}^{\infty} b_n(x-c)^n = \sum_{n=1}^{\infty} (a_n \pm b_n)(x-c)^n$, $|x-c| < R$

(단, R은 R_1과 R_2 중 작은값이다.)

예제 3 함수 $\frac{3x-1}{x^2-1}$을 중심이 0인 멱급수로 나타내라.

풀이 $\frac{3x-1}{x^2-1} = \frac{2}{x+1} + \frac{1}{x-1}$ 이고, 중심이 0인 멱급수로 나타내면 다음과 같다.

$$\frac{2}{x+1} = \frac{2}{1-(-x)} = \sum_{n=0}^{\infty} 2 \cdot (-1)^n x^n, \ |x| < 1,$$

$$\frac{1}{x-1} = -\sum_{n=0}^{\infty} x^n, \ |x| < 1$$

따라서 이 두 멱급수를 더하면 다음을 얻는다.

$$\frac{3x-1}{x^2-1} = \sum_{n=0}^{\infty} [2(-1)^n - 1]x^n$$

이때, 이 멱급수의 수렴구간은 $(-1, 1)$이다. ■

수렴구간에서 함수 $f(x)=\sum_{n=0}^{\infty} a_n x^n$을 생각하자. 이때, 다항식에서와 같이

$$f'(x)=\sum_{n=1}^{\infty} n a_n x^{n-1},\quad \int f(x)dx=\sum_{n=0}^{\infty} \frac{a_n x^{n+1}}{n+1}+C$$

가 성립함을 추측할 수 있다. 실제로 수렴구간에서는 다음과 같이 항별항(term by term) 미분하거나 적분할 수 있다.

정리 9.14 멱급수의 미분과 적분

멱급수 $\sum_{n=0}^{\infty} c_n (x-a)^n$의 수렴반경이 R이면, $|x-a|<R$인 모든 x에 대하여 다음이 성립한다.

① $\dfrac{d}{dx}\sum_{n=0}^{\infty} c_n (x-a)^n=\sum_{n=1}^{\infty} n c_n (x-a)^{n-1}$

② $\displaystyle\int\left[\sum_{n=0}^{\infty} c_n (x-a)^n\right]dx=\sum_{n=0}^{\infty}\frac{c_n}{n+1}(x-a)^{n+1}+C$

참고 멱급수 ①과 ②의 수렴반경도 모두 R이다.

보기 함수 $f(x)=\sum_{n=0}^{\infty}\frac{n}{n+1}x^n$에서 $R=1$이다.

따라서 함수 $f(x)$를 $|x|<1$인 모든 x에 대하여 항별항 미분하거나 적분하여 다음을 얻는다.

$$f'(x)=\sum_{n=1}^{\infty}\frac{n^2}{n+1}x^{n-1},\quad |x|<1$$

$$\int_0^x f(t)dt=\sum_{n=0}^{\infty}\frac{n}{(n+1)^2}x^{n+1},\quad |x|<1$$

예제 4 다음 함수를 중심이 0인 멱급수로 나타내라.

(1) $\dfrac{1}{(1-x)^2}$ (2) $\ln(1+x)$

풀이 $\dfrac{d}{dx}\left(\sum_{n=0}^{\infty} x^n\right) = 1 + x + x^2 + x^3 + \cdots = \dfrac{1}{1-x}$, $|x| < 1$에서 항별항 미분하거나 적분한다.

(1) $\dfrac{d}{dx}\dfrac{1}{1-x} = \dfrac{1}{(1-x)^2}$이므로 다음이 성립한다.

$$\frac{1}{(1-x)^2} = \frac{d}{dx}\left(\sum_{n=0}^{\infty} x^n\right) = 1 + 2x + 3x^2 + 4x^3 + \cdots,$$

$$= \sum_{n=1}^{\infty} nx^{n-1}, \quad |x| < 1$$

(2) $\displaystyle\int_0^x \frac{1}{1-t}dt = -\ln(1-x)$이므로 다음이 성립한다.

$$-\ln(1-x) = \int \sum_{n=0}^{\infty} x^n dx = x + \frac{x^2}{2} + \frac{x^3}{3} + \frac{x^4}{4} + \cdots, \ |x| < 1$$

$$\therefore \ln(1+x) = x - \frac{x^2}{2} + \frac{x^3}{3} - \frac{x^4}{4} + \cdots,$$

$$= \sum_{n=1}^{\infty} \frac{(-1)^{n+1}}{n} x^n, \quad |x| < 1$$

■

연습문제 9.3

1. 다음 멱급수의 수렴반경 R를 구하라.

(1) $x+\dfrac{x^2}{2!}+\dfrac{x^3}{3!}+\dfrac{x^4}{4!}\ \cdots$

(2) $\dfrac{5x}{2}+\dfrac{10x^2}{4}+\dfrac{15x^3}{8}+\dfrac{20x^4}{16}+\ \cdots$

(3) $x+\sqrt{2}\,x^2+\sqrt{3}\,x^3+\sqrt{4}\,x^4+\ \cdots$

(4) $1-\dfrac{x^3}{3!}+\dfrac{x^5}{5!}-\dfrac{x^7}{7!}+\ \cdots$

2. 다음 멱급수의 수렴구간을 구하라.

(1) $\displaystyle\sum_{n=0}^{\infty}\frac{2}{n+1}x^n$

(2) $\displaystyle\sum_{n=1}^{\infty}\frac{3}{n^2}x^n$

(3) $\displaystyle\sum_{n=1}^{\infty}\frac{x^n}{2^n+4^n}$

(4) $\displaystyle\sum_{n=0}^{\infty}n!x^n$

3. $\dfrac{1}{(1-x)(2-x)}$을 부분분수로 분해하여 멱급수 $\displaystyle\sum_{n=1}^{\infty}c_nx^n$으로 나타내라.

4. 함수 $\dfrac{1}{x}$을 중심이 1인 멱급수로 나타내라. 이를 이용하여 $\ln x$를 중심이 1인 멱급수로 나타내라.

5. 함수 $\dfrac{x}{1+x^2}$와 함수 $\ln(1+x^2)$을 각각 중심이 0인 멱급수로 나타내라.

6. 함수 $f(x)=\displaystyle\sum_{n=1}^{\infty}(n+1)x^n$에 대하여 $\displaystyle\int_0^x f(t)dt$를 멱급수로 나타내라. 이를 이용하여 함수 $f(x)$를 구하라.

9.4 테일러 급수

무한히 미분가능한 함수 $f(x)$가 수렴구간에서 다음 멱급수로 표현된다고 하자.

$$f(x)= c_0 + c_1(x-a) + c_2(x-a)^2 + c_3(x-a)^3 + \cdots = \sum_{n=0}^{\infty} c_n(x-a)^n$$

여기서 $x=a$이면 $c_0 = f(a)$이다. c_1, c_2, c_3, $\cdots$을 정하기 위해 계속 미분하면

$$f'(x) = c_1 + 2c_2(x-a) + 3c_3(x-a)^2 + \cdots,$$

$$f''(x) = 2!c_2 + 3!c_3(x-a) + 4 \cdot 3c_4(x-a)^2 + \cdots,$$

$$f^{(3)}(x) = 3!c_3 + 4!c_4(x-a) + 5 \cdot 4 \cdot 3c_3(x-a)^2 + \cdots,$$

$$\vdots$$

이고, 차례로 $x=a$를 대입하면 다음을 얻는다.

$$f'(a) = c_{1,}$$

$$f''(a) = 2!c_2,$$

$$f'''(a) = 3!c_{3,}$$

$$f^{(4)}(a) = 4!c_4,$$

$$\vdots$$

$$f^{(n)}(a) = n!c_n,$$

$$\vdots$$

이때, 다음이 성립한다.

$$f(x)= f(a) + f'(a)(x-a) + \frac{f''(a)}{2!}(x-a)^2 + \cdots + \frac{f^{(n)}(a)}{n!}(x-a)^n + \cdots$$

$$= \sum_{n=0}^{\infty} \frac{f^{(n)}(a)}{n!}(x-a)^n$$

이 멱급수를 함수 $f(x)$의 $x=a$에서의 **테일러급수**라고 한다. 특히, $a=0$인 경우, 즉 $x=0$에서의 테일러급수 $\sum_{n=0}^{\infty} \frac{f^{(n)}(0)}{n!} x^n$을 함수 $f(x)$의 **매클로린급수**라 한다.

보기 (1) 삼각함수 $f(x)=\sin x$에 대하여

$$\begin{aligned} f(x) &= \sin x &\Rightarrow\ & f(0)=0 \\ f'(x) &= \cos x &\Rightarrow\ & f'(0)=1 \\ f''(x) &= -\sin x &\Rightarrow\ & f''(0)=0 \\ f^{(3)}(x) &= -\cos x &\Rightarrow\ & f^{(3)}(0)=-1 \\ f^{(4)}(x) &= \sin x &\Rightarrow\ & f^{(4)}(0)=1 \\ &\vdots \end{aligned}$$

이므로 $\sin x$의 매클로린급수는 다음과 같다.

$$\begin{aligned} \sin x &= 0+1x+\frac{0}{2!}x^2+\frac{-1}{3!}x^3+\frac{0}{4!}x^4+\frac{1}{5!}x^5+\cdots \\ &= x-\frac{x^3}{3!}+\frac{x^5}{5!}-\frac{x^7}{7!}+\cdots \\ &= \sum_{n=1}^{\infty}(-1)^{n-1}\frac{x^{2n-1}}{(2n-1)!} \end{aligned}$$

(2) 지수함수 $f(x)=e^x$에 대하여

$$f(0)=1,\ f'(x)=f''(x)=f^{(3)}(x)=f^{(4)}(x)=\cdots=e^x$$

이므로

$$f'(0)=f''(0)=f^{(3)}(0)=f^{(4)}(0)=\cdots=1$$

이다. 그러므로 $f(x)=e^x$의 매클로린급수는 다음과 같다.

$$\begin{aligned} e^x &= 1+\frac{1}{1!}x+\frac{1}{2!}x^2+\frac{1}{3!}x^3+\cdots+\frac{1}{n!}x^n+\cdots \\ &= \sum_{n=0}^{\infty}\frac{x^n}{n!} \end{aligned}$$

예제 1 로그함수 $f(x)=\ln x$를 $x=2$에서의 테일러급수로 나타내고, 이 멱급수의 수렴구간을 구하라.

풀이 로그함수 $f(x)=\ln x$에 대하여 $f(2)=\ln 2$이고 다음을 얻는다.

$$f'(x)=x^{-1} \Rightarrow f'(2)=\frac{1}{2}$$

$$f''(x)=-x^{-2} \Rightarrow f''(2)=\frac{-1}{2^2}$$

$$f^{(3)}(x)=(-1)(-2)x^{-3} \Rightarrow f^{(3)}(2)=\frac{(-1)^2 2!}{2^3}$$

$$f^{(4)}(x)=(-1)(-2)(-3)x^{-4} \Rightarrow f^{(4)}(2)=\frac{(-1)^3 3!}{2^4}$$

$$\vdots$$

따라서 함수 $f(x)=\ln x$의 $x=2$에서의 테일러급수는 다음과 같다.

$$\begin{aligned}\ln x &= \ln 2+\frac{1}{2}(x-2)-\frac{1}{2^2}\frac{(x-2)^2}{2!}+\frac{2!}{2^3}\frac{(x-2)^3}{3!}-\frac{3!}{2^4}\frac{(x-2)^4}{4!}+\cdots \\ &= \ln 2+\sum_{n=1}^{\infty}\frac{(-1)^{n-1}}{n2^n}(x-2)^n\end{aligned}$$

이 멱급수에서 $l=\lim_{n\to\infty}\left|\frac{2^n\cdot n}{2^{n+1}\cdot(n+1)}\right|=\frac{1}{2}$이므로 수렴반경은 $R=2$이다.

따라서 이 멱급수는 $|x-2|<2$, 즉 $0<x<4$이면 절대수렴하고,

$|x-2|>2$, 즉 $x<0$ 또는 $x>4$이면 발산한다.

한편 $x=0$에서 이 무한급수는 발산하고, $x=4$에서는 $\ln 2+1-\frac{1}{2}+\frac{1}{3}-\cdots$이므로 수렴한다. 그러므로 이 멱급수의 수렴구간은 $(0, 4]$이다. ■

다음은 여러 가지 함수의 매클로린급수이다.

$$e^{ax}=1+ax+\frac{(ax)^2}{2!}+\frac{(ax)^3}{3!}+\cdots+\frac{(ax)^{n-1}}{(n-1)!}+\cdots \text{ (단, } a\in\mathbb{R},\ |x|<\infty)$$

$$\sin(ax)=ax-\frac{(ax)^3}{3!}+\frac{(ax)^5}{5!}-\cdots+(-1)^{n-1}\frac{(ax)^{2n-1}}{(2n-1)!}+\cdots \text{ (단, } a\in\mathbb{R},\ |x|<\infty)$$

$$\cos(ax)=1-\frac{(ax)^2}{2!}+\frac{(ax)^4}{4!}-\cdots+(-1)^{n-1}\frac{(ax)^{2n-2}}{(2n-2)!}+\cdots \text{ (단, } a\in\mathbb{R},\ |x|<\infty)$$

$$\ln(x-a)=\ln a+\frac{x}{a}-\frac{x^2}{2a^2}+\frac{x^3}{3a^3}+\cdots+(-1)^{n-1}\frac{x^n}{na^n}+\cdots \text{ (단, } x>a)$$

보기 $\sin x = x - \frac{x^3}{3!} + \frac{x^5}{5!} - \cdots + (-1)^{n-1}\frac{x^{2n-1}}{(2n-1)!} + \cdots$에서 x에 x^2을 대입하면 다음과 같이 $\sin x^2$의 매클로린급수를 얻는다.

$$\sin x^2 = x^2 - \frac{x^6}{3!} + \frac{x^{10}}{5!} - \cdots + (-1)^{n-1}\frac{x^{4n-2}}{(2n-1)!} + \cdots$$

매클로린급수을 이용하면 부정형의 극한을 구할 수 있다.

예제 2 매클로린급수를 이용하여 극한 $\lim_{x \to 0}\frac{\sin x - x}{x^3}$를 구하라.

풀이 $\sin x = x - \frac{x^3}{3!} + \frac{x^5}{5!} - + \cdots$이므로 다음이 성립한다.

$$\lim_{x \to 0}\frac{\sin x - x}{x^3} = \lim_{x \to 0}\left(-\frac{1}{6} + \frac{x^2}{5!} - \cdots\right) = -\frac{1}{6}$$ ■

정리 9.15 테일러 정리

함수 $f(x)$가 $x = a$의 근방에서 무한히 미분가능하면, 이 근방의 모든 x에 대하여 다음이 성립한다.

$$f(x) = f(a) + f'(a)(x-a) + \frac{f''(a)}{2!}(x-a)^2 + \cdots + \frac{f^{(n)}(a)}{n!}(x-a)^n + R_n(x),$$

$$R_n(x) = \frac{f^{(n+1)}(c)}{(n+1)!}(x-a)^{n+1} \text{ (단, } c\text{는 } a\text{와 } x \text{ 사이의 값)}$$

위 정리에서 $R_n(x)$를 함수 $f(x)$에 관한 테일러급수의 n차 나머지 항이라 하는데, n차 테일러다항식 $P_n(x)$에 대하여 $R_n(x) = f(x) - P_n(x)$이다.

이때, 다음과 같이 $R_n(x)$의 절댓값을 근삿값과 관련된 **오차**(error)라 한다.

$$(\text{오차}) = |R_n(x)| = |f(x) - P_n(x)|$$

예제 3 $a=\frac{\pi}{2}$에서의 함수 $f(x)=\sin x$에 대한 테일러다항식 P_2, P_3, P_4를 각각 구하라.

풀이 $f(x)=\sin x$에 대하여

$f\left(\frac{\pi}{2}\right)=1$, $f'\left(\frac{\pi}{2}\right)=0$, $f''\left(\frac{\pi}{2}\right)=-1$, $f^{(3)}\left(\frac{\pi}{2}\right)=0$, $f^{(4)}\left(\frac{\pi}{2}\right)=1$, $f^{(5)}\left(\frac{\pi}{2}\right)=0$, $f^{(6)}\left(\frac{\pi}{2}\right)=-1$이므로 다음을 얻는다.

$$P_2(x)=f\left(\frac{\pi}{2}\right)+f'\left(\frac{\pi}{2}\right)\left(x-\frac{\pi}{2}\right)+\frac{f''\left(\frac{\pi}{2}\right)}{2!}\left(x-\frac{\pi}{2}\right)^2=1-\frac{1}{2!}\left(x-\frac{\pi}{2}\right)^2,$$

$$\begin{aligned}P_3(x)&=f\left(\frac{\pi}{2}\right)+f'\left(\frac{\pi}{2}\right)\left(x-\frac{\pi}{2}\right)+\frac{f''\left(\frac{\pi}{2}\right)}{2!}\left(x-\frac{\pi}{2}\right)^2+\frac{f^{(3)}\left(\frac{\pi}{2}\right)}{3!}\left(x-\frac{\pi}{2}\right)^3\\&=1-\frac{1}{2!}\left(x-\frac{\pi}{2}\right)^2,\end{aligned}$$

$$\begin{aligned}P_4(x)&=f\left(\frac{\pi}{2}\right)+f'\left(\frac{\pi}{2}\right)\left(x-\frac{\pi}{2}\right)+\frac{f''\left(\frac{\pi}{2}\right)}{2!}\left(x-\frac{\pi}{2}\right)^2+\frac{f^{(3)}\left(\frac{\pi}{2}\right)}{3!}\left(x-\frac{\pi}{2}\right)^3+\frac{f^{(4)}\left(\frac{\pi}{2}\right)}{4!}\left(x-\frac{\pi}{2}\right)^4\\&=1-\frac{1}{2!}\left(x-\frac{\pi}{2}\right)^2+\frac{1}{4!}\left(x-\frac{\pi}{2}\right)^4\end{aligned}$$

■

예제 4 $f(x)=\sqrt{x}$의 $x=4$에서의 테일러다항식 $P_2(x)$를 구하라. $\sqrt{5}$의 근삿값을 $P_2(x)$를 이용하여 구할 때의 오차의 한계를 구하라.

풀이 $f(x)=\sqrt{x}$에 대하여

$$f(4)=2,\ f'(4)=\frac{1}{2\cdot 2}=\frac{1}{4},\ f''(4)=-\frac{1}{4\cdot 8}=-\frac{1}{32},\ f^{(3)}(x)=\frac{3}{8}\frac{1}{x^{\frac{5}{2}}}$$

이므로 다음을 얻는다.

$$\begin{aligned}P_2(x)&=f(4)+f'(4)(x-4)+\frac{f''(4)}{2!}(x-4)^2\\&=2+\frac{1}{4}(x-4)-\frac{1}{64}(x-4)^2\end{aligned}$$

이때, $\sqrt{5}$의 근삿값을 $P_2(5)$라고 하면 다음을 얻는다.

$$\sqrt{5} \approx P_2(5) = 2 + \frac{1}{4} - \frac{1}{64} = 2.234375$$

$4 < c < 5$일 때 $c^{-\frac{5}{2}} < \frac{1}{32}$이므로 구하는 오차의 한계는 다음과 같이 $\frac{1}{2^9}$이다.

$$|R_2(5)| = \frac{1}{3!} \cdot \frac{3}{8} \cdot c^{-5/2}(5-4)^3 \le \frac{1}{16} \cdot \frac{1}{32} = \frac{1}{2^9}$$

예제 5 $\ln 1.2$의 근삿값을 오차가 0.001보다 작도록 할 때, $a=1$에서의 테일러 다항식의 최소 차수를 구하라.

풀이 $f(x) = \ln x$의 $(n+1)$계 도함수는

$$f^{(n+1)}(x) = (-1)^n \frac{n!}{x^{n+1}}$$

이므로 다음이 성립한다.

$$\begin{aligned} |R_n(1.2)| &= \left| \frac{f^{(n+1)}(c)}{(n+1)!}(1.2-1)^{n+1} \right| \\ &= \frac{n!}{c^{n+1}} \cdot \frac{1}{(n+1)!}(0.2)^{n+1} \\ &= \frac{(0.2)^{n+1}}{c^{n+1}(n+1)}, \quad (1 < c < 1.2) \\ &< \frac{(0.2)^{n+1}}{n+1} \end{aligned}$$

그런데 $\frac{(0.2)^4}{4} < 0.001 < \frac{(0.2)^3}{3}$이므로 $\frac{(0.2)^{n+1}}{n+1} < 0.001$을 만족하는 최소 차수는 3이다.

연습문제 9.4

1. 다음 함수의 매클로린급수를 구하라.

(1) $f(x) = \sin 3x$ (2) $f(x) = e^{-x^2}$

(3) $f(x) = a^x$ (단, $a > 0$) (4) $f(x) = e^x \sin x$

(5) $f(x) = (1+x)^k$ (단, k는 음의 정수) (6) $f(x) = (1+x^2)^2$

2. 다음 부정형의 극한을 매클로린급수를 이용하여 구하라.

(1) $\lim_{x \to 0} \frac{\sin x}{x}$ (2) $\lim_{x \to 0} \frac{\tan x}{x}$

(3) $\lim_{x \to 0} \frac{\sin 2x - 2x}{x^3}$ (4) $\lim_{x \to 0} \frac{1 - \cos x}{x^2}$

(5) $\lim_{x \to 0} \frac{e^x - 1}{x}$ (6) $\lim_{x \to 0} \frac{\ln(1+x)}{x}$

(7) $\lim_{x \to 0} \frac{x^n}{e^x}$ (단, n은 정수) (8) $\lim_{x \to 0} \left(\frac{1}{x \sin x} - \frac{1}{x^2} \right)$

3. 클로린급수를 이용하여 정적분 $\int_0^1 \frac{\sin x}{x} dx$의 근삿값을 구하라.

4. $f(x) = \sqrt[3]{x}$에 대한 $a = 1$에서의 2차 테일러다항식을 구하고, 이 식을 이용하여 $\sqrt[3]{1.3}$의 근삿값과 오차의 한계를 각각 구하라.

5. $f(x) = \sin x$에 대한 $a = 0$에서의 3차 테일러다항식을 구하고, 이 식을 이용하여 $\sin(0.1)$의 근삿값과 오차의 한계를 각각 구하라.

6. e^x의 매클로린급수를 이용하여 $\frac{1}{e}$의 근삿값을 오차가 0.002보다 작도록 구하라.

9.5 프로그래밍 실습

sympy에서 수열의 극한은 limit_seq로 구할 수 있다. 수열의 항의 수를 나타내는 문자 n, m, k 등은 sympy.abc에서 불러올 수 있다.

예제 1 수열 $\left\{\dfrac{n^2+3n-1}{5n^2+1}\right\}$의 극한값을 구하라.

① sympy에서 limit_seq를 이용하여 수열의 극한을 구한다. 따라서 극한값은 $\dfrac{1}{5}$이다.

```
[1]  import sympy as sp
     from sympy.abc import n, k
     an = (n**2+3*n-1) / (5*n**2+1)
     sp.limit_seq(an,n)
```

$\dfrac{1}{5}$

예제 2 수열 $\left\{\dfrac{n^2-1}{1+2+\cdots+n}\right\}$의 극한값을 구하라.

① sp.Sum을 이용하여 수열의 부분합을 나타낸다.

```
[2]  s = sp.Sum(k,(k,1,n))
     s
```

$\sum_{k=1}^{n} k$

② sp.doit을 이용하여 부분합을 계산한다.

```
[3]  s2 = s.doit()
     s2
```

$\dfrac{n^2}{2}+\dfrac{n}{2}$

③ 위에서 구한 s 또는 s2로부터 sp.limit_seq를 이용하여 극한값을 구한다.

```
[4]  an = (n**2+1) / s
     sp.limit_seq(an,n)
```

2

```
[5]  an = (n**2+1) / s2
     sp.limit_seq(an,n)
```

2

따라서 극한값은 2이다.

예제 3 급수 $\sum_{n=2}^{\infty}\frac{1}{n^2-1}$의 값을 구하라.

① sp.Sum을 이용하여 무한급수의 값을 직접 구한다. 따라서 $\sum_{n=2}^{\infty}\frac{1}{n^2-1}=\frac{3}{4}$이다.

```
[6]  s = sp.Sum(1/(n**2-1),(n,2,sp.oo))
     s
```

$$\sum_{n=2}^{\infty}\frac{1}{n^2-1}$$

```
[7]  s.doit()
```

$$\frac{3}{4}$$

② 부분합을 구한 후, 극한값을 구한다. 이때, 부분합은 $\frac{(n-1)(3n+2)}{4n(n+1)}$이다.

```
[8]  s = sp.Sum(1/(k**2-1),(k,2,n))
     s
```

$$\sum_{k=2}^{n}\frac{1}{k^2-1}$$

```
[9]  s2 = s.doit()
     s2
```

$$\frac{(n-1)(3n+2)}{4n(n+1)}$$

③ s 또는 s2로부터 극한값을 구한다.

```
[10]  sp.limit_seq(s,n)
```

$$\frac{3}{4}$$

```
[11]  sp.limit_seq(s2,n)
```

$$\frac{3}{4}$$

따라서 극한값은 $\frac{3}{4}$이다.

예제 4 멱급수 $\sum_{n=0}^{\infty}\frac{n}{3^n}x^n$의 수렴반경을 구하라.

① sympy에서 $\frac{n}{3^n}$을 an으로 정의한다.

```
[12]  an = n/3**n
      an
```

$$3^{-n}n$$

② $\frac{a_{n+1}}{a_n}$을 구한다. simplify를 이용하여 간단하게 만들면 $\frac{a_{n+1}}{a_n}=\frac{n+1}{3n}$이다.

```
[13]  r = an.subs({n:n+1}) / an
      r.simplify()
```

$$\frac{n+1}{3n}$$

③ sp.limit_seq를 이용하여 극한값을 구한다.

```
[14] sp.limit_seq(r,n)
```

$$\frac{1}{3}$$

따라서 구하는 수렴반경은 $\frac{1}{3}$이다.

예제 5 함수 $f(x)=\sin x^2$의 $x=0$에서 10차 테일러다항식을 구하라.

① $x=a$에서 함수 $f(x)$의 n차 테일러다항식은 sp.series(f(x),x,a,n)를 이용한다.

```
[15] from sympy.abc import x
     sp.series(sp.sin(x)**2,x,0,10)
```

$$x^2-\frac{x^4}{3}+\frac{2x^6}{45}-\frac{x^8}{315}+O\left(x^{10}\right)$$

따라서 테일러다항식은 $x^2-\frac{x^4}{3}+\frac{2x^6}{45}-\frac{x^8}{315}$이다.

실·습·문·제

1. 다음 급수의 값을 구하라.

(1) $\sum_{n=1}^{\infty}\frac{1}{n^2}$　　(2) $\sum_{n=0}^{\infty}\frac{4}{3}\left(-\frac{7}{9}\right)^n$

2. 다음 멱급수의 수렴반경을 구하라.

(1) $\sum_{n=0}^{\infty}\frac{2}{n+1}x^n$　　(2) $\sum_{n=0}^{\infty}\frac{n(x-1)^n}{2^n(3n-1)}$

3. 다음 함수의 5차 테일러다항식을 구하라.

(1) $f(x)=\sin 3x$　　(2) $f(x)=e^x\sin x$

연습문제 해답 ?!

Chapter 1 함수의 극한과 연속

1.1

1. (1) $(-1, 3)$ (2) $(-\sqrt{5}, \sqrt{5})$ (3) $[2, \infty)$ (4) $(-\infty, 1) \cup (2, \infty)$
2. (1) 정의역: $(-\infty, \infty)$, 치역: $[0, \infty)$ (2) 정의역: $(-\infty, -1] \cup [1, \infty)$, 치역: $[0, \infty)$
3. 일대일함수: (4) 전사함수: (1), (2) 일대일대응: (3)
4. (1) $(f \circ g)(x) = x$, $(g \circ f)(x) = |x|$
   (2) $(f \circ g)(x) = -x\,(x \neq -1)$, $(g \circ f)(x) = |x|\,(x \neq 0, 1)$
5. (1) $h(x) = -x + 2$ (2) $h(x) = -2x + 1$
6. (1) $y = \sqrt{x} + 1\,(x \geq 0)$ (2) $y = (x-1)^3\ (x \in R)$

1.2

1. (1) 2022 (2) 17 (3) 6 (4) 9 (5) 0 (6) $\frac{5}{6}$
2. (1) -1 (2) 0 (3) $\frac{1}{4}$ (4) $-2\sqrt{5}$
3. (1) 4 (2) $\frac{3}{2}$
4. (1) $\frac{1}{2}$ (2) -1 (3) 극한이 존재하지 않는다. (4) 극한이 존재하지 않는다.
5. (1) ∞ (2) $\frac{3}{4}$

1.3

1. (1) 연속 (2) 연속이 아니다. (3) 연속이 아니다.
2. (1) 연속 (2) 연속이 아니다.
3. 연속이 아니다.
4. (1) $[3, \infty)$ (2) $(-\infty, -1)$ 또는 $(-1, \infty)$ (3) $(-\infty, -1)$ 또는 $(-1, \infty)$
5. (1) 생략 (2) 생략

Chapter 2 미분법

2.1

1. $3a^2+3ah+h^2$
2. (1) $f'(10)=0$ (2) $f'(\sqrt{3})=2\sqrt{3}$
3. (1) 연속이지만 미분가능하지 않다. (2) 연속이고 미분가능하다.
4. (1) 2 (2) 2 (3) 미분가능하다.
5. (1) $x=b$ (2) $x=c$ (3) $x=a, x=d$
6. (1) $y'=\dfrac{1}{x^2}$ (2) $y'=\dfrac{1}{2\sqrt{x}}$

2.2

1. (1) $f'(x)=0$ (2) $f'(x)=100x^{99}$
   (3) $f'(x)=2x+3$ (4) $f'(x)=4x^3-2x$
   (5) $f'(x)=-6x^2+6x-1$ (6) $f'(x)=27x^8+8x^7+24x+4$
2. (1) $y'=24x^5+6x^2$ (2) $y'=-3-8x$
   (3) $y'=x^2+x+1$ (4) $y'=8x^3-3x^2+4x-1$
3. (1) 372 (2) 26
4. $y'=3(x^2+x)^2(2x+1)$
5. $f'(x)=(x^2-x)^2(8x^3+16x^2-42x+15)$
6. (1) 1 (2) -4

2.3

1. (1) $-\dfrac{1}{(x+1)^2}$ (2) $\dfrac{-5x^4-4}{(x^5+4x)^2}$ (3) $\dfrac{6x^3+12x^2+3}{(3x+4)^2}$ (4) $\dfrac{-x^2+2x+1}{(x^2+1)^2}$

2. (1) $-30x^{-4}$ (2) $-999x^{-1000}$ (3) $\dfrac{-5+2x^3}{x^6}$ (4) $\dfrac{-5x^5-10}{x^{11}}$

3. (1) $-\dfrac{1}{9}$ (2) $-\dfrac{3}{16}$ (3) $-\dfrac{1}{54}$ (4) $\dfrac{4}{9}$

4. (1) $f'(x)=10(2x+1)^4$ (2) $f'(x)=40000x^{199}(x^{200}+1)^{199}$

5. (1) $f'(x)=\dfrac{-15}{(3x+2)^6}$ (2) $f'(x)=\dfrac{6}{(1-2x)^4}$

(3) $f'(x)=\dfrac{-2x+1}{(x^2-x+1)^2}$ (4) $f'(x)=\dfrac{-8x^3-4}{(x^4+2x+1)^3}$

6. (1) $f'(x)=2(7x^2+x+5)(2x+1)^4$

(2) $f'(x)=-\dfrac{2(2x+1)^2(3x^3+3x^2+2x+1)}{(x^3-2x-1)^3}$

2.4

1. (1) $\dfrac{dy}{dx}=\dfrac{x}{y}$ (단, $y\neq 0$) (2) $\dfrac{dy}{dx}=\dfrac{-2x+y}{-x+2y}$ (단, $-x+2y\neq 0$)

(3) $\dfrac{dy}{dx}=\dfrac{5}{3y^2}$ (단, $y\neq 0$) (4) $\dfrac{dy}{dx}=\dfrac{1}{1-3y^2}$ (단, $1-3y^2\neq 0$)

2. $\dfrac{4}{3}$

3. (1) $\dfrac{1}{3x^2}$ (단, $x\neq 0$) (2) $-\dfrac{(5x-1)^2}{10}$

(3) $-\dfrac{(3x-1)^6}{30(3x+1)^4}$ (4) $\dfrac{x^2}{x^2-1}$

4. (1) $\dfrac{1}{3^3\sqrt{(x-3)^2}}$ (2) $\dfrac{1}{5\sqrt[5]{(x+2)^4}}$

5. (1) $\dfrac{1}{4}$ (2) $\dfrac{1}{7}$ (3) $\dfrac{1}{35}$ (4) -4

6. 생략

2.5

1. (1) $y''=6$ (2) $y''=12x+8$ (3) $y''=\dfrac{2}{(x+1)^3}$ (4) $y''=-\dfrac{1}{4\sqrt{x^3}}$

2. $y''=2\sqrt{3}$, $y^{(3)}=0$

3. (1) $y''=0$, $y^{(3)}=0$ (2) $y''=6x+12x^2+20x^3$, $y^{(3)}=6+24x+60x^2$

(3) $y'' = \dfrac{3}{4\sqrt{x^5}}$, $y^{(3)} = -\dfrac{15}{8\sqrt{x^7}}$

(4) $y'' = 12x^{-5} + 6x^{-4} + 2x^{-3}$, $y^{(3)} = -60x^{-6} - 24x^{-5} - 6x^{-4}$

4. (1) $y' = 2$, $y'' = 0$, $y^{(n)} = 0$ (단, $n \geq 3$)

(2) $f^{(n)}(x) = \begin{cases} 7 \cdot 6 \cdot \cdots \cdot (8-n)x^{7-n} & (n \leq 7) \\ 0, & (n > 7) \end{cases}$

5. (1) 생략 (2) 생략

Chapter 3 도함수의 활용

3.1

1. (1) -3 (2) -5

2. (1) $y = x - 1$ (2) $y = -\dfrac{1}{2}x + 2$

3. $a = -3$, $b = 6$, $f'(2) = 0$

4. (1) 접선의 방정식: $y = -\dfrac{1}{2}x + \dfrac{5}{2}$, 법선의 방정식: $y = 2x$

(2) 접선의 방정식: $y = -\dfrac{1}{4}x + 1$, 법선의 방정식: $y = -4x + 18$

5. (1) $y = 3x - \dfrac{9}{2}$, $y = -x - \dfrac{1}{2}$ (2) $y = 3x + 1$

6. 16

3.2

1. (1) 4 (2) $\dfrac{1 \pm \sqrt{7}}{3}$

2. (1) $\dfrac{\sqrt{5}}{2}$ (2) 1

3. (1) 증가하는 구간: $\left(\dfrac{3}{2}, \infty\right)$, 감소하는 구간: $\left(-\infty, \dfrac{3}{2}\right)$

(2) 증가하는 구간: $\left(-\infty, \dfrac{1}{2}\right)$, 감소하는 구간: $\left(\dfrac{1}{2}, \infty\right)$

(3) 증가하는 구간: $(-\infty, -2) \cup (0, \infty)$, 감소하는 구간: $(-2, 0)$

(4) 감소하는 구간: $(-\infty, 0) \cup (0, \infty)$

4. (1) 극댓값: 1 , 극솟값: -3 (2) 극댓값: 2, 극솟값: -2

5. $a = 4, \quad b = 3$

6. $k < \dfrac{1}{4}$

7. 생략

3.3

1. (1) 위로 볼록: $(-\infty, \infty)$ 변곡점은 없다.

   (2) 아래로 볼록: $(1, \infty)$, 위로 볼록: $(-\infty, 1)$, 변곡점의 좌표: $\left(1, \dfrac{4}{3}\right)$

   (3) 아래로 볼록: $(-\infty, 0)$, 위로 볼록: $(0, \infty)$, 변곡점의 좌표: $(0, 1)$

   (4) 아래로 볼록: $(-\infty, -1)$, 위로 볼록: $(-1, \infty)$, 변곡점의 좌표 : $(-1, 2)$

2. (1) 극소점: $\left(\dfrac{2}{3}, -\dfrac{4}{27}\right)$, 극대점: $(0, 0)$, 변곡점: $\left(\dfrac{1}{3}, -\dfrac{2}{27}\right)$

   (2) 극소점: $(-1, -9)$, 극대점: $(3, 55)$, 변곡점: $(1, 23)$

   (3) 극소점: $(-\sqrt{2}, 0)$, $(\sqrt{2}, 0)$, 극댓점: $(0, 12)$,

   변곡점: $\left(-\dfrac{\sqrt{6}}{3}, \dfrac{16}{3}\right)$, $\left(\dfrac{\sqrt{6}}{3}, \dfrac{16}{3}\right)$

   (4) 번곡짐. $(0, 2)$

3. 생략

4. (1) 최댓값: 1, 최솟값: -4 (2) 최댓값: 64, 최솟값: 0

5. (1) 한 개의 실근 (2) 서로 다른 두 개의 실근

6. $-5 < p < 0$

7. 생략

3.4

1. 속도: -9, 가속도: 6, 속력:9

2. 405 m

3. (1) 200(m/분) (2) 110(m/분)

4. $\dfrac{1}{\pi}$ (cm/초)

5. 겉넓이의 변화율: 240π (cm²/초), 부피의 변화율: 3600π (cm³/초)

6. -15(m/초)

7. 생략

Chapter 4 적분법

4.1

1. (1) $\frac{x^4}{4}+C$ (2) $\frac{\sqrt{2}}{2023}x^{2023}+C$

(3) $\frac{3}{2}t^2+5t+C$ (4) $t^3-\frac{7}{2}t^2+4t+C$

(5) $\frac{1}{3}x^3-5x^2+25x+C$ (6) $\frac{1}{4}x^4-\frac{5}{3}x^3+3x^2+C$

2. (1) $\frac{2}{5}x^{\frac{5}{2}}+\frac{1}{2}x^2-x+C$ (2) $\frac{3}{7}x^{\frac{7}{3}}-\frac{3}{2}x^{\frac{4}{3}}+C$

(3) $\frac{2}{7}x^{\frac{7}{2}}+2x^{\frac{1}{2}}+C$ (4) $-\frac{1}{x}-\frac{1}{2x^2}+C$

3. (1) $\frac{1}{16}(x^2+1)^8+C$ (2) $\frac{(2x^5+7)^9}{10}+C$

(3) $\frac{2}{3}(x^2+1)^{\frac{3}{2}}+C$ (4) $\sqrt{x^2+2x+5}+C$

4. (1) $3x^2-2x+4$ (2) $f(x)$

(3) $3x^2-2x+C$ (4) $f(x)+C$

4.2

1. ① -30 ② -42 ③ -36, ② $<$ ③ $<$ ①

2. (1) 8 (2) 12 (3) $\frac{9}{2}$ (4) $\frac{17}{2}$

3. 26

4. 7

5. $\int_{-1}^{5} f(x)dx$

6. 생략

4.3

1. (1) $x-5$ (2) x^3-x^2+3x+1

(3) x^2-5x+3 (4) $-x^2-7$

(5) $2x\sqrt{2x^2+3}-3\sqrt{6x+3}$ (6) $2x^5+12x^3-8x^2+10x-2$

2. (1) $\frac{10}{3}$ (2) $\frac{56}{3}$ (3) 2 (4) $\frac{1}{8}$

(5) $\frac{17}{12}$ (6) $\frac{10\sqrt{2}-8}{3}$

3. 생략

4. (1) $\sqrt[3]{\frac{5}{2}}$ (2) $\frac{5}{4}$

5. (1) $\frac{332}{15}$ (2) 0

4.4

1. (1) 수렴, $\frac{1}{2}$ (2) 발산 (3) 발산 (4) 발산

2. (1) 발산 (2) 수렴, 2 (3) 수렴, 0 (4) 발산

(5) 수렴, 2 (6) 발산

3. (1) 발산 (2) 발산

4. (1) 수렴 (2) 수렴

5. (1) $p > 1$ (2) $0 < p < 1$

Chapter 5 정적분의 활용

5.1

1. (1) $\frac{71}{6}$ (2) $\frac{64}{3}$

2. (1) $\frac{16}{3}$ (2) $\frac{8}{3}$

3. (1) $\frac{9}{2}$ (2) 9 (3) 8

4. $a = 1$

5. $\frac{8}{3}(\sqrt{2}-1)$

6. $m = \frac{1}{9}a^2$

5.2

1. (1) $\frac{108}{5}\pi$ (2) $\frac{9\sqrt[3]{9}}{5}\pi$ (3) $\frac{16}{3}\pi$ (4) $\frac{16}{3}\pi$

2. $a = \frac{4}{5}$

3. (1) $\frac{60 + 32\sqrt{2}}{15}\pi$ (2) $\frac{832}{15}\pi$

4. $\frac{27}{2}\pi$

5.3

1. $\int_0^1 \sqrt{1 + 9y^4}\, dy$

2. (1) $\frac{1}{27}(13\sqrt{13} - 8)$ (2) $\frac{14}{3}$

3. (1) $\frac{98\pi}{81}$ (2) $\frac{49\pi}{3}$ (3) $48\sqrt{2}\pi - 24\pi$

4. (1) $\frac{2\sqrt{2} - 1}{9}\pi$ (2) $\frac{35\sqrt{5}}{3}\pi$

5.4

1. 15(km)

2. $\frac{261}{2}$ (m)

3. (1) $f(t) = t^3 - 4t^2 + 4t,\ g(t) = 12t - 4t^2$ (2) $2\sqrt{2}$초 후 (3) $\frac{2\sqrt{6}}{3}$초 후

4. 108

Chapter 6 로그함수와 지수함수의 미분과 적분

6.1

1.(1) $x = -2$ (2) $x > -1$ (3) $x = -5,\ 2$ (4) $2 < x \leq 3$

2. (1) $\ln\frac{(x+1)^2}{x}$ (2) $\ln\sqrt{x^2 - 9x}$ (3) $\ln\frac{x^2(x-2)}{x+2}$ (4) $-\ln(x-3)$

3. 생략

4. 생략

5. (1) e^3 (2) $\ln 2$ (3) -1 (4) $\ln 6$

6.2

1. (1) $2xe^{x^2}$ (2) $\dfrac{3^x\ln 3}{2\sqrt{x}}$ (3) $\ln\dfrac{1}{4}\cdot 2^{-x^2}\cdot x$ (4) $(1-3x)e^{-3x}$

(5) $\dfrac{3x^2}{x^3+1}$ (6) $\dfrac{2\ln x}{x}$ (7) $\dfrac{1}{4\sqrt{x}+2x}$ (8) $\dfrac{1}{2x\sqrt{\ln x}}$

2. (1) $\dfrac{e^x+ye^{xy}}{xe^{xy}+e^y}$ (2) $-\dfrac{y}{x(y+1)}$

3. (1) $\dfrac{(2x+3)(3x+4)}{5x+6}\left(\dfrac{2}{2x+3}+\dfrac{3}{3x+4}-\dfrac{5}{5x+6}\right)$

(2) $\sqrt{\dfrac{x^2+1}{x^2-1}}\left(\dfrac{x}{x^2+1}-\dfrac{x}{x^2-1}\right)$

(3) $x^x(\ln x+1)$ (4) $(\ln x)^x\left(\ln(\ln x)+\dfrac{1}{x\ln x}\right)$

4. (1) $2e^4$ (2) $y=2x-2$ (3) $y=ex$

5. 극대점의 좌표: $(0,\ 1)$

변곡점의 좌표: $\left(-\dfrac{\sqrt{2}}{2},\ \dfrac{1}{\sqrt{e}}\right)$, $\left(\dfrac{\sqrt{2}}{2},\ \dfrac{1}{\sqrt{e}}\right)$

6. (1) $\dfrac{1}{2}(e^x+e^{-x})+C$ (2) $e^x-2\ln|x|+C$ (3) $\dfrac{4^x}{\ln 4}+\dfrac{2^x}{\ln 2}+C$

(4) $2e^x-\dfrac{3^x}{\ln 3}+C$ (5) $\ln\dfrac{33}{2}$ (6) $\ln 2e-1$

7. $5-\dfrac{1}{e^2}$

Chapter 7 삼각함수의 미분과 적분

7.1

1. (1) $x=\dfrac{\pi}{2}$ (2) $\dfrac{\pi}{3}\le x\le\dfrac{2}{3}\pi$ 또는 $\dfrac{4}{3}\pi\le x\le\dfrac{5}{3}\pi$

2. 생략

3. (1) $\dfrac{5}{2}$ (2) $\dfrac{2}{3}$ (3) 0

(4) 2 (5) 1 (6) 0

4. (1) 0 (2) 1

5. 수렴하지 않는다.

6. 생략

7. $a=1,\ b=0$

7.2

1. 생략

2. (1) $\dfrac{x\cos x-\sin x}{x^2}$　(2) $2x\cos x-x^2\sin x$

(3) $-\cos x\sin(\sin x)$

(4) $2x\sec^2(1+x^2)$　(5) $\cot x$

(6) $-\dfrac{\sin(\ln x)}{x}$　(7) $\dfrac{\cos y}{1+x\sin y}$

(8) $x^{\sin x}\left(\cos x\ln x+\dfrac{\sin x}{x}\right)$

3. $\dfrac{\pi}{4},\ \dfrac{3\pi}{4}$

4. (1) 극댓값: $f\left(\dfrac{\pi}{3}\right)=2$, 극솟값: $f\left(\dfrac{4}{3}\pi\right)=-2$

(2) 극댓값: $f\left(\dfrac{\pi}{6}\right)=\dfrac{3\sqrt{3}}{2}$, 극솟값: $f\left(\dfrac{5\pi}{6}\right)=-\dfrac{3\sqrt{3}}{2}$

5. (1) $x+\cos x+C$　(2) $-\cot x+C$　(3) $\ln|\sin x|+C$

(4) $-\ln|\csc x+\cot x|+C$　(5) $\dfrac{1}{2}(e^{\pi}-3)$　(6) 2

6. $\sqrt{2}$

Chapter 8 여러 가지 적분법

8.1

1. (1) $\dfrac{2}{5}(x^2+4)^{\frac{5}{2}}+C$　(2) $-\dfrac{1}{4(x^8+4x-1)}+C$

2. (1) $\dfrac{1}{2}\sin(x^2+2x)+C$　(2) $\dfrac{1}{101}(x^5+x)^{101}+C$

(3) $\sqrt{x^2+2x+3}+C$　(4) $\sqrt{x}-\ln|1+\sqrt{x}|+C$

3. (1) $\ln(|\ln x|)+C$　(2) $\dfrac{1}{2}e^{x^2}+C$　(3) $-\dfrac{1}{4}\cos(x^4)+C$

(4) $\ln|1-e^x|+C$　(5) $\frac{1}{2}\ln|2x+5|+C$　(6) $-\cos(x+4)+C$

4. (1) $\frac{2(3\sqrt{3}-1)}{3}$　(2) $\frac{2}{9}\left(5^{\frac{9}{2}}-3^{\frac{9}{2}}\right)$　(3) $-\frac{1}{3}$

(4) $\ln\frac{5}{2}$

5. $\frac{\sin^2 x}{2}+C$

8.2

1. (1) $\frac{1}{5}x\sin 5x+\frac{1}{25}\cos 5x+c$　(2) $(x^2-2)\sin x+2x\cos x+C$

(3) $(x+1)e^x+C$　(4) $\frac{e^{3x}(9x^2-6x+2)}{27}+C$

(5) $x^2\sin x^2+\cos x^2+C$　(6) $\frac{x^3}{9}(3\ln x-1)+C$

(7) $x\tan x+\ln|\cos x|+C$　(8) $-x\cot x+\ln|\sin x|+C$

2. (1) $9\ln 3-6$　(2) 1

(3) $\frac{1}{2}(1+e^{\frac{\pi}{2}})$　(4) $\frac{\sqrt{2}}{2}+\frac{1}{2}\ln(\sqrt{2}+1)$

3. $\frac{\sin^2 x}{2}+C$

4. $\frac{1}{2}x^2\ln x-\frac{1}{4}x^2+\frac{5}{4}$

5. $\frac{1}{9}(2e^3+1)$

8.3

1. (1) $\frac{\cos^7 x}{7}-\frac{\cos^5 x}{5}+C$　(2) $-\frac{\sin^8 x}{8}+\frac{\sin^6 x}{6}+C$

(3) $\frac{\tan^8 x}{8}+\frac{\tan^6 x}{3}+\frac{\tan^4 x}{4}+C$　(4) $-\frac{\sin^3 2x}{6}+\frac{\sin 2x}{2}+C$

(5) $\frac{1}{2}x-\frac{1}{8}\sin 4x+C$　(6) $\frac{1}{20}\sin 10x+\frac{1}{4}\sin 2x+C$

02. (1) $\frac{1}{4}\tan^4 x-\frac{1}{2}\tan^2 x+\ln|\cos x|+C$　(2) 생략

3. (1) 생략 (2) 생략 (3) $\frac{7\pi}{256}$

4. $\frac{9}{4}\left(\frac{\pi}{3}+\frac{\sqrt{3}}{2}\right)$

8.4

1. $a=0$일 때, $\frac{1}{x}+C$;

   $a\neq 0$일 때, $\frac{1}{2a}\ln\left|\frac{a+x}{a-x}\right|+C$

2. (1) $-\frac{1}{6(x-1)^6}+C$ (2) $\ln\left|\frac{(x+2)^2}{x+1}\right|+C$

   (3) $\ln|x|+3\ln|x+1|+C$ (4) $2\ln|x+3|+\ln|x-2|+C$

3. (1) $-\ln|x|+2\ln|x+1|+\frac{3}{x+1}+C$ (2) $\ln|x+1|-\frac{3}{x+1}+C$

   (3) $\ln|x-1|+\ln|x+2|+3\ln|x-3|+C$

   (4) $\ln|x+2|+2\ln|x-4|+\frac{1}{x-4}+C$

4. (1) $\frac{5}{2}+2\ln\frac{3}{2}$ (2) $\ln 3-\frac{3}{2}\ln 2$

   (3) $\ln 2$ (4) $\frac{5}{2}\ln 2-\frac{3}{2}\ln 3$

Chapter 9 무한급수와 테일러급수

9.1

1. (1) 수렴, 1 (2) 수렴, 1 (3) 수렴, 1 (4) 수렴, 1

2. (1) 발산 (2) 수렴, 2 (3) 발산 (4) 수렴, $-\frac{1}{2}$

   (5) 수렴, 0 (6) 수렴, 0 (7) 수렴, 0 (8) 수렴, 0

3. (1) 발산 (2) 발산 (3) 수렴, $\frac{3}{4}$ (4) 수렴, 2

   (5) 수렴, 1 (6) 수렴, 1 (7) 수렴, $\frac{7}{3}$ (8) 발산

4. $\frac{7}{99}$

9.2

1. (1) 수렴 (2) 발산
2. (1) 발산 (2) 수렴
3. (1) 수렴 (2) 수렴 (3) 발산 (4) 발산
4. (1) 수렴 (2) 발산 (3) 수렴 (4) 발산
5. $\frac{1}{1331}$(또는 7.5×10^{-4})
6. (1) 조건수렴 (2) 절대수렴

9.3

1. (1) $R=\infty$ (2) $R=2$ (3) $R=1$ (4) $R=\infty$
2. (1) $[-1,\ 1)$ (2) $[-1,\ 1]$ (3) $(-4,\ 4)$ (4) $\{0\}$
3. $\sum_{n=1}^{\infty}\left(1-\frac{1}{2^n}\right)x^{n-1}$
4. $\frac{1}{x}=\sum_{n=0}^{\infty}(-1)^n(x-1)^n$ (단, $|x-1|<1$),

   $\ln x - \sum_{n=0}^{\infty}\frac{(-1)^n}{n+1}(x-1)^{n+1}$ (단, $|x-1|<1$)
5. $\frac{1}{1+x^2}=x-x^3+x^5-x^7+\cdots$ (단, $|x|<1$),

   $\ln(1+x^2)=x^2-\frac{x^4}{2}+\frac{x^6}{3}-\frac{x^8}{4}+\cdots$ (단, $|x|<1$)
6. $\int_0^x f(t)\,dt=\sum_{n=1}^{\infty}x^{n+1}$ (단, $|x|<1$),

   $f(x)=\frac{x(2-x)}{(1-x)^2}$(단, $|x|<1$)

9.4

1. (1) $\sum_{n=1}^{\infty}(-1)^{n-1}\frac{(3x)^{2n-1}}{(2n-1)!}$ (2) $\sum_{n=0}^{\infty}\frac{(-x^2)^n}{n!}$

   (3) $\sum_{n=0}^{\infty}\frac{\{(\ln a)x\}^n}{n!}$ (4) $x+x^2+\frac{x^3}{3}-\frac{x^5}{30}+\cdots$

   (5) $1+kx+\frac{k(k-1)}{2}x^2+\cdots+\frac{k(k-1)\cdots 2}{(k-1)!}x^{k-1}+x^k$ (단, $|x|<1$)

   (6) $1+2x^2+x^4$

2. (1) 1 (2) 1 (3) $-\frac{4}{3}$ (4) $\frac{1}{2}$

(5) 1 (6) 1 (7) 0 (8) $\frac{1}{6}$

3. 약 0.946083

4. $1+\frac{1}{3}(x-1)-\frac{1}{9}(x-1)^2$, 1.09, $\frac{1}{600}$

5. $x-\frac{1}{3!}x^3$, 0.0998, 0.000004

6. 0.375

찾아보기 ?!

ㄱ

가속도(acceleration) ··· 79
고계도함수 ··· 49
곡선의 길이 ··· 133
공변역(codomain) ··· 5
교대급수(alternating series) ··· 236
교대급수판정법(alternating series test) ··· 236
그래프(graph) ··· 6
극값 ··· 67
극대점 ··· 62
극댓값 ··· 62, 67
극소점 ··· 62
극솟값 ··· 62, 67
극한 ··· 10, 222
극한값 ··· 10, 222
극한비교판정법 ··· 234
근방(neighborhood) ··· 10
급수(series) ··· 225
급수의 합(sum) ··· 225

ㄷ

단사함수(injective) ··· 7
닫힌 구간 ··· 4
도함수 ··· 28

ㄹ

롤의 정리 ··· 63

ㅁ

매클로린급수 ··· 249
멱급수(power series) ··· 241
몫의 미분법 ··· 36
무한급수(infinite series) ··· 225
미분가능(differentiable) ··· 25
미분가능한 함수 ··· 28
미분계수(differential coefficient) ··· 25
미분법 ··· 29, 45
미적분학의 기본정리 ··· 102

ㅂ

반열린 구간 ······4
발산하다(diverge) ······108, 222
변곡점(inflection point) ······70
부분적분법 ······202
부분합(partial sum) ······225
부정적분(indefinite integral) ······88
분할(partitions) ······93
비교판정법(comparison test) ······231
비판정법(ratio test) ······238

ㅅ

삼각함수 ······178
상수함수(constant function) ······7
속도(velocity) ······79
속력(speed) ······79
수렴(converge) ······222
수렴구간 ······242
수렴반경(radius of convergence) ······242
수열 ······223
순서(order)구조 ······4
실수의 완비공리 ······4
실수의 완비성(completeness) ······4
실직선(real line) ······4

ㅇ

아래로 볼록 ······70
n계 도함수 ······50
n차 테일러다항식 ······251
역함수 ······8, 45
역함수의 미분법 ······45
연속 ······15
연속성 ······16
연속함수 ······15
연쇄법칙 ······39
열린 구간 ······4
오차(error) ······251
우극한 ······10
우미분계수 ······27
원주각에 의한 방법
(method of cylindrical shell) ······128
위로 볼록 ······70
위로(onto)의 함수 ······7
음함수 ······42
음함수의 미분법(implicit differentiation) · 42
이계도함수 ······49
이상적분(improper integral) ······108
일대일(one-to-one)함수 ······7
임계점 ······62
입체도형의 부피 ······123

ㅈ

자연로그(natural logarithm) ······153
적분가능(integrable) ······94
적분에 관한 평균값 정리 ······104
적분판정법(integral test) ······232
전단사함수(bijective) ······7
전사함수 ······7
절대수렴(absolute convergence) ······237
정의역(domain) ······5
정적분(definite integral) ······94, 100, 102
정적분의 대소관계 ······98
정적분의 성질 ······96
제곱근판정법 ······234
조건수렴(conditional convergence) ······237
좌극한 ······10

좌미분계수 ··············27
중간값 정리 ··············17
지수함수(exponential function) ··············149

ㅊ

체(field)의 구조 ··············4
최댓값최솟값 정리 ··············16
치역(range) ··············6

ㅌ

테일러 정리 ··············251
테일러급수 ··············249

ㅍ

평균값 정리 ··············63
평균변화율 ··············24, 26

ㅎ

함수(function) ··············5, 7
함숫값 ··············5
합성함수(composition function) ··············7, 16
항등함수(identity function) ··············7
항별항(term by term) ··············245

이 정 례
대진대학교 수학과 교수

곽 태 근
대진대학교 수학과 교수

이 성 진
대진대학교 수학과 교수

김 원 배
대진대학교 수학과 교수

김 봉 진
대진대학교 수학과 교수

파이썬과 함께하는 **대학 미분적분학**

초판발행 2022년 3월 2일
재판발행 2026년 3월 2일
지은이 이정례 · 곽태근 · 이성진 · 김원배 · 김봉진
펴낸이 오판근
펴낸곳 (주) 교우
주 소 서울시 동대문구 약령시로 8 교우빌딩 2층 (주)교우
전 화 02-925-2861 / **팩 스** 02-925-2860, **편집부** 02-925-2825
홈페이지&북스토어 www.kyowoo.co.kr / **이메일** kyowoo@kyowoo.co.kr
등 록 1994년 3월 24일 제1994-000013호
ISBN 979-11-251-0345-5 (93410)
Published by Kyowoo Co., Ltd. Printed in Korea

(주) 교우는 보다 혁신적이고 참신한 도서를 다양하게 기획하고 있습니다.
책으로 펴내고자 하는 아이디어나 원고는 메일로 보내주세요.
(주) 교우는 전과정을 책임지고 최선을 다하겠습니다.

값 28,000원

교우미디어는 (주) 교우의 Imprint 사입니다.
수학정원·과학정원은 (주) 교우의 새로운 브랜드명입니다.

잘못된 책은 구입하신 서점에서 교환해 드립니다.